생생
가정생활 전기

가정에 꼭 필요한 전기 매뉴얼북

김대성 지음

 교재를 구입하신 독자께서는 네이버 카페 「전기세상」 동영상강의 수강권을 이용해 주시기 바랍니다.
교재에 수록하지 못한 많은 보충자료와 동영상강의를 카페 「전기세상」에서 보실 수 있습니다.
http://cafe.naver.com/wjsrl7270.cafe

이 책의 머리말

　이미 출간되어 사랑을 받고 있는 생생 전기시리즈(전기현장실무, 소방전기(시설)기초, 자동제어기초, 전기기능사 실기)보다 가장 먼저 여러분에게 선보여졌어야 할 과목이 바로 이번에 출간되는 「생생 가정생활전기」입니다.

　우리 주변, 특히 일상생활에서 가장 널리 이용되고 있는 부분이 전기이며 누구에게나 기본적인 지식이 필요한 분야입니다. 그러나 눈에 보이지 않는 전기를 잘 이해하기란 여간 쉽지 않은 게 또한 사실입니다. 이런 점을 유의하여 이 책은 최대한 실생활에 도움이 될 수 있도록 실무 위주로 집필하였습니다.

　실무 위주인 만큼 반드시 정답이 한 가지일 수만은 없으므로 혹시라도 바라보는 관점에 따라 견해차가 나는 부분이 있다면 넓은 이해를 바랍니다.

이 책의 특징

☑ **모든 내용을 컬러 사진으로 구성하여 쉽게 이해할 수 있도록 하였습니다.**
　기존의 전기교재가 일본 서적을 그대로 옮겨 왔다면 이 교재는 모든 실생활 전기 관련 내용을 컬러 사진으로 구성·수록함으로써 독자들이 동영상을 보듯 생생한 현장감을 느끼면서 쉽게 이해할 수 있도록 구성하였습니다.

☑ **가정생활에 있어 여러 가지 전기 관련 사례와 가장 궁금한 질문을 선별하여 대안을 제시하였습니다.**
　가정생활에 있어 일어날 수 있는 여러 가지 전기 관련 사례와 거기서 발생하는 가장 궁금한 질문들을 선별하여 저자의 생생한 경험을 통해 해결할 수 있는 대안을 제시하였습니다.

☑ **교재의 내용을 동영상 강의로 보충하였습니다.**
　교재의 내용 중에서 특히 중요한 부분이나 좀 더 보충 설명이 필요한 부분은 무료로 제공되는 동영상 강의를 통해 해결할 수 있도록 하였습니다.

　앞으로도 '전기세상'은 일반 온·오프라인에서 취급하지 않는 실생활 위주의 새로운 분야를 끊임없이 개척해 나아가도록 하겠습니다.

　끝으로 이 책을 출판하기까지 힘써주신 도서출판 성안당에 진심으로 감사드립니다.

　늘 행복하시기 바랍니다.

저자 씀

chapter 1 — 전기 입문하기

Section 01 발전소에서 집 입구까지 전기의 흐름

- ❶ 발전소 (發電所, electric power station) ········· 12
- ❷ 변전소 (變電所, substation) ················· 13
- ❸ 수용가 (需用家, consumer) ················· 14

Section 02 집 입구에서 전기 기구까지 전기의 흐름

- ❶ 전주에서 집안까지 전기의 흐름 ··············· 18
- ❷ 인입에서 세대 분전함까지 전기의 흐름 ········· 19
- ❸ 적산 전력계 ····························· 20
- ❹ 세대 분전함 ····························· 21
- ❺ 하트상, 중성선(N선, 뉴트럴), 접지선의 이해 ····· 22
- ❻ 단상 2·3선식과 3상 3·4선식의 이해 ·········· 27

chapter 2 — 전열·전등 이해하기

Section 01 전열의 이해

- ❶ 세대 분전함에서 콘센트까지의 연결 ············ 32
- ❷ 콘센트의 이해 ···························· 33
- ❸ 콘센트 결선 ····························· 35
- ❹ 누전 콘센트 ····························· 35

contents

Section 02 스위치의 이해

❶ 세대 분전함에서 전등까지의 결선 ·· 37
❷ 스위치의 이해 ·· 38
❸ 펜던트형 스위치 ·· 42
❹ 스위치의 취부 ··· 43

Section 03 전등의 이해

❶ 형광등 ·· 46
❷ 잠자리등 ·· 48
❸ 안방 원형등 ·· 50
❹ 거실등 ·· 51
❺ 비상등 ·· 51
❻ 주방등 ·· 52
❼ 일반 직부등 ·· 53
❽ 센서등 ·· 54

Section 04 콘센트 부하의 이해

❶ 세대 분전함에서 콘센트까지의 과정 ···································· 57
❷ 차단기·콘센트와 부하기기의 용량 관계 설정 ······················ 57

Section 05 전등 부하의 이해

❶ 차단기·스위치와 전등의 용량 관계 설정 ······························ 64
❷ 각종 램프의 용량 ·· 67

누전(漏電) 이해하기

Section 01 누전(漏電)의 이해

❶ 누전과 절연 저항 · 74
❷ 절연 저항 측정기와 누전 점검 · · · · · · · · · · · · · · 75
❸ 올바른 누전 점검 요령 · 78

Section 02 누전 등 전기 하자 처리 사례

01 전기믹서기 코드 불량으로 인한 주방 누전 차단기 작동 · · · · · · 82
02 2구용 콘센트 한 곳에서의 차단기 트립 · · · · · · · · · · · · · · 83
03 세대 누전 차단기의 결로 현상에 의한 트립 · · · · · · · · · · · · 85
04 세대 보일러 누전 차단기 트립 · 89
05 주방 가스레인지 누전 차단기 트립 · · · · · · · · · · · · · · · · · 91
06 복도 메인 차단기의 접촉 불량에 의한 트립 · · · · · · · · · · · · 93
07 복도 메인 차단기의 청소기 코드 단락으로 인한 트립 · · · · · 95
08 보일러 누전으로 인한 세대 분전함 차단기 트립 · · · · · · · · · 96
09 거실쪽 전열 누전 찾기 · 98
10 세대 분전함 누전 차단기 교체 · 100
11 리모컨 스위치의 일반 스위치로의 교체 · · · · · · · · · · · · · · 101
12 작은방 전등 안정기 교체 · 104
13 경비실 차단기 트립 · 106
14 스팀 청소기 원인인 누전 차단기의 트립 · · · · · · · · · · · · · 109
15 전기장판이 원인인 메인 차단기 트립 · · · · · · · · · · · · · · · 110
16 램프 교체 시 세대 분전함 메인 차단기의 트립 · · · · · · · · · 112

contents

가정 생활 전기 실전 Q & A

Section 01 누전에 관한 실전 Q & A

- **01** 전열 라인 누전 시 차단기 2차측 결선을 바꿔도 되나요? ····· 116
- **05** 누전 차단기가 누전인 것 같은데요? ························· 121
- **10** 해바라기 타이머를 OFF시켰을 때 차단기가 트립되는데 왜 그런가요? · 126
- **15** 싱크대 레인지 후드에서 스파크가 일어났는데 무엇이 문제인가요? ··· 132
- **20** 누전 차단기가 자주 고장나는 원인을 알고 싶습니다. ········ 136
- **25** 가정집의 전등 라인이 누전이고 접지가 없는데 어떻게 해야 하나요? · 140
- **30** 전등 라인에 누전이 발생했는데 어떻게 해야 하나요? ······· 143
- **34** 가전제품에 미세 전압이 나타나는데 괜찮은 건가요? ······· 146

Section 02 전등에 관한 실전 Q & A

- **01** 베란다 전등이 들어오지 않는데 이유가 무엇인가요? ········ 147
- **05** 4선식 센서등 센서 교체에 대해 궁금합니다. ··············· 149
- **10** E/V홀 앞에 있는 센서등이 이상한데 원인이 무엇인가요? ··· 155
- **15** 스위치를 내리고 안정기를 교체하다 감전된 이유를 알고 싶습니다. · 159
- **20** 메탈할라이드 램프에 대해 궁금합니다. ···················· 162
- **25** 할로겐등을 형광등으로 교체하는 방법이 궁금합니다. ······· 165
- **30** 차단기를 스위치로 사용할 수 있는지 궁금합니다. ·········· 169
- **35** 욕실 천장 매입등 소음에 관해 궁금합니다. ················ 173

40 거실 전등을 켠 후 시간이 지나면 '다다닥' 소리가 연달아 나는데요?·· 175

45 스위치 교체 후 전등의 일부만 들어오는데 무슨 문제인가요? 178

50 베란다 전등에 불이 안 들어오는데 문제점이 무엇인가요?···· 182

55 노출형 텀블러 스위치에 대해 궁금합니다.················ 186

60 백열등을 형광등으로 교체하려고 하는데 방법이 궁금합니다. 190

65 메탈등 불량 유무에 관해 궁금합니다.················· 194

70 4구 스위치에서 2개가 열이 많이 나는데 원인이 무엇인가요? · 198

75 FPL 36W 소켓에 램프선을 끼우는 방법에 대해 알고 싶습니다. · 201

80 전등 스위치 결선 시 보통 차단기를 내리지 않는다고 하는데 맞나요? · 206

85 리모컨 스위치 가닥수에 관련해 궁금합니다.············ 210

90 아파트 가로등의 차단기가 자주 떨어지는데 이유가 무엇인가요? · 214

Section 03 전열에 관한 실전 Q & A

01 110/220V 사용하는 분전반 누전 차단기에 대해 궁금합니다.·· 215

05 전등으로부터 화장실 비데용 콘센트를 만들어도 되는지 궁금합니다. · 217

10 콘센트에 연결되는 두 선이 모두 하트상인데 괜찮은 건가요? 221

15 용량성 누설 전류에 대해 궁금합니다.················· 225

20 콘센트가 타는 현상에 대해 궁금합니다.··············· 229

25 콘센트가 터지는 현상에 대해 궁금합니다.············· 233

30 전선을 안 보이게 하는 방법에 대해 알고 싶습니다.········ 236

35 콘센트 단자에서 전선이 빠지는 현상이 나타났는데 어떻게 해야 하나요? · 240

contents

40 에어컨 전원선 연결에 대해 궁금합니다. ················ 243

41 문어발 콘센트를 사용해도 이상이 없나요? ············· 243

42 쇠붙이로 전선을 고정했는데 이상이 없을지 궁금합니다. ····· 244

SECTION 01 발전소에서 집 입구까지 전기의 흐름

우리가 거주하는 집이나 일을 하는 회사 혹은 공장에까지 전기가 들어오는 과정은 상당히 복잡하지만 간략하게 다음과 같이 정리할 수 있다.

발전소 변전소 수용가(가정, 공장)

1 발전소 (發電所, electric power station)

1 개념
열 에너지 또는 기계적 에너지를 전기 에너지로 변환시켜 전력을 발생시키는 곳이다.

2 발전소의 종류
사용하는 자원의 종류에 따라 분류한다.

(1) 수력 발전소
　높은 곳의 물이 낮은 곳으로 낙하할 때의 위치 에너지로 수차를 돌려 전기를 얻는다.

(2) 양수 발전소
　수력 발전의 일종으로, 전기가 남는 밤에 하부 저수지의 물을 상부 저수지로 퍼 올려 두었다가 전기 수요가 많은 시간에 떨어뜨려 발전하는 방식이다. 잉여 전력을 사용하므로 에너지를 절약할 수 있고 발전 효율이 높아진다.

(3) 화력 발전소
　석탄이나 중유 등의 연료와 보일러를 이용하여 고온·고압의 수증기를 만들고, 증기 터빈을 돌려 전기를 얻는다.

(4) 원자력 발전소
　원자로 안의 핵분열을 이용한다.

(5) 기타 발전소
　조수간만의 차를 이용한 조력 발전소, 바람으로 풍차를 돌려 전기 에너지를 발생시키는 풍력 발전소, 땅속에서 나오는 고온의 증기를 이용하여 발전하는 지열 발전소 등이 있다.

Section 01 발전소에서 집 입구까지 전기의 흐름

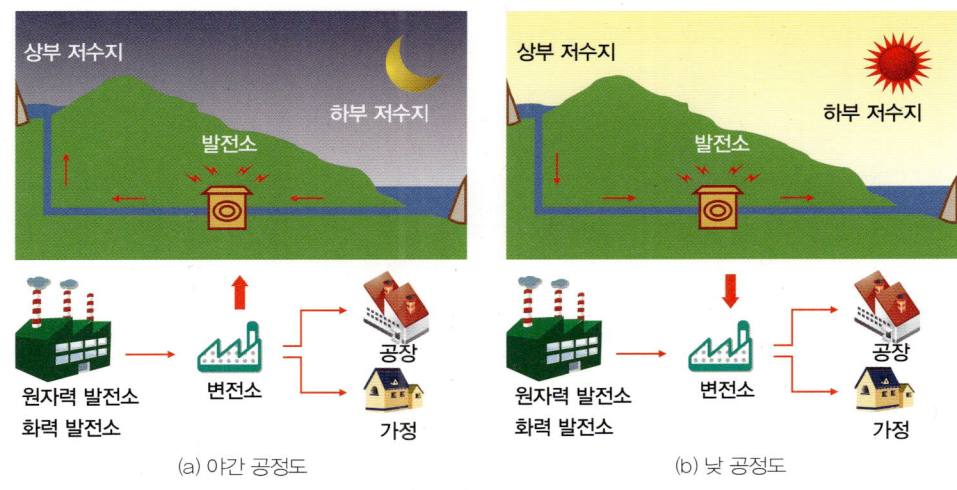

| (a) 야간 공정도 | (b) 낮 공정도 |

| 양수 발전 공정도 |

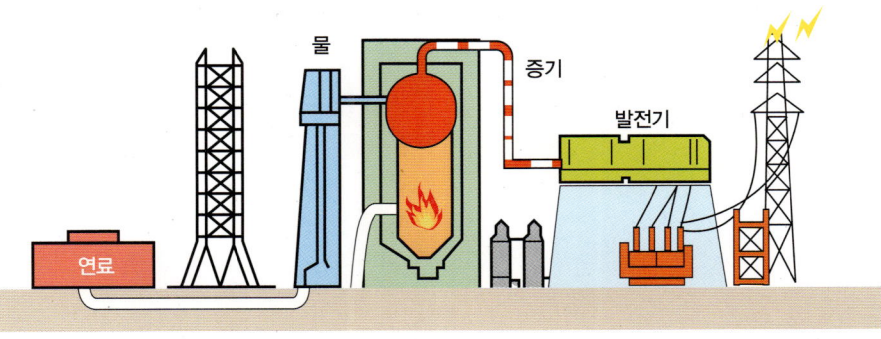

| 화력 발전 공정도 |

2 변전소 (變電所, substation)

1 개념
발전소(發電所)에서 생산한 전력을 송전 선로나 배전 선로를 통해 수요자에게 보내는 과정에서 전압이나 전류의 성질을 바꾸기 위하여 설치하는 시설이다.

2 용도별 종류
용도별로 나누면 전력 사업용, 전철용, 자가용 등이 있고, 전압 계급별로는 1차 변전소, 2차 변전소, 배전 변전소 등이 있다. 배전 변전소의 배전 변압은 6.6kV 또는 3.3kV이다.

Chapter 1 전기 입문하기

154kV 변전소

숙련공들이 노후된 부품을 교체하는 모습이다.

참고

① 송전, 배전, 변전의 개념 비교
  ㉠ 송전(送電) : 발전소에서 발생된 전력을 멀리 있는 공장이나 일반 가정 등으로 수송하는 과정으로, 배전과 구별하여 발전소에서 변전소까지의 범위만을 말한다(발전소 → 변전소).
  ㉡ 배전(配電) : 변전소의 전력(電力)을 수용가(需用家)에 공급하는 일이다. 즉, 전기를 사용하는 곳에 보내주는 것이다(변전소 → 수용가).
  ㉢ 변전(變電) : 발전소(發電所)에서 생산한 전력을 송전 선로나 배전 선로를 통하여 수요자에게 보내는 과정에서 전압이나 전류의 성질을 바꾸기 위하여 설치하는 시설이다. 송전 선로로 전력을 받아 배전 선로로 전력을 보낸다. 왜냐하면 변전소 없이 바로 발전소에서 수용가로 필요한 만큼의 전력을 보내는 것이 어렵기 때문이다.

② 발전소에서 전기의 전압을 높여 보내는 이유
  발전소에서 만든 전기를 수요자까지 수송하기 위해서는 매우 먼 거리의 송전 선로를 통과해야 한다. 이때 선로의 저항으로 인해 불가피하게 전력 손실이 발생하는데 전력 손실을 최소화하기 위해서는 전선을 굵은 것으로 사용하여 저항을 낮추거나 송전 전압을 증가시켜야 한다. 그러나 경제적으로 전선을 굵게 만드는 것에는 한계가 있기 때문에 송전 전압을 높여 전류를 작게 하는 것이 유리하다. 그래서 전압을 높여 보내는 것이다.

③ 수용가 (需用家, consumer)

한전으로부터 전기를 공급받는 소비자를 말하며, 수용가로는 대단위 수용가와 일반 수용가로 구분된다.

Section 01 발전소에서 집 입구까지 전기의 흐름

(1) 대단위 수용가

전력 수용이 많은 곳으로 한전으로부터 높은 전압을 공급받아 사용하는 수용가이다.

(2) 일반 수용가

일반적으로 가정집처럼 전신주의 변압기에서 공급받는 수용가이다.

 전주의 변압기

사진의 변압기는 한전에서 온 높은 전압을 가정집이나 상점 등에 필요한 전압(220V 나 380V)으로 낮춰주는 역할을 한다. 1개만 있는 것은 단상용, 3개 있는 것은 삼상용이라 한다.

 변압기 구조

① 1번 : 한전에서 오는 높은 1차측 전압 라인
② 2번 : 변압기의 내부를 통해 낮은 전압으로 바뀌어 일반 수용가로 공급되는 2차측 전압 라인

Chapter 1 전기 입문하기

 건물 외벽의 적산 전력계

① 1번 : 전주의 변압기에서 온 1차측 라인
② 2번 : 건물 내부의 전기 판넬로 들어가는 2차측 라인

 원판형 적산 전력계

① 1번 : 지침 숫자
② 2번 : 소수점 이하 숫자
③ 3번 : 전기 사용 시 돌아가는 원판

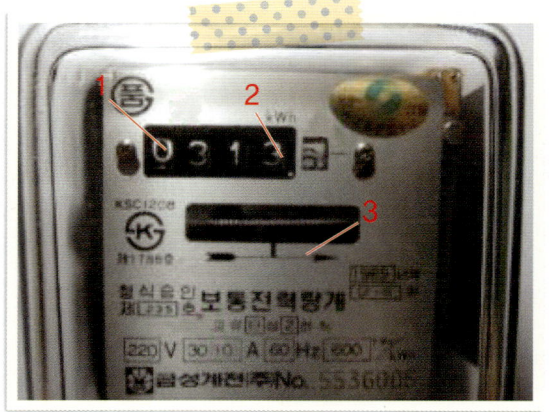

Section 01 발전소에서 집 입구까지 전기의 흐름

건물 인입 케이블

변압기의 2차측에서 온 케이블이 건물 내부에서 온 케이블과 연결된다.
① 1번 : 건물 내부로 들어간 케이블
② 2번 : 변압기에서 온 케이블

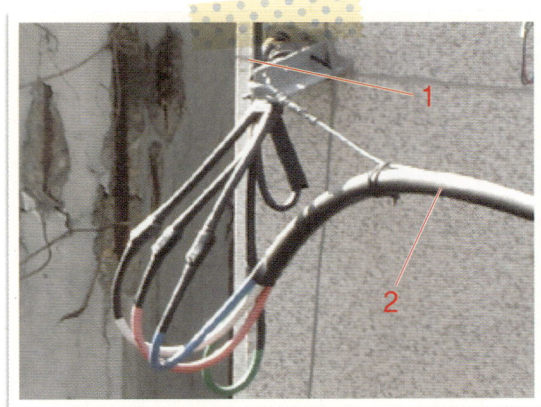

디지털형 적산 전력계

① 1번 : 계량기 1차측으로 변압기의 2차측에 왔다.
② 2번 : 가정집 세대 분전함으로 가는 2차측 라인
③ 3번 : 전기 계량지침

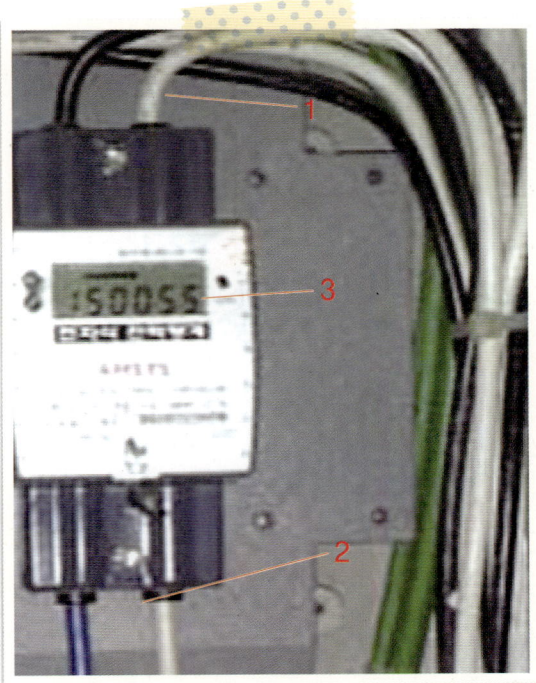

SECTION 02
집 입구에서 전기 기구까지 전기의 흐름

1 전주에서 집안까지 전기의 흐름

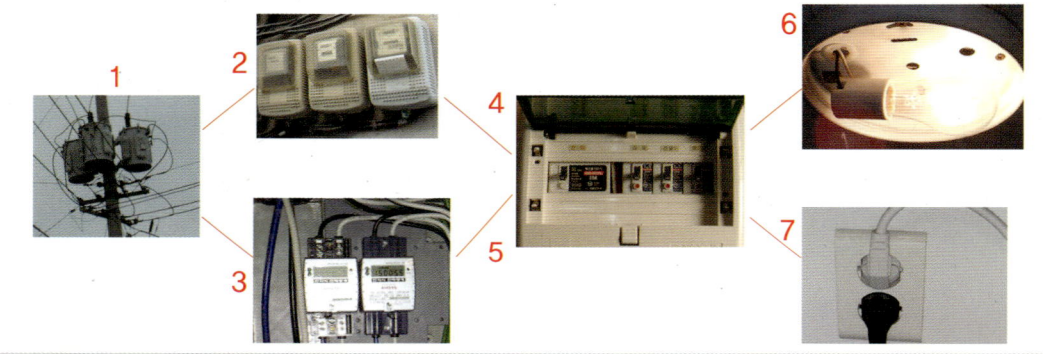

(1) 주상 변압기(1번)

　도로변의 전주에 있는 변압기이다. 이곳에서 일반 가정집이나 소형 건물의 사무실로 흐른다.

(2) 아날로그형 적산 전력계(2번)

　변압기의 2차측에서 일반 가정집의 아날로그형 적산 전력계의 1차측으로 흐른다.

(3) 디지털형 적산 전력계(3번)

　변압기의 2차측에서 일반 가정집의 디지털형 적산 전력계의 1차측으로 흐른다.

(4) 세대 분전함(4번)

　아날로그형 적산 전력계의 2차측에서 집안에 있는 세대 분전함 1차측으로 흐른다.

(5) 세대 분전함(5번)

　디지털형 적산 전력계의 2차측에서 집안에 있는 세대 분전함 1차측으로 흐른다.

(6) 전등(6번)

　세대 분전함의 분기 차단기 2차측에서 집안에 있는 각종 전등으로 흐른다.

(7) 전열(7번)

　세대 분전함의 분기 차단기 2차측에서 집안에 있는 각종 전열(콘센트)로 흐른다.

Section 02 집 입구에서 전기 기구까지 전기의 흐름

② 인입에서 세대 분전함까지 전기의 흐름

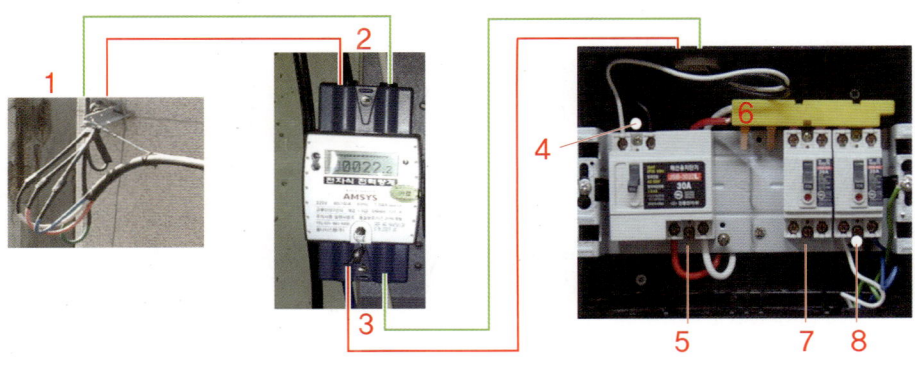

(1) 인입 케이블(1번)

　도로변에 있는 전주의 변압기 2차에서 온 케이블이 건물 안으로 들어가는 케이블과 연결된 모습이다.

(2) 디지털형 적산 전력계 1차(2번)

　건물 안으로 들어온 케이블이 전기 판넬에 있는 디지털형 적산 전력계의 1차에 연결된다.

(3) 디지털형 적산 전력계 2차(3번)

　적산 전력계의 2차측에서 집안에 있는 세대 분전함으로 흐른다.

(4) 세대 분전함 메인 차단기 1차(4번)

　적산 전력계의 2차측에서 온 선이 세대 분전함의 메인 차단기 1차측에 연결된다.

(5) 세대 분전함 메인 차단기 2차(5번)

　메인 차단기의 2차측에서 분기 차단기의 1차측으로 간다. 2차측에서 분기 차단기 1차측까지는 이미 연결되어 제품이 나온다.

(6) 분기 차단기 1차(6번)

　각 분기 차단기의 1차측은 이미 연결되어 제품이 나온다.

(7) 분기 차단기 2차(7번)

　2차측이 연결되지 않은 세대 분기 차단기의 모습으로 전등이나 전열로 나간다.

(8) 분기 차단기 2차(8번)

　전열로 나간 분기 차단기 모습으로, 2차측에 전선이 연결되어 있다.

참고 분기 차단기

　분기 차단기는 집안에서 사용하는 각종 전등, 전열의 필요에 따라 그 개수가 정해진다.

Chapter 1 전기 입문하기

③ 적산 전력계

적산 전력계는 전등, 전열, 동력 등을 시간에 따라 적산하여 측정하고 기록하는 장치이다.

적산 전력계의 설치 모습

① 인입 케이블(1번) : 아파트의 지하에 있는 판넬에서 올라온 인입이다. 해당 층 세대 및 그 위층으로 올라간다.

② 인입 케이블 연결 단자대(2번) : 연결 단자대에서 분기되어 해당 층의 적산 전력계로 간다.

③ 적산 전력계 1차(3번) : 연결 단자대(2번)에서 적산 전력계의 1차에 연결되었다.

④ 적산 전력계 2차 및 메인 차단기 1차(4번) : 적산 전력계 2차에서 메인 차단기 1차에 연결되었다. 세대 안에 있는 세대 분전함의 메인 차단기 전에 있는 것이다.

⑤ 메인 차단기 2차(5번) : 메인 차단기의 2차에서 각 세대 분전함으로 흐른다.

⑥ 세대 분전함과 연결(6번) : 각 세대의 세대 분전함으로 가는 배관이다.

⑦ 접지(7번) : 접지선이다.

※ 사진의 해당 층에는 적산 전력계가 2개이므로 2세대가 있는 것이다.

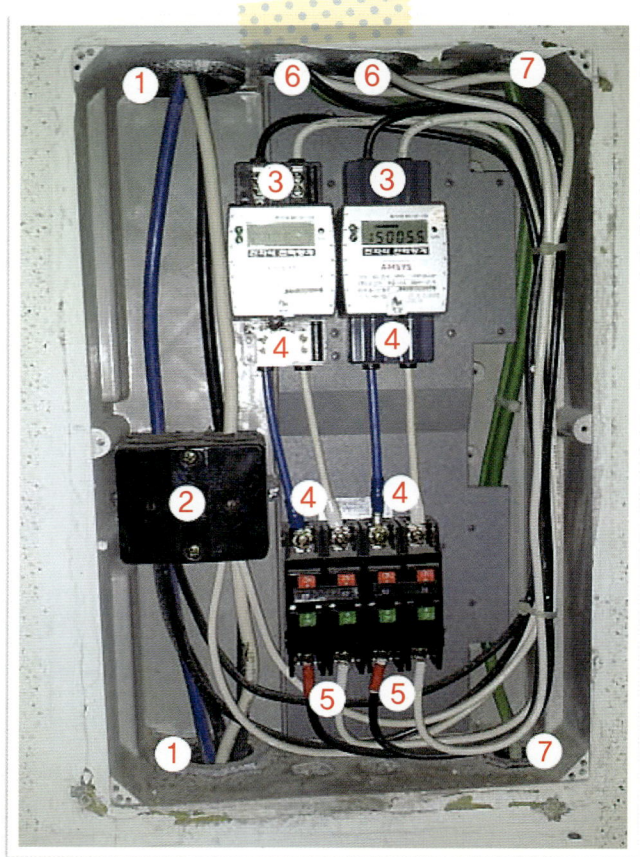

불량인 적산 전력계

고장난 디지털형 적산 전력계를 보여주고 있다. 정상일 경우에는 적색 LED 램프가 주기적으로 점멸되며, 표시창에 세대에서 사용한 지침이 뚜렷이 보인다. 불량일 경우에는 LED가 점멸되지 않으면서 지침이 흐리거나 보이지 않는다.

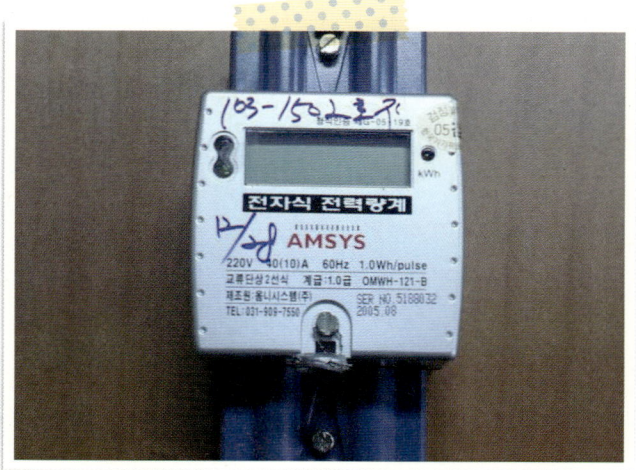

Section 02 집 입구에서 전기 기구까지 전기의 흐름

 세대 분전함

각 가정의 벽 속에 매입된 함으로, 차단기들이 들어 있다. 외부에서 전기를 받아 차단기를 통해 전등이나 콘센트로 보내주는 역할을 한다.

 조립된 세대 분전함(3회로)

일반적으로 현관 입구의 벽 속에 설치된 기본 3회로인 세대 분전함 모습이다.

※ 3회로의 의미 : 메인 차단기를 제외한 분기 차단기의 개수를 말하며, 사진에서는 왼쪽부터 전등, 전열, 예비용이다.

 분전함 속의 내용물

① 1번 : 메인 차단기
② 2번 : 분기 차단기
③ 3번 : 메인 차단기의 1차와 분기 차단기의 1차를 연결하는 선과 부스바

 세대 분전함의 조립

세대 분전함 내용물을 조립한 모습이다.

Chapter 1 전기 입문하기

5 하트상, 중성선(N선, 뉴트럴), 접지선의 이해

우리집에 들어오는 전기선은 흔히 부르는 말로 하트상, 중성선(혹은 N선, 뉴트럴(neuterl)), 접지선으로 이루어져 있다. 이 중 실제 전압이 생성되는 선은 하트상과 중성선이 결합될 때이다.

1 개념의 이해

| 하트상 |

| 중앙선 |

(1) 하트(hot)상

중성선과 결합하여 전압을 만들어내는 선으로 하트(hot, 뜨겁다), 즉 활선(살아있는)이란 뜻이다. 일반적으로 이 선을 만지면 감전된다(현장 상황에 따라 다를 수 있음). 하트상에는 R상(흑색), S상(적색), T상(청색)의 세 종류가 있다.

(2) 중성선(N선, 뉴트럴(neuterl)선)

접지선의 일종이면서 하트상과 결합하여 전압을 만들어낸다. 일반적으로 이 선을 만져도 감전되지 않는다(현장 상황에 따라 다를 수 있음).

(3) 접지선

하트상이나 중성선과 결합하여 전압을 만들어내는 게 아니라 전류가 정상적인 선로(하트상, 중성선)를 통하지 않고 다른 곳으로 이탈할 때 그 누설된 전류를 땅속으로 흘려보내 감전에 의한 인명 피해를 없애주는 선이다. 땅속에 박은 접지봉을 접지선으로 연결해 건물의 판넬로 끌고 온 다음, 실제 사용하는 전열기구나 전등의 접지선과 연결하면 된다.

Section 02 집 입구에서 전기 기구까지 전기의 흐름

 접지선 사용 모습

① 1번 : 세대 분전함 내부에 있는 접지선이다. 부스바에 땅속에서 온 메인 접지선과 집안의 콘센트에서 온 접지선들이 연결되어 있다.
② 2번 : 세대 분전함의 접지 단자에서 매입 콘센트의 접지 단자에 연결된 모습이다.
③ 3번 : 세대 분전함의 접지 단자에서 노출 콘센트의 접지 단자에 연결된 모습이다.

2 하트상과 중성선의 구별법

(1) 검전기 이용하기

검전기를 피복이 벗겨진 전선에 접촉시켰을 때 검전기의 종류에 따라 소리가 나거나 램프가 점등되는 선이 하트상이다. 비접촉식 검전기는 전선에 직접 접촉하지 않고 일정거리 안에 들어가면 소리가 나기도 한다.

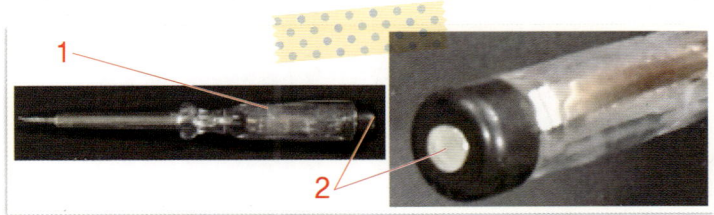

 접촉식 검전기의 외관

① 1번 : 단자나 전선에 접촉 시 하트상일 경우 적색 램프가 점등된다.
② 2번 : 사진의 검전기는 단자에 접촉시킬 때 반드시 검전기 뒤에 있는 금속 부위에 인체가 닿아야 한다.

Chapter 1 전기 입문하기

 접촉식 검전기의 측정 부위에 검전기를 접한 모습

중성선(N선) 검전은 검전기의 뒤쪽에 손가락을 대고 차단기의 우측 단자에 접촉시키자 램프가 점등되지 않는다.

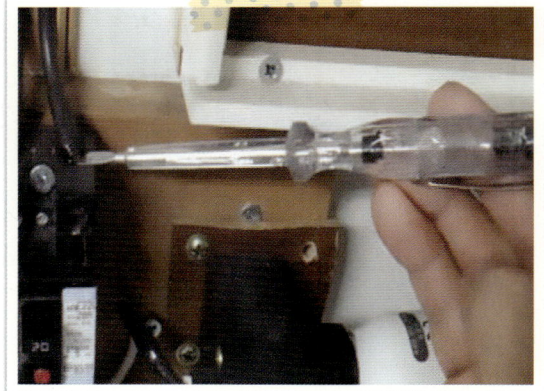

 접촉식 검전기의 표시 램프 점등

하트상 검전은 검전기의 뒤쪽에 손가락을 대고 차단기의 좌측 단자에 접촉시키자 램프가 점등된다.

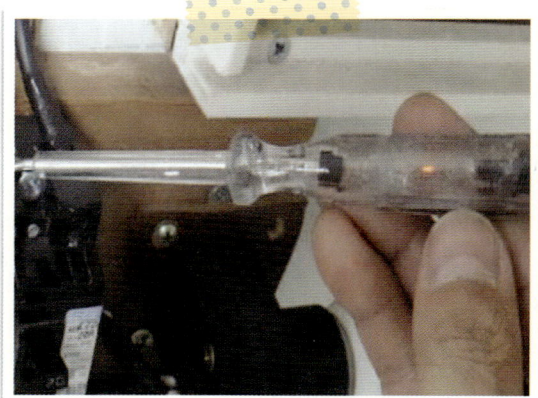

 접촉식 검전기의 표시 램프 소등

검전기 뒤쪽에서 손가락을 떼자 하트상인데도 점등되지 않는다.

Section 02 집 입구에서 전기 기구까지 전기의 흐름

 비접촉식 검전기의 외관

① 누름 버튼(1번)을 누르고 검전 단자(2번)를 검전하고자 하는 전선이나 단자에 접근시키면 '삐' 소리와 함께 램프(3번)가 점등된다.
② 4번 : 뒤의 캡을 열면 속에 9V 건전지가 들어 있고, 건전지가 모두 방전되면 검전이 되지 않는다.

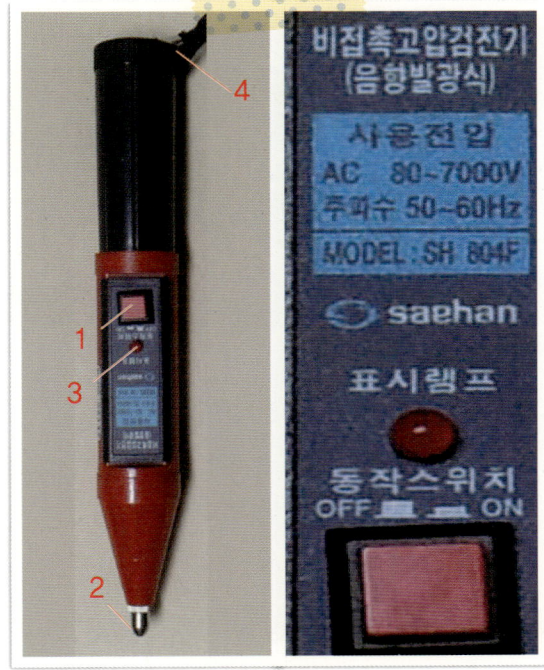

 비접촉식 검전기의 표시 램프 점등

① 1번 : 전류가 흐르고 있는 노출형 콘센트에 검전봉을 접근시킨다.
② 2번 : 램프가 점등된 모습이다.

(2) 테스터기 이용하기

테스터기를 이용해 접지선을 기준으로 전압이 측정되는 선이 하트상이고, 측정되지 않는 선이 중성선이다.

Chapter 1 전기 입문하기

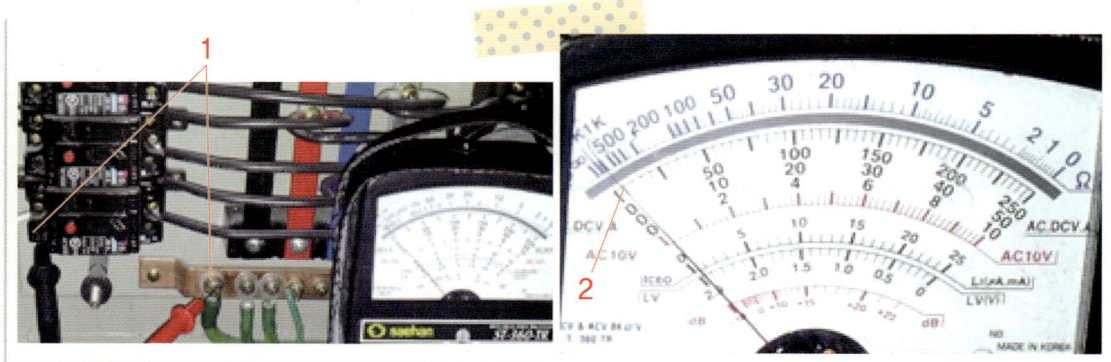

 접지 단자의 중성선 확인

① 1번 : 접지 단자(적색 리드)와 차단기의 중성선(흑색 리드)을 체크한다.
② 2번 : 바늘이 0V를 나타내고 있다.

 하트상의 중성선 확인

① 1번 : 접지 단자(흑색 리드)와 차단기의 하트상(적색 리드)을 체크한다.
② 2번 : 바늘이 220V를 나타내고 있다.

6 단상 2·3선식과 3상 3·4선식의 이해

| 단상 2선식의 모습 |

| 단상 3선식의 모습 |

(1) 단상 2선식

하트상 1가닥과 중성선 1가닥이 결합된 경우이다. 단상용 차단기에 선을 연결할 때에는 보통 하트상을 왼쪽, 중성선을 오른쪽에 연결시킨다.

그러나 순서가 바뀌어도 차단기는 정상 동작한다. 일반 가정집에 사용되고 있는 전압 방식이다.

(2) 단상 3선식

하트상 2가닥과 중성선 1가닥이 결합된 경우이다. 하트상끼리 결합하면 220V를 사용할 수 있고 중성선과 각각의 하트상 1가닥씩 결합하면 110V를 사용할 수 있다.

과거에 사용하던 방식으로, 지금은 거의 사용하지 않는다.

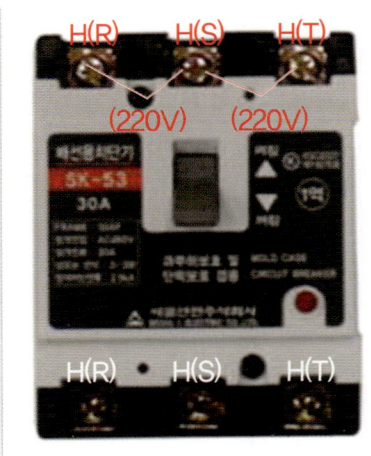

| 3상 3선식의 모습 |

| 3상 4선식의 모습 |

(3) 3상 3선식

하트상만 3가닥이 결합된 경우이다. 각 상끼리 결합하면 모두 220V만 사용할 수 있다.

일반 가정집이나 사무실에서는 거의 사용하지 않으며, 공장 등에서 제한적으로 사용된다.

(4) 3상 4선식

하트상 3가닥에 중성선 1가닥이 결합된 경우이다. 중성선과 각각의 하트상 1가닥씩 결합하면 220V를 사용할 수 있고, 하트상끼리 결합하면 380V를 사용할 수 있다.

큰 건물이나 공장 등 가장 광범위하게 사용되고 있는 전압 방식이다.

SECTION 01 전열의 이해

1 세대 분전함에서 콘센트까지의 연결

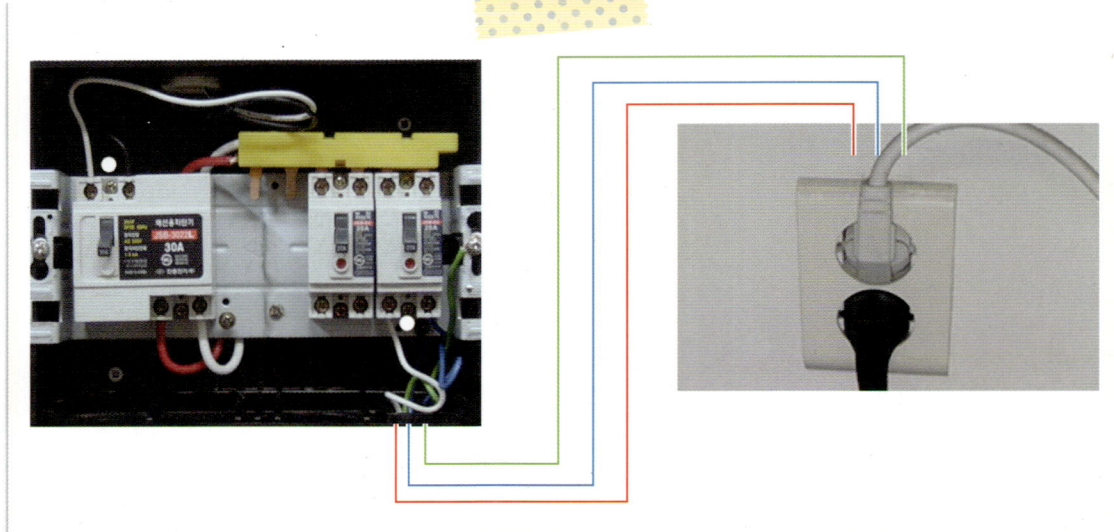

🌱 분기 차단기와 콘센트의 연결

① 건물을 지을 때 세대 분전함에서 필요한 전열이나 전등쪽으로 배관을 미리 해두었다.
② 분기 차단기의 2차측에서 벽 속에 되어 있는 배관을 통해 콘센트까지 전선을 끼운다('입선'이라고 함).
③ 전선 가닥수 : 3가닥으로, 전기가 흐르는 2가닥과 접지선(녹색)이다.
※ 일반적으로 콘센트 라인을 전열이라고 한다.

🌱 **세대 분전함에서 온 전선 콘센트 연결 모습**

접지선을 제외한 하트상과 중성선을 콘센트 단자에 꽂을 때 극성 구분 없이 꽂는다.

② 콘센트의 이해

(1) 콘센트의 의의

일반적으로 콘센트는 전등에 반대되는 개념으로 각종 부하기기들을 동작시키기 위해 사용된다.

(2) 종류

접지형과 비접지형, 매입형과 노출형, 단상과 3상용, 멀티탭형 등이 있다.

🌱 **노출 및 매입 콘센트**

① 노출 콘센트(1번) : 벽에 노출로 고정하거나 노출용 케이블을 연결하여 이동하면서 사용하기도 한다.
② 매입 콘센트(2번) : 몸체가 벽 속에 매입되어 고정되어 있다.

Chapter 2 전열·전등 이해하기

🌱 노출 콘센트 내부

① 1~2번 : 전원선 2가닥이 연결되는 단자로서, 전원선 2가닥은 서로 바뀌어 연결되도 상관없다.
② 3번 : 접지선이 연결되는 단자이다.
③ 4~5번 : 뚜껑에 부착된 접지극(4번)이 뚜껑을 닫으면 5번의 틈새로 들어가 접지선과 연결된다.

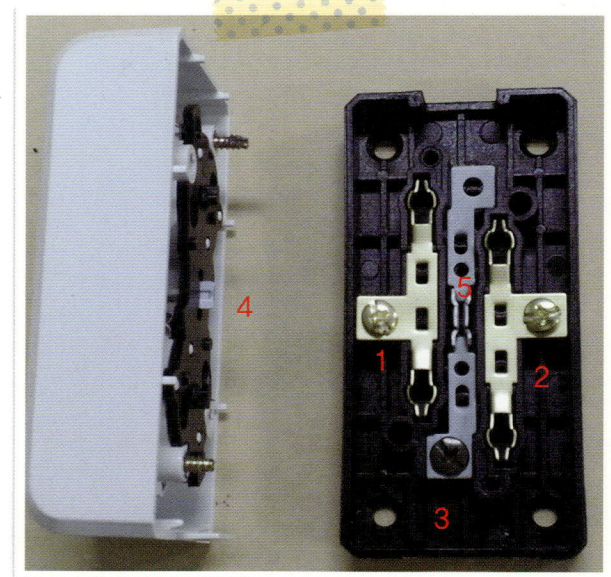

🌱 노출 콘센트 겉면

플러그를 꽂으면 플러그에 달린 접지극이 4번과 접촉되어 접지선과 연결된다.

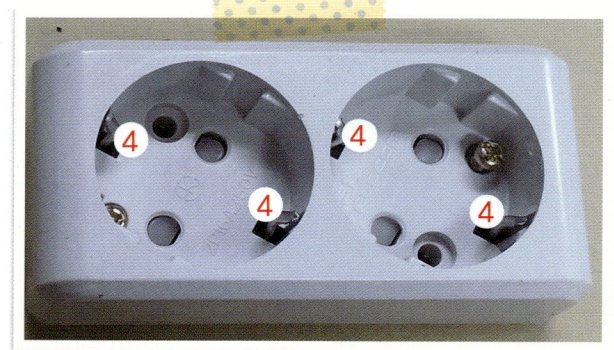

🌱 매입 콘센트 내부

① 1~2번 : 전원선 2가닥이 연결되는 단자로, 나사를 조이는 게 아니라 그냥 꽂아 넣으면 빠지지 않는다. 이때 선을 뺄 때는 구멍 옆에 있는 백색부분을 누르고 선을 빼면 된다. 전원선 2가닥은 서로 바뀌어 연결되도 상관없다.
② 3번 : 접지선이 연결되는 단자이다.
③ 1개의 단자에 꽂는 구멍이 2개인 이유는 다른 콘센트로 연결할 때 접촉시키지 않고 바로 연결할 수 있도록 하기 위함이다.

Section 01 전열의 이해

 콘센트 결선

 콘센트 2개 연결

① 1~2번 : 콘센트 박스에서 연결되어 나온 전원 리드선(흑색 선, 백색 선)이 단자에 꽂힌 후, 다시 옆의 콘센트 꽂음 단자로 갔다(흑색 선, 청색 선).
② 3번 : 접지선이다.

 콘센트 박스 연결

① 1번 : 세대 분전함의 분기 차단기에서 온 전원선이다.
② 2번 : 다른 콘센트 박스로 가서 콘센트에 연결될 전선으로 1번과 2번이 연결되어야 한다.

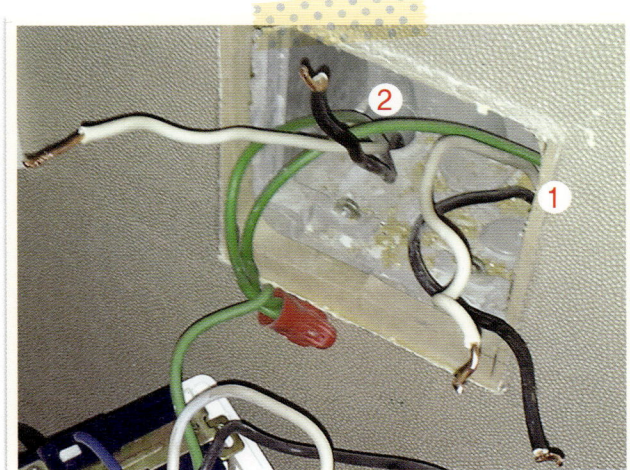

 누전 콘센트

누전 차단기의 기능이 콘센트와 결합된 제품이다.

Chapter 2 전열·전등 이해하기

🌱 화장실에 설치된 누전 콘센트

① 1번 : 누전 기능이 제대로 작동하는지 정기적으로 테스트할 때 사용하는 시험 버튼이다.
② 2번 : 테스트 후 원상 복귀시키는 리셋 버튼이다.
③ 3번 : 누전으로 작동 시 표시해 주는 램프이다.
④ 4번 : 플러그를 꽂는 부위이다.

🌱 누전 콘센트의 확대 모습

① 1번 : 시험 버튼
② 2번 : 리셋 버튼
③ 3번 : 누전 표시등

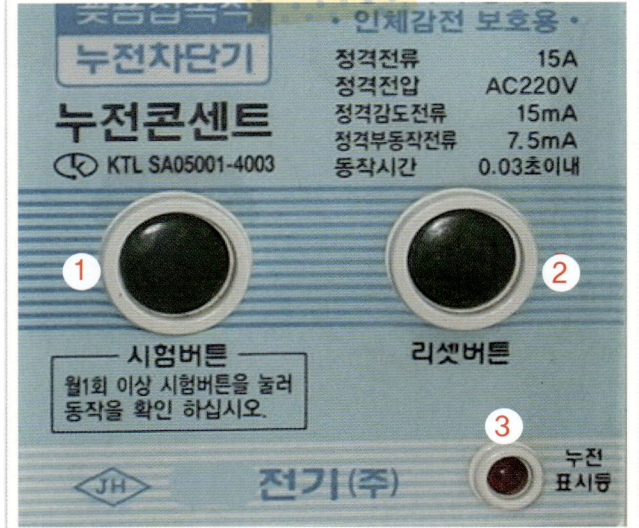

36

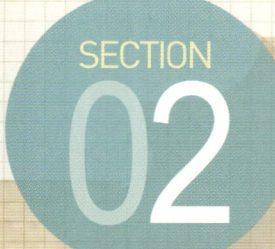

SECTION 02 스위치의 이해

 세대 분전함에서 전등까지의 결선

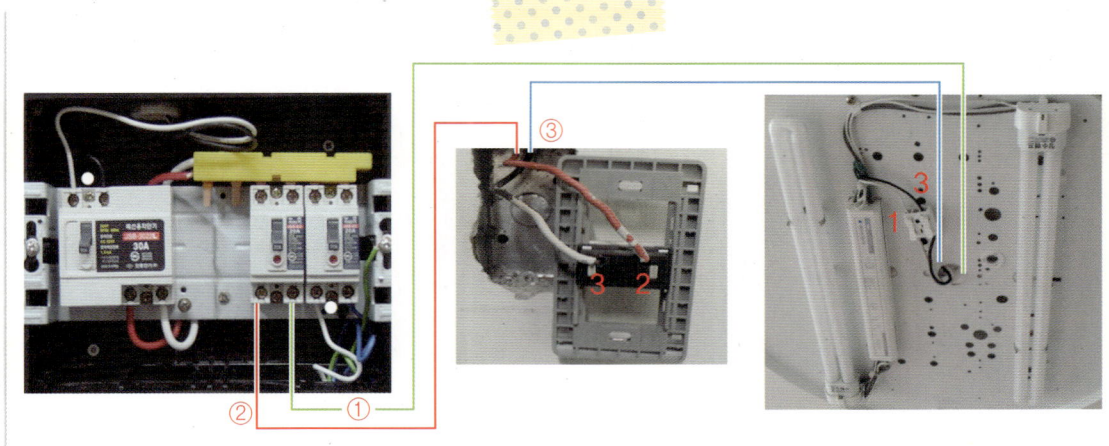

🌱 **세대 분전함에서 전등까지의 결선 과정**

① 전등은 전원(220V)이 연결되면 점등된다. 전원의 2가닥 중 1가닥(하트상)을 끊은 뒤, 그곳에 스위치를 연결하여 ON/OFF를 하는 것이다.
　㉠ 1번 : 전등 전용 분기 차단기의 2차측에 연결된 전원선 2가닥 중 중성선(N선)은 스위치로 가지 않고 곧장 전등으로 연결되었다.
　㉡ 2번 : 전등 전용 분기 차단기의 2차측에 연결된 전원선 2가닥 중 하트상은 배관을 통해 스위치 박스로 와서 스위치의 단자에 연결되었다.
　㉢ 3번 : 스위치의 다른 단자에서 배관을 통해 전등의 다른 단자로 연결되었다.
② 스위치의 단자는 서로 바뀌어도 상관없으며, 2가닥이 단락(합선)되어도 차단기는 떨어지지 않는다. 왜냐하면 차단기에서 온 하트상의 중간을 자르고 그 사이에 스위치를 연결한 것이기 때문이다.
③ 전등의 단자대에 선을 접촉시킬 때 극성 구분은 필요없다. 그러나 2가닥이 서로 단락(합선)되면 차단기가 떨어진다. 즉, 전등은 차단기에서 중성선(N선)과 스위치를 거쳐서 온 하트상이기 때문이다.

Chapter 2 전열·전등 이해하기

② 스위치의 이해

전등을 ON/OFF하는 데 사용되며, 매입형/노출형, 1구, 2구, 3구, 4구형, 텀블러형, 펜던트형, 리모컨형, 전자식형 등 아주 다양한 종류가 있다.

 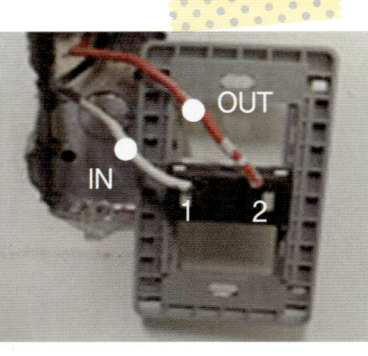 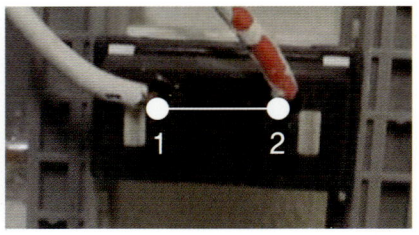

 스위치의 구조가 ON일 경우

① 스위치 전면의 오른쪽을 누르면 ON이 된다.
② 스위치를 ON하면 open 되어 있던 스위치의 내부 접점이 close 되면서 사진처럼 IN(1)과 OUT(2)이 연결된다. 그럼 차단기에서 온 전류(IN)가 연결된 내부 접점을 통해 스위치 출력선(OUT)을 타고 전등으로 가는 것이다.

  ※ IN과 OUT
    ㉠ IN : 흔히 '스위치 공통'이라고 하며, 세대 분전함의 차단기에서 오는 전원선(하트상)이다.
    ㉡ OUT : 흔히 '스위치 출력'이라고 하며, 스위치의 내부 접점을 거쳐 나오는 하트상이 전등으로 가는 선이다.

  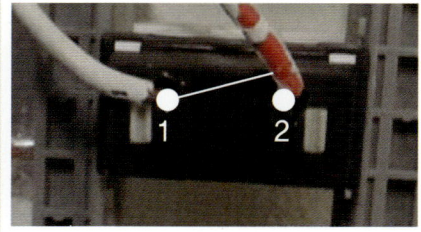

Section 02 스위치의 이해

 스위치의 구조가 OFF 일 경우

① 스위치 전면의 왼쪽을 누르면 OFF가 된다.
② 스위치를 OFF하면 스위치의 내부 접점은 open 되어 있는 상태가 되며, 차단기에서 온 전류(IN)는 1번 지점까지만 흐르고 전등은 점등되지 않는다.
※ IN과 OUT 선을 스위치 단자에 꽂을 때 좌우 구분 없이 편리한 대로 꽂으면 된다.

 2구 스위치

① 전등 2개를 따로따로 제어(ON/OFF)시킬 수 있다.
② 1번 : 1번 전등을 제어한다.
③ 2번 : 2번 전등을 제어한다.
④ 적색 포인트 : 스위치 테두리이다.

 2구 스위치의 분리

스위치를 교체하기 위해 나사를 풀 때는 먼저 테두리와 누름판을 떼어내야 한다.

Chapter 2 전열·전등 이해하기

누름판 안쪽 표시

① 누름판은 상부용(UP)과 하부용(DOWN)이 서로 다르며, 사진과 같이 표시되어 있다.
② 각각 영문과 화살표를 보고 맞게 스위치에 끼워야 한다.

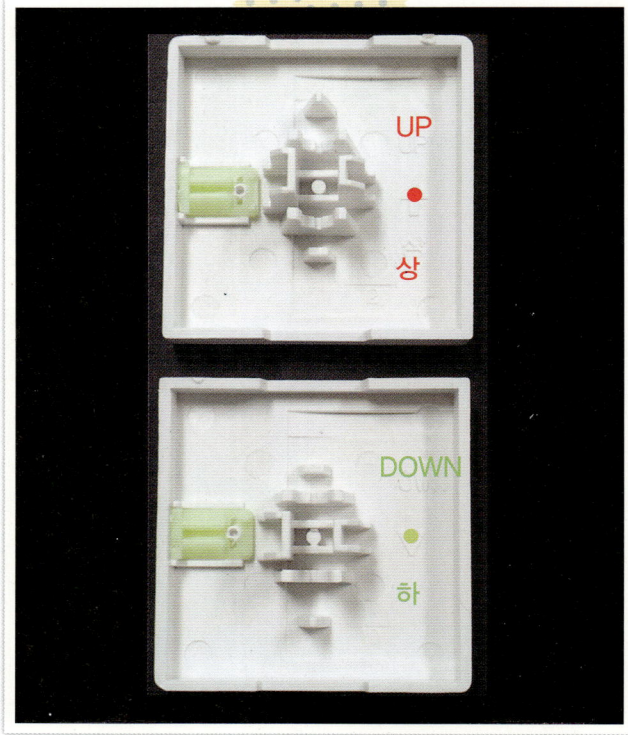

스위치 본체 확대 모습

스위치 본체에도 사진처럼 상·하 표시가 되어 있다. 만약 상·하가 바뀌면 누름판의 ON/OFF가 반대로 동작하게 된다.

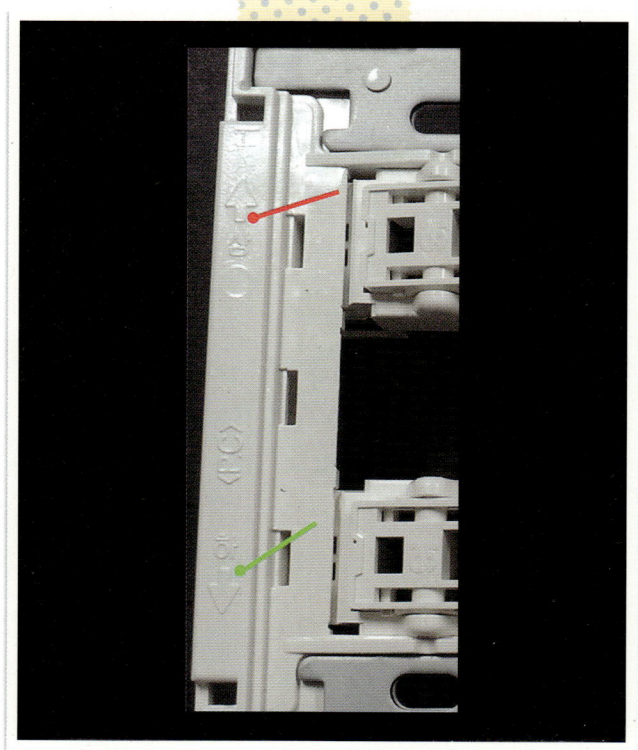

스위치 단자

차단기에서 온 하트상이 물리는 단자이다.
① 녹색 포인트 : 전선을 꽂는 구멍으로 상·하 2군데 중 아무 곳에나 꽂으면 된다.
② 전등으로 가는 선은 반대편 구멍에 꽂는다.
③ 하트상과 전등으로 가는 선은 구분없이 좌·우 어느 쪽에나 꽂아도 된다.
④ 청색 포인트 : 단자에 꽂힌 전선을 뺄 때 (−)드라이버로 눌러야 빠진다.

 벽에 취부된 스위치 모습

결선과 취부가 완료된 1구 스위치 및 4구 스위치이다.

Chapter 2 전열·전등 이해하기

③ 펜던트형 스위치

천장에서 전선을 노출로 늘어뜨려 사용하는 스위치이다.

 ON 상태

적색 버튼이 튀어나왔을 때 ON이 된다.

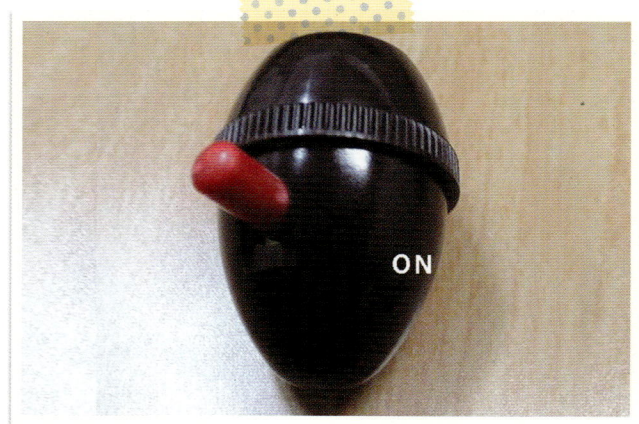

 OFF 상태

적색 버튼이 들어간 상태가 OFF이다.

 ON 상태의 내부 구조

① 1~2번 : 하트상에서 온 선과 전등으로 가는 선이 연결되는 단자이다.
② 3번 : 스위치 조작에 따라 1번과 2번의 단자를 연결시켜 주기도 하고, 끊어주기도 하는 접점이다.

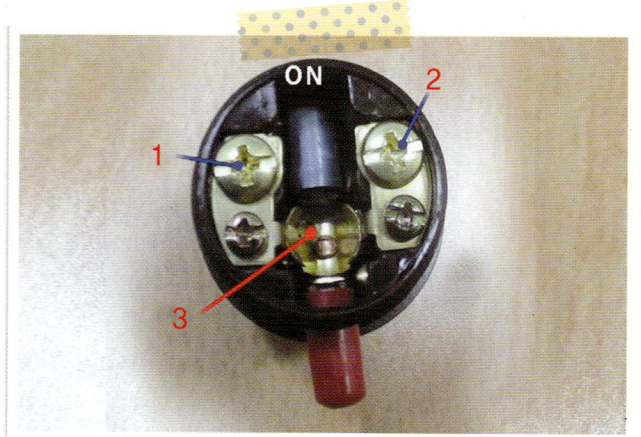

Section 02 스위치의 이해

 OFF 상태의 내부 구조

적색 버튼을 눌러 1번의 접점이 2번의 단자와 끊어진 모습이다.

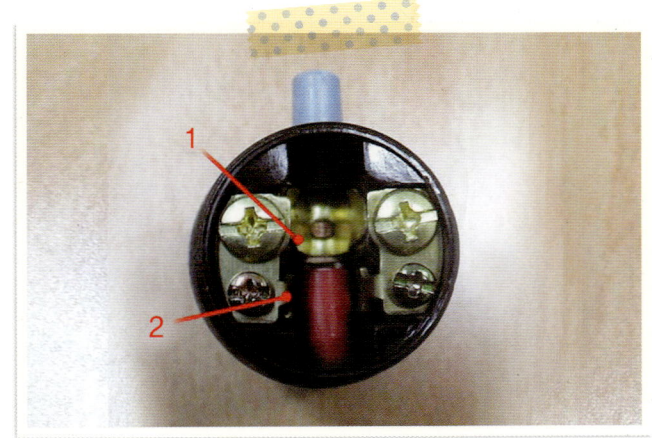

4 스위치의 취부

스위치의 취부 순서는 전선을 스위치의 단자에 꽂고 비스로 고정한 뒤 누름판과 커버를 씌운다.

 1구 스위치가 취부된 상태

① 1번 : 누름판을 끼우기 전 스위치
② 2번 : 비스로 고정한 모습

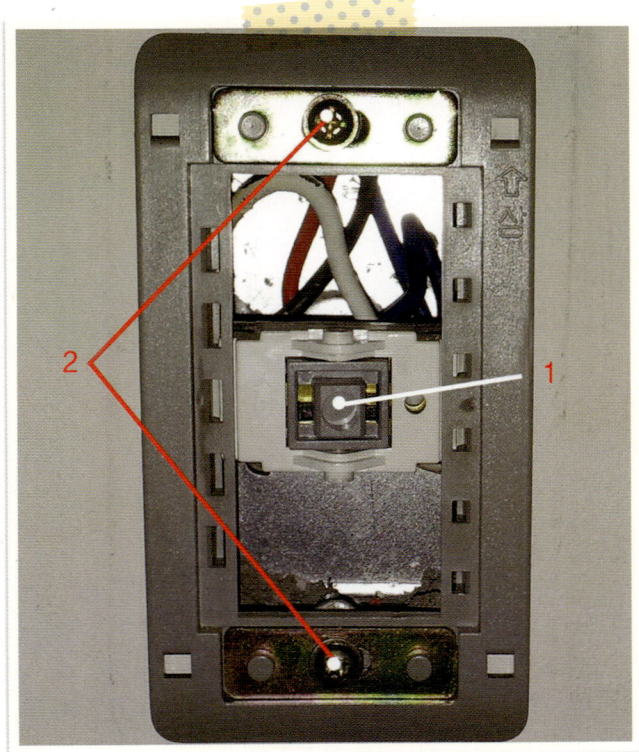

Chapter 2 전열·전등 이해하기

1구 스위치 내부 결선 모습

① 1~2번 : 비스를 고정시키는 구멍이다.
② 흑색 포인트 : 세대 분전함의 차단기에서 온 선이다.
③ 적색 포인트 : 스위치 접점을 통해 전등으로 가는 선으로, 2가닥(적색, 청색)인 이유는 각각 위치가 다른 2개의 전등으로 따로따로 갔기 때문이다. 이 경우 스위치를 켜면 2개가 동시에 켜진다.

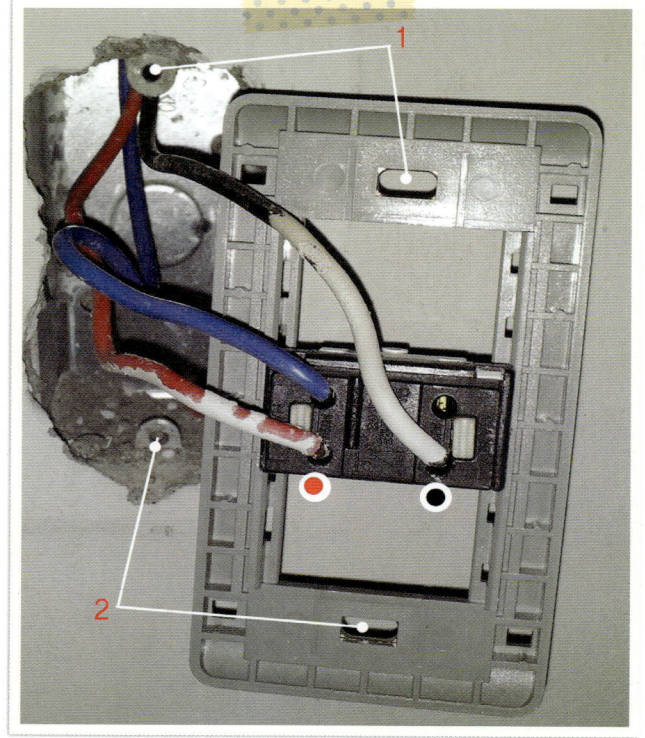

2구 스위치 취부 모습

이 경우 2개의 전등을 각각 따로따로 ON/OFF 할 수 있다. 즉, 1구 스위치에서는 적색과 청색이 1개의 스위치 단자에 모두 꽂혔으나 2구에서는 사진의 1번과 2번 스위치 단자에 각각 꽂히게 된다.

2구 스위치 내부 모습

① 1번 : 세대 분전함의 차단기에서 온 하트 선이다.
② 2번 : 연결선으로, 이 경우 1번과 2번에 전기가 흐르게 된다.
③ 3번 : 1번 전등으로 간 선으로, 1번 스위치를 켤 경우 1번 전등이 점등된다.
④ 4번 : 2번 전등으로 간 선으로, 2번 스위치를 켤 경우 2번 전등이 점등된다.

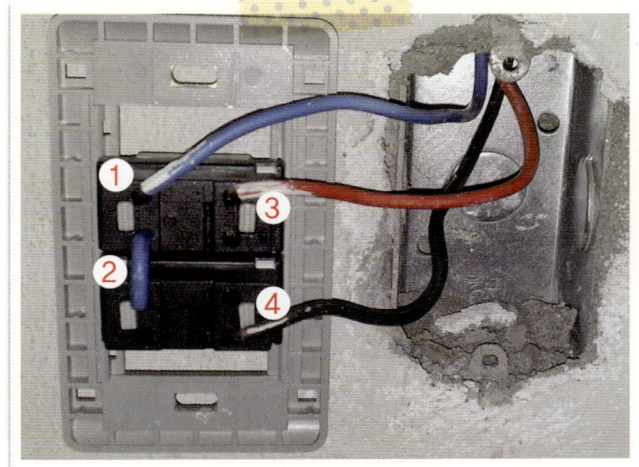

 4구 스위치 결선 모습

① 흑색 선 : 차단기에서 온 전원선(하트상)이고, 각각 청색과 녹색 연결선으로 4개의 스위치를 연결시켰다.
② 백색 포인트 : 다른 3개의 스위치는 전등으로 간 선이 각각 1가닥씩이지만, 백색 포인트의 스위치에는 2가닥이 전등으로 갔다. 이것은 장소가 다른 2개의 전등을 동시에 점등한다는 뜻이다.

SECTION 03 전등의 이해

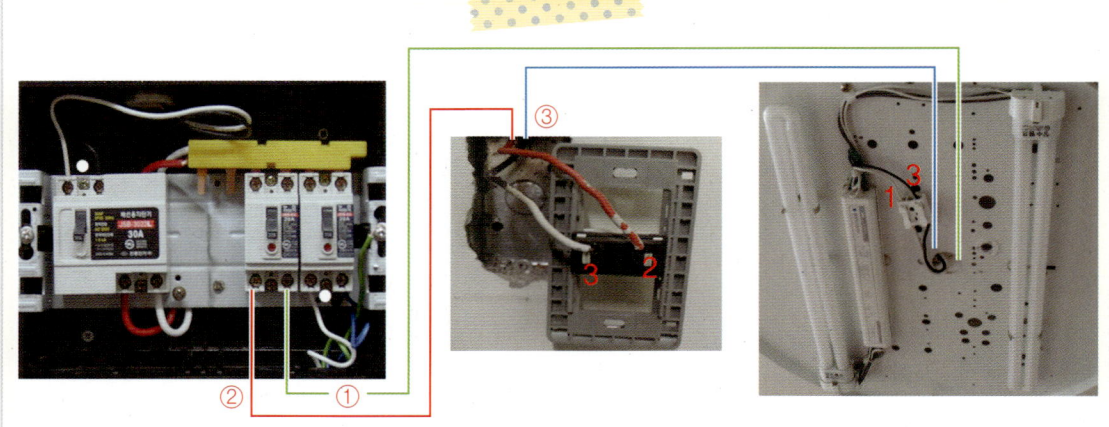

 전등의 점등 과정

① 점등 조건은 세대 분전함의 차단기에서 오는 전원(220V)선 2가닥에 전류가 흐를 때이다.
　㉠ 차단기에서 오는 중성선(N선, 보통 '등공통'이라고 함)은 바로 등기구의 단자대에 연결된다(1번).
　㉡ 나머지 하트상(스위치 공통)이 스위치를 거쳐 등기구의 단자대에 연결된다(2~3번).
② 등기구 단자대에 연결되는 등공통과 스위치 출력선은 좌우 구분 없이 연결하면 된다. 단, 거의 대부분 가운데 단자는 접지이므로 연결하면 안 된다.

1 형광등

　형광등은 안정기와 함께 사용되며, 용량에 따라 20W/32W/40W 등이 대표적으로 사용된다. 색상은 백색 외에 적색·청색·녹색·황색 등 용도에 따라 다양하다.

Section 03 전등의 이해

 형광등

램프를 끼우지 않은 등기구로 2개의 램프를 사용한다.

 램프의 점등 모습

램프를 꽂은 뒤 시간이 조금 지나야 원래의 밝기가 나온다(겨울철은 시간이 더 소요됨).

 램프 끼우기

등기구의 좌우에 있는 소켓에 램프의 핀을 꽂는다. 소켓을 옆으로 누르고 램프를 꽂으면 된다.

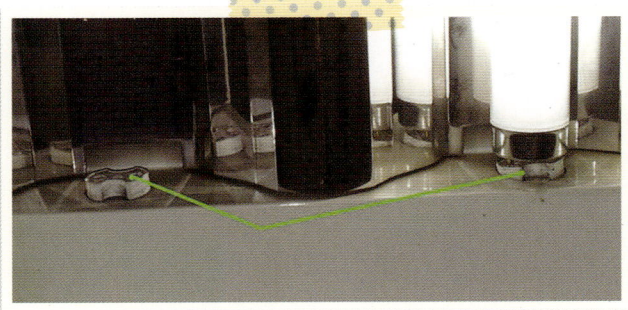

Chapter 2 전열·전등 이해하기

램프 소켓

① 1번 : 사진처럼 소켓에 있는 구멍에 램프의 끝에 달린 핀을 꽂으면 된다.
　※ 핀은 좌우 구분 없이 꽂는다.
② 2번 : 램프의 길이가 좌우 소켓 길이보다 길기 때문에 사진의 2번을 소켓이 속으로 들어가게 손가락으로 누르고 램프를 끼운다.

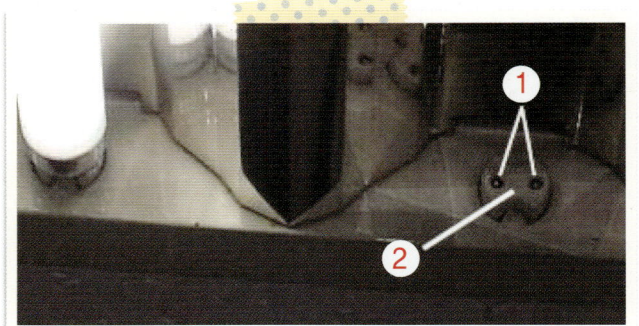

 잠자리등

몸체 속에 전자기판식으로 된 내장형 안정기가 들어 있으며, 일자형(2등용)과 십자형(4등용) 등이 있다.

PFL형 등기구

PFL 36W × 2등용 등기구 모습이다.

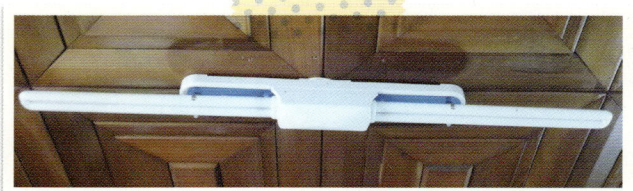

등기구 구성 요소

① 1번 : 램프가 빠지지 않게 지지해 주는 고정대
② 2번 : 천장에 고정된 브라켓과 기구 본체를 고정하는 나사
③ 3번 : 램프에 있는 핀을 꽂는 소켓

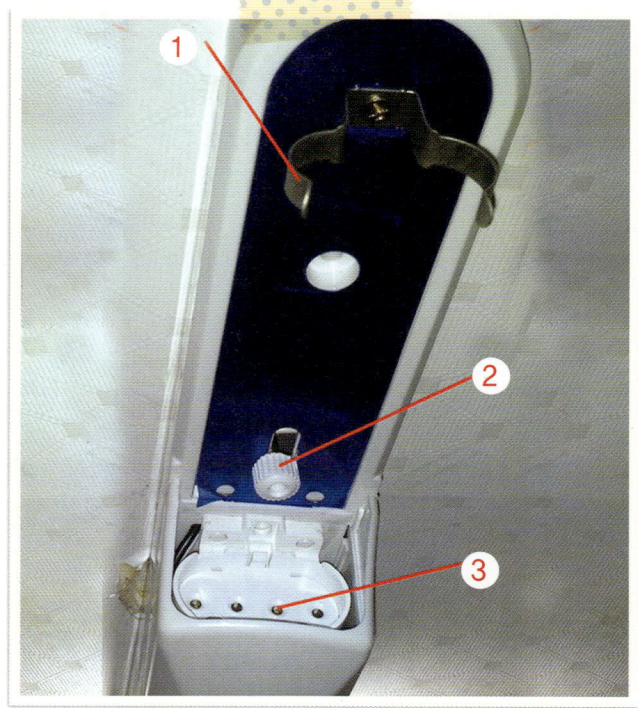

Section 03 전등의 이해

🌱 램프 구조

램프에 있는 4개의 핀을 소켓에 꽂을 때 좌우 방향은 상관 없다.

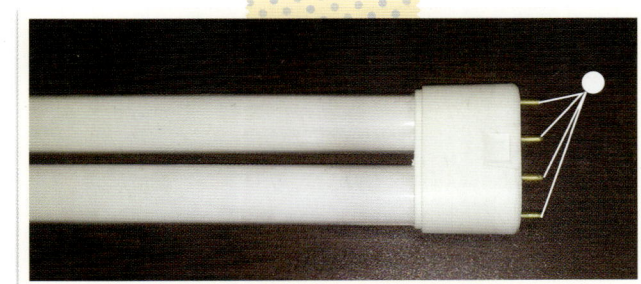

🌱 램프 끼우기

램프의 핀을 소켓에 끼울 때 사진의 핀(적색 포인트)이 램프의 홈에 들어가야 한다.

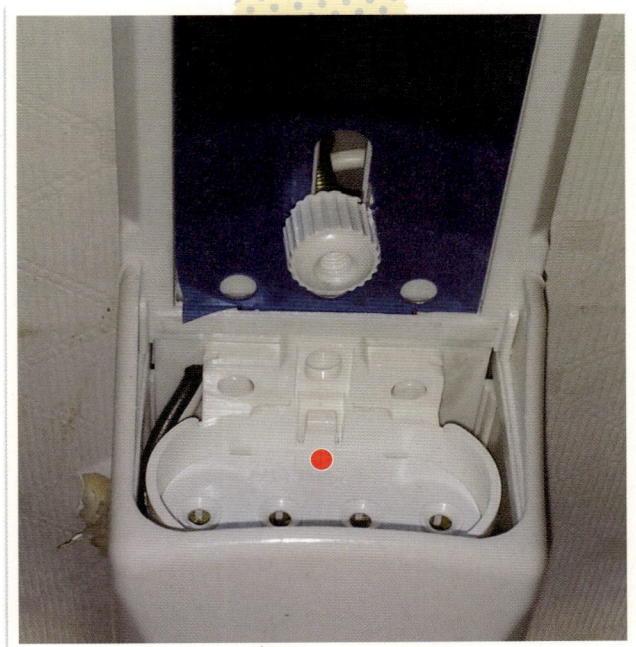

🌱 램프의 고정 홈 부위

램프의 홈이 있는 부분과 등기구 소켓의 핀이 맞아야 한다.

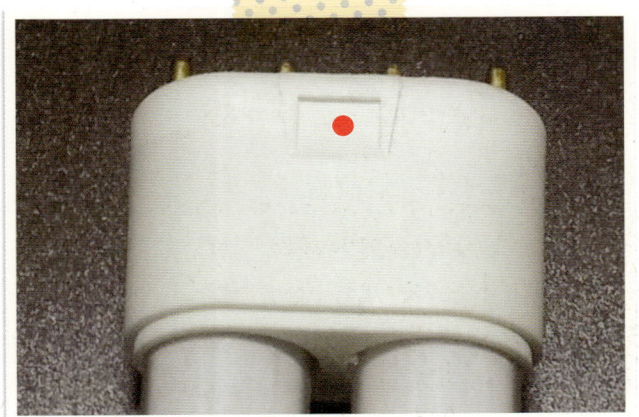

49

Chapter 2 전열·전등 이해하기

③ 안방 원형등

외관 모습

PFL 36W×2등용 등기구이다.

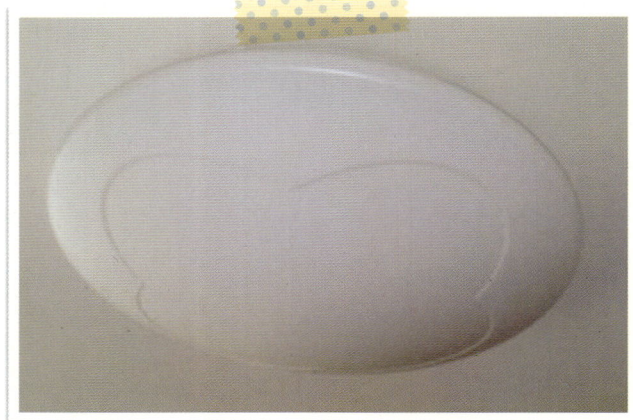

내부 모습

① 1번 : 전원(220V)
② 2번 : 안정기(2등용)
③ 3번 : 램프
④ 4번 : 커버를 고정시켜 주는 잠금 장치
※ 녹색 포인트의 잠금 레버를 돌리면 4번의 잠금 장치가 커버에 걸린다.

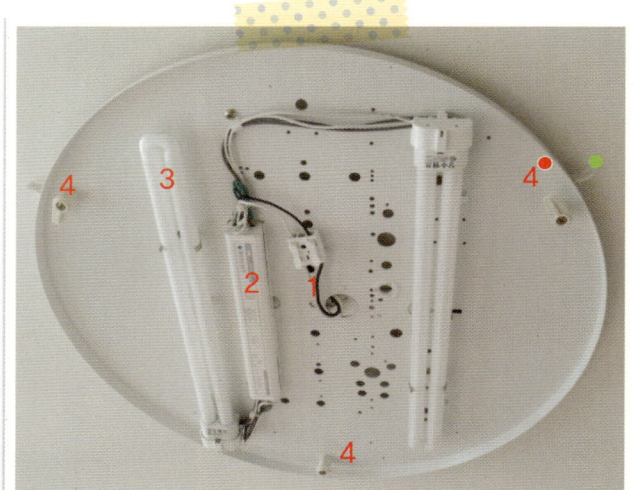

전원 단자용 소켓

소켓 구멍에 안정기의 전원선 2가닥을 꽂으면 된다.

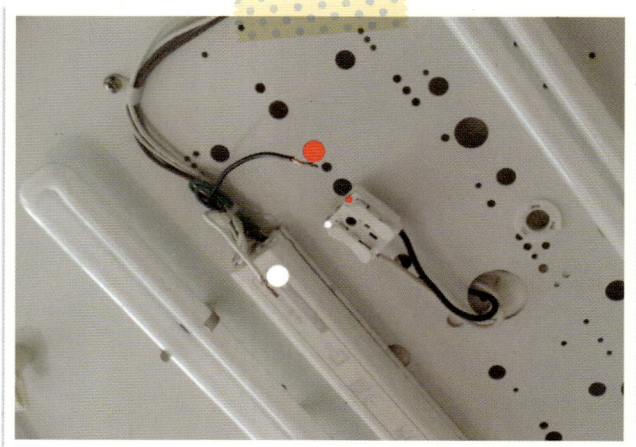

Section 03 전등의 이해

 거실등

 유리 커버로 된 거실 등기구

① 1번 : 커버를 고정시키는 조임 너트
② 2번 : 유리 커버
 ※ 커버를 벗기는 방법 : 유리이므로 깨지지 않도록 조심하면서, 왼손으로 커버를 받치고 오른손으로 너트를 푼다.

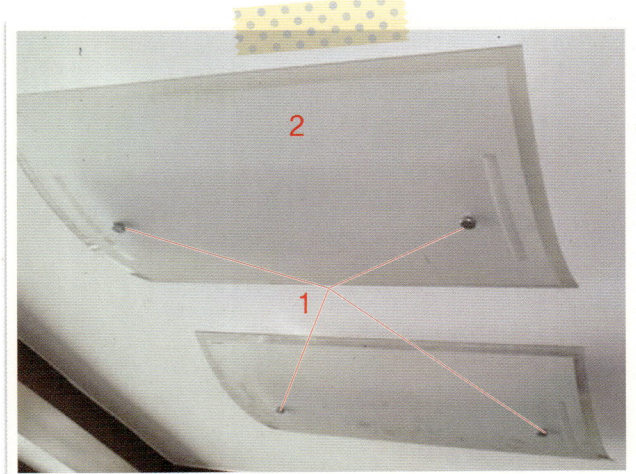

 비상등

비상등은 평상시에는 점등되지 않고, 화재로 인해 감지기 등이 동작했을 때처럼 비상시에 점등된다. 현관 옆 거실 벽에 위치해 있다.

 거실벽에 취부된 비상등

① 1번 : 유리 커버
② 2번 : 커버를 끼우는 브라켓

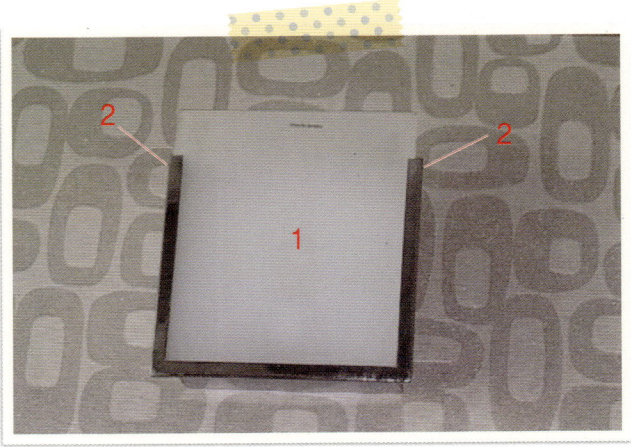

Chapter 2 전열·전등 이해하기

6 주방등

 PFL 36W × 2등용 등기구

유리로 된 주방용 등기구이며, 여러 가지 제품이 있다.

 등기구 외관 구조

① 1번 : 등기구 본체
② 2번 : 유리 커버
③ 3번 : 커버 고정용 조임 너트

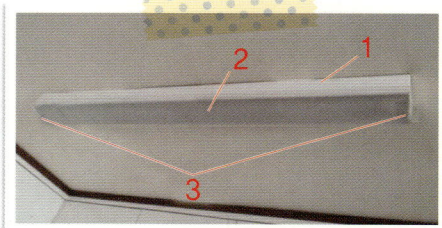

 커버를 벗겨낸 모습

① 1번 : 안정기
② 2번 : 램프
③ 적색 포인트 : 너트 조임 구멍

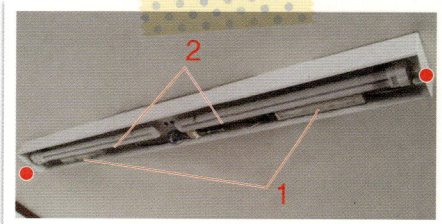

 소켓과 고정용 너트

① 1번 : 램프의 핀을 꽂는 소켓
② 2번 : 등기구 본체를 천장에 고정시켜 주는 너트

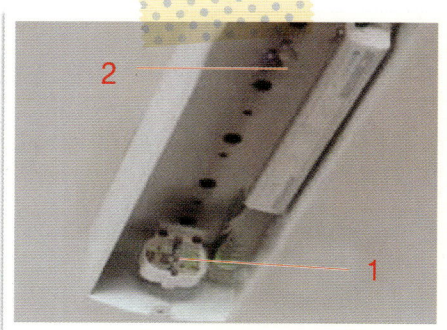

 전원 연결용 소켓

① 녹색 포인트 : 전원 220V
② 적색 포인트 : 안정기의 전원선을 연결하는 홈

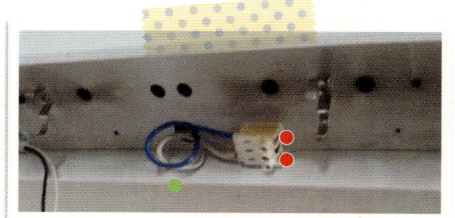

Section 03 전등의 이해

 소켓과 안정기 연결

적색 포인트 부분은 전선을 연결해주는 커넥터로, 전기 테이프보다 깔끔하다.

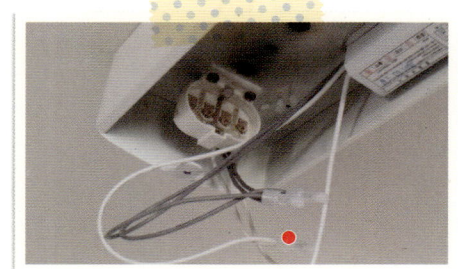

 램프의 핀을 소켓에 꽂는 부위

커넥터와 소켓의 모습이다.

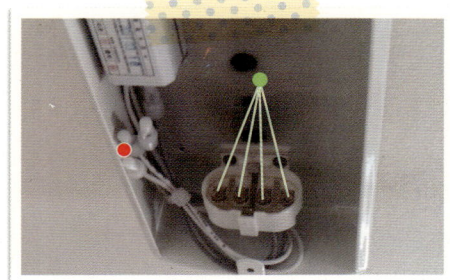

 일반 직부등

보통 베란다나 1층 주차장 등에 많이 사용한다.

 일반 직부등

① 1번 : 유리 글로브
② 2번 : 몸체

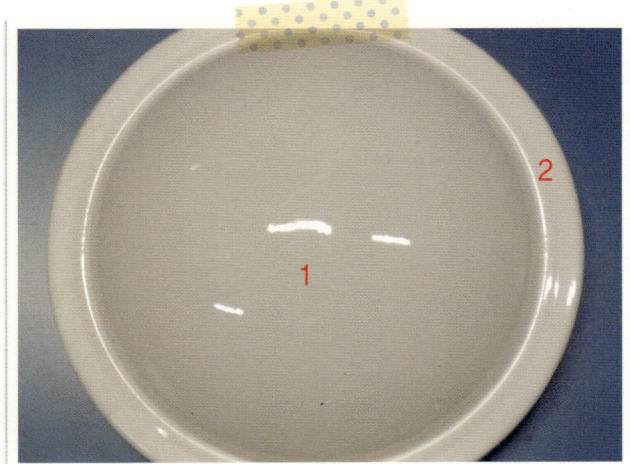

Chapter 2 전열·전등 이해하기

 몸체 내부 구조

① 1번 : 전구를 끼우는 소켓
② 2번 : 글로브를 끼우는 나사산

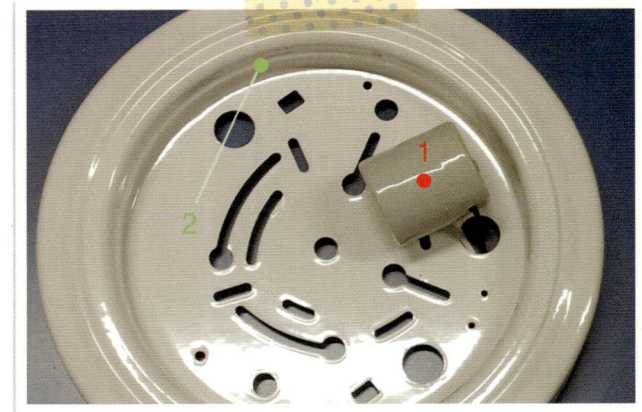

 글로브의 나사와 몸체의 나사산

글로브가 유리 재질이기 때문에 무리하게 힘을 줄 경우 깨지기 쉽다. 또 글로브를 끼웠는데도 나사산이 잘 맞지 않아 떨어지는 경우도 있다.

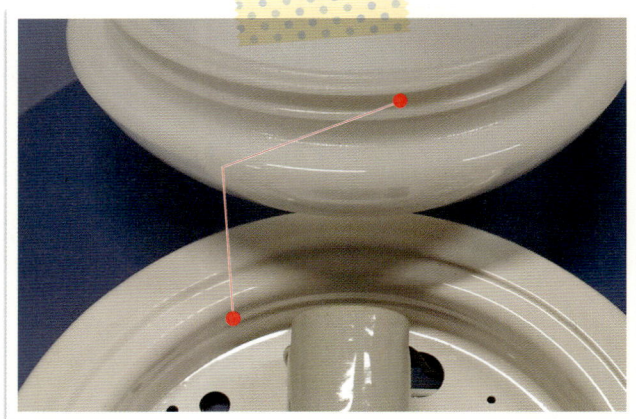

 램프 점등

센서로 작동하지 않고 스위치를 사용해서 점등한다.

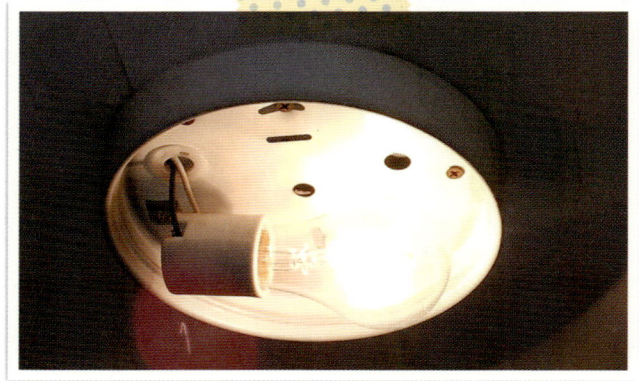

⑧ 센서등

일반 직부등에 인체를 감지하는 센서가 달려 있는 형태이다. 스위치를 사용하지 않고 센서에 의해 자동으로 ON/OFF가 된다.

Section 03 전등의 이해

센서등 구조

① 1번 : 유리 글로브
② 2번 : 몸체
③ 3번 : 센서

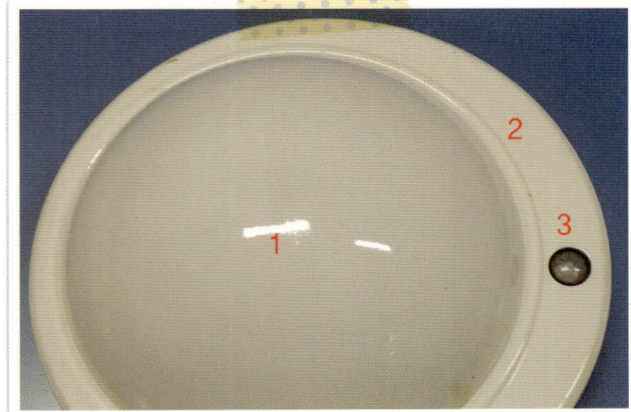

몸체 내부 구조

① 1번 : 센서
② 2번 : 소켓
③ 3번 : 백열 전구

몸체 밑면 구조

① 1번 : 센서 본체
② 2번 : 전원선(220V)
③ 3번 : 출력선으로 전등과 연결

Chapter 2 전열·전등 이해하기

🌱 센서 기능 조절 레버

주·야간으로 구분되어 있으며, 레버를 야간에 놓으면 주간에는 작동하지 않는다.

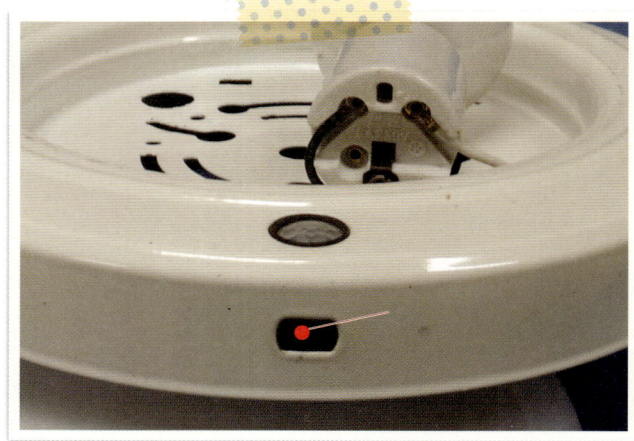

SECTION 04 콘센트 부하의 이해

1 세대 분전함에서 콘센트까지의 과정

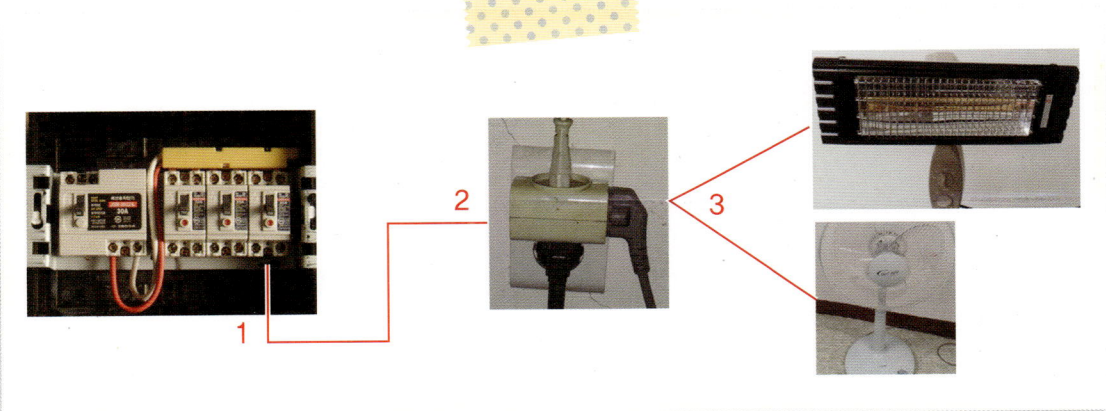

 전열 라인의 흐름

① 1번 : 가정집에 있는 세대 분전함으로, 메인 차단기, 분기 차단기(전등, 전열, 에어컨 등)로 구성되어 있다.
② 2번 : 콘센트로서, 세대 분전함의 분기 차단기(전열) 2차에서 온 전선이 콘센트에 연결된다.
③ 3번 : 각종 전열 부하기기를 나타낸 것으로, 냉장고, TV, 난방기구, 선풍기 등 각종 부하기기들을 콘센트에 꽂아 사용한다.

2 차단기·콘센트와 부하기기의 용량 관계 설정

여러 가지 부하기기들을 사용할 때에는 반드시 차단기 및 콘센트와의 용량 관계를 확인해야 한다.

Chapter 2 전열·전등 이해하기

1 소비 전력

(1) 소비 전력의 개요

① 우리가 사용하는 각종 전기기기들은 전기를 필요로 하는데, 이때 소모되는 전기를 소비 전력이라 하고 P로 표기한다.

② 소비 전력의 단위는 와트(W), 킬로와트(kW)이며, 1,000W = 1kW이다.

(2) 부하기기의 용량(소비 전력)

$$소비\ 전력(P) = 전압(V) \times 전류(I)$$

※ 역률이 포함되어야 하지만 일반 가정집의 경우 대부분 영향을 받지 않으므로 무시한다.

2 전압과 전류의 관계

220V의 전압이 흐르는 전기에 어떤 부하기기를 사용하면 그 부하기기의 용량에 맞는 전류(I)가 흐르게 된다.

전류는 I로 표기하며 단위는 암페어(A)이다.

3 소비 전력과 전류의 관계

단상(220V)일 경우 1kW = 약 4.5A이다(역률 무시).

4 차단기, 콘센트, 스위치와 부하기기의 관계

차단기, 콘센트, 스위치는 전기가 흐를 수 있는 용량에 한계가 있으며, 그 한계 용량을 전류(A)로 표시하고 있다. 차단기는 용량의 크기에 따라 보통 최소 15A, 20A, 30A, 50A, 75A, 100A 등으로 커지며, 일반적인 스위치는 15A, 콘센트는 16A이다.

가정집의 경우 세대 분전함의 분기 차단기는 일반적으로 20A이다. 이 차단기가 감당할 수 있는 부하기기의 최대 소비 전력은 약 4.5kW이다(1kW = 약 4.5A이므로). 그러나 실제는 한계 용량의 약 70%만 설정하는 것이 적당한데, 이 경우 14A(3kW)가 적당하다.

스위치 허용 용량

적색 포인트 부분의 수치는 허용 전류는 최대 15A, 전압은 250V까지 견딘다는 뜻이다.

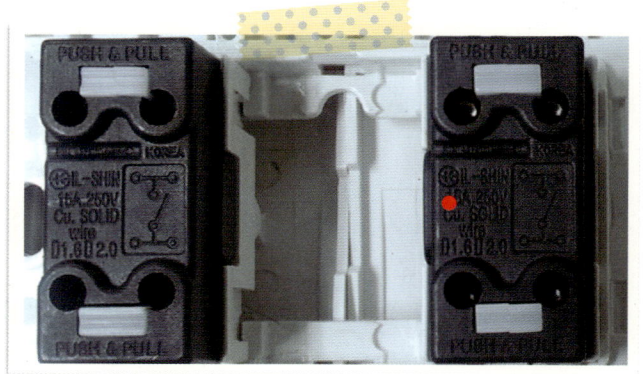

Section 04 콘센트 부하의 이해

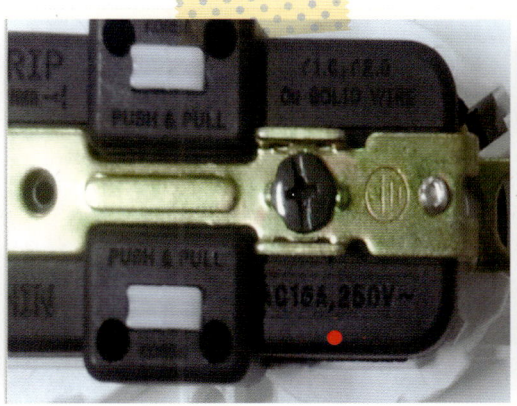

 콘센트와 차단기 허용 전류 비교

① 콘센트 : 16A, 250V라고 표시되어 있다.
② 차단기 : 20이라고 표시되어 있다. 차단기는 사용하고자 하는 용량에 따라 다양한 종류가 있다(15A, 20A, 30A, 50A 등).

소비 전력이 3kW인 난방기기 2개를 20A인 차단기 1개에 사용해도 좋은가?

난방기기 2대의 합은 6kW(약 28A)이다. 그러므로 난방기기를 각각 단독으로 사용해야 한다. 즉, 차단기가 2개 필요한 것이다. 차단기 1개에서 콘센트가 따로따로 2개 연결되었고, 이 콘센트에 각각 별도로 난방기기를 꽂아도 안 된다. 어차피 차단기는 1개이며, 허용 전류는 20A이기 때문이다.

 차단기, 콘센트, 난방기 각각 1개인 경우

20A인 차단기에서 콘센트로 전원이 갔으며, 이 콘센트에 예문의 난방기(3kW, 약 14A) 1개만을 사용하므로 적정하다.

Chapter 2 전열·전등 이해하기

차단기 1개, 콘센트 1개, 난방기 2개인 경우

① 콘센트가 2구여서 난방기 2개를 모두 사용한 것으로, 차단기에 걸리는 용량은 모두 6kW(약 28A)가 되므로 위험하다.

② 이 경우 부하기기의 플러그를 꽂는 콘센트 접점이 용량 부족으로 인해 과열로 녹으면서 화재가 날 위험이 있고, 차단기도 과부하로 트립된다.

차단기 1개, 콘센트 2개, 난방기 3개인 경우

① 역시 차단기가 견딜 수 있는 용량은 20A밖에 되지 않으므로 차단기가 트립된다.
② 난방기가 1개 꽂힌 콘센트 자체는 용량이 적정하다.
③ 난방기가 2개 꽂힌 콘센트는 용량이 부족해 과열로 인한 화재의 위험이 있다.

Section 04 콘센트 부하의 이해

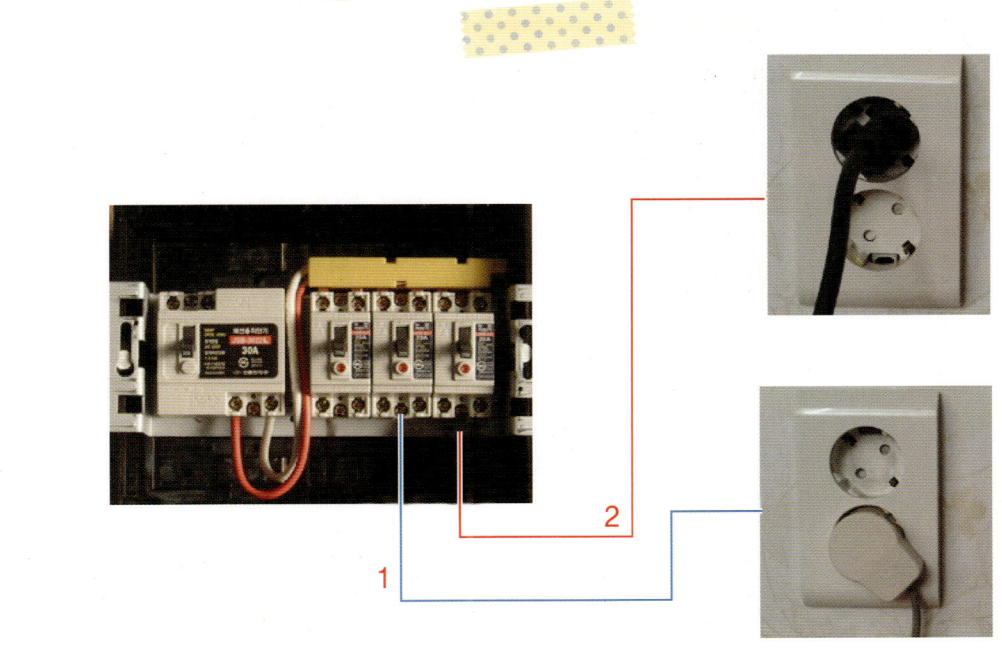

 차단기 2개, 콘센트 2개, 난방기 2개인 경우

1번 차단기에 콘센트와 난방기 1대가 연결되고, 2번 차단기에 다른 콘센트와 난방기가 연결되어 용량이 적정하다.

5 **차단기, 콘센트, 부하기기, 전선 굵기와의 관계**

　　차단기, 콘센트, 부하기기를 모두 적정하게 사용할지라도 전선의 굵기가 허용 범위보다 낮으면 안 된다. 만약 부하기기가 3kW라면 전선의 굵기도 최소 3kW 이상을 견뎌야 한다. 그렇지 않을 경우 과열로 인해 전선의 피복이 녹으면서 화재가 발생한다.

 각 기기들의 허용 범위 관계

부하기기 < 콘센트 < 차단기 용량 < 전선의 굵기

전선의 용량이 가장 커야 한다. 만약 전선의 굵기(허용 전류)가 차단기보다 낮다면 부하기기들을 차단기 용량에 맞게 사용하더라도, 차단기가 트립되지 않더라도 전선의 용량이 낮아 과열되게 되는 것이다.

61

Chapter 2 전열·전등 이해하기

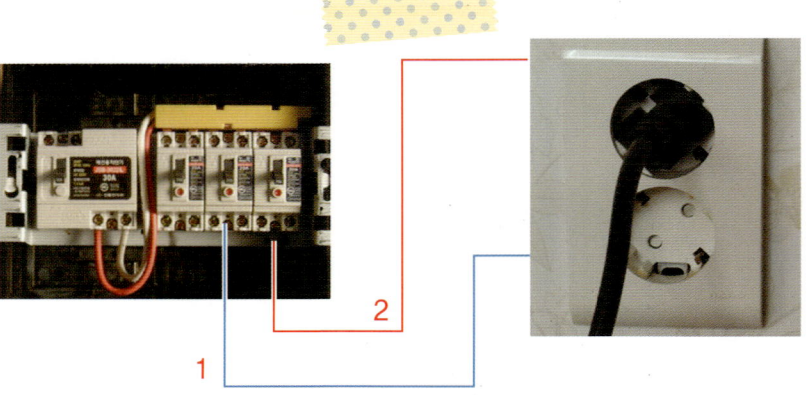

 전선 허용 굵기의 예

① 1번(청색) 전선이 2번(적색) 전선보다 더 굵다.
② 1번 전선이 견딜 수 있는 허용 전류는 10A라고 가정한다.
③ 2번 전선이 견딜 수 있는 허용 전류는 30A라고 가정한다.
④ 1번 전선의 콘센트에 3kW(약 14A)인 난방 기기를 사용할 경우 콘센트(16A)와 차단기(20A)는 허용 범위가 적정하지만, 전선의 굵기가 10A 밖에 안 되므로 계속 사용하면 전선의 피복이 과열로 녹으면서 화재가 발생한다.
⑤ 2번 전선의 콘센트에 3kW(약 14A)인 난방 기기를 사용할 경우 전선의 허용 범위(30A)가 가장 크므로 적정하다.

※ 전선의 굵기
　㉠ 전선의 굵기에 따른 허용 전류는 별도로 규정되어 있다.
　㉡ 일반적으로 가정집의 콘센트나 전등에 사용되는 전선의 굵기는 2.5sq(스퀘어)이며, 실제 적용되는 최대 허용 전류는 약 25A까지라고 보면 적당하다.

6 부하기기들의 제품 표시

 전기 라디에이터의 표시

① 제품 명칭(1번)
② 정격 전압 : 220V(2번)
③ 소비 전력 : 3kW(3번)

Section 04 콘센트 부하의 이해

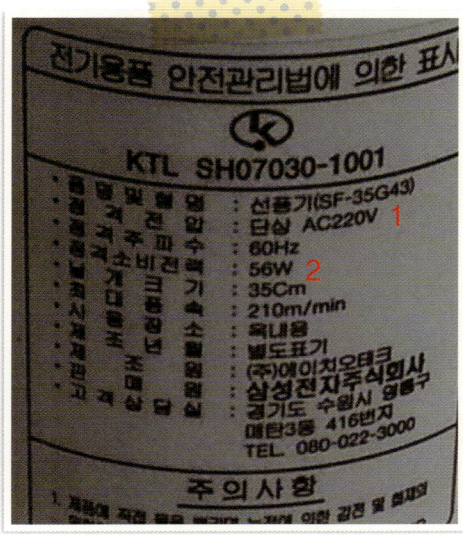

선풍기의 표시

① 정격 전압 : 220V(1번)

② 소비 전력 : 56W(2번)

　56W면 허용 전류가 약 0.25A로 소비 전력이 매우 작기 때문에 차단기와 콘센트에 크게 개의치 않아도 된다.

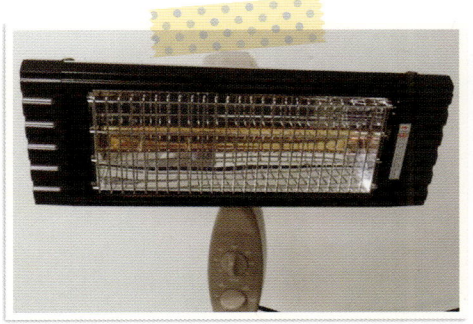

전기 스토브의 표시

① 정격 전압 : 220V(1번)

② 소비 전력(스탠드형) : 1.8kW(2번)

　1.8kW면 허용 전류가 약 8.2A로 소비 전력이 꽤 크기 때문에 차단기와 콘센트의 허용 전류에 주의를 기울여야 한다. 만약 1개의 차단기와 콘센트에 난방 기기 2개를 동시에 최대로 사용한다면 허용 범위를 초과하므로 위험하다. 이 경우 난방 세기를 중간 이하로 하거나 2대를 교대로 가동하는 것이 좋다.

SECTION 05 전등 부하의 이해

1 차단기·스위치와 전등의 용량 관계 설정

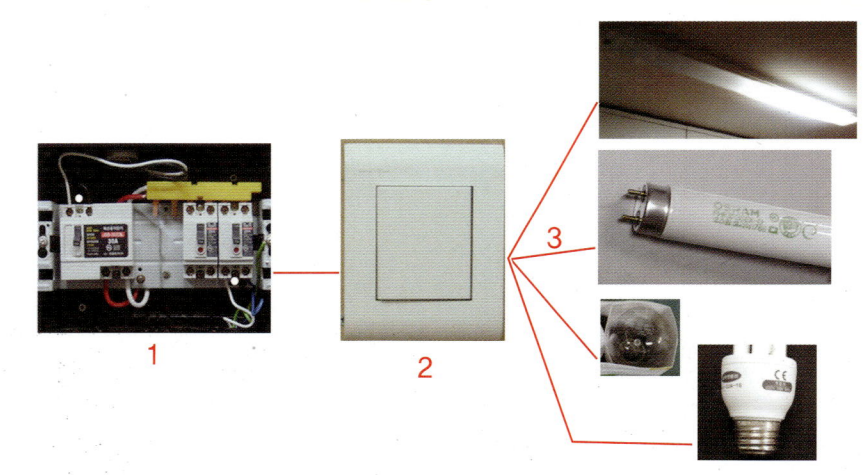

1 전등 부하의 용량 구하기

전등 부하도 전열 부하기기처럼 용량에 맞게 사용해야 한다. 램프에 표시된 소비 전력을 계산하면 되고, 방법은 전열 부하와 같다.

① 1번 : 세대 분전함의 전등용 분기 차단기로서, 20A이다. 이 경우 적정 허용 전류는 14A(분기 차단기의 70%), 최대 16A(80%)를 넘기지 않도록 한다.

② 2번 : 전등을 제어하는 1구용 스위치이다. 일반적으로 허용 전류는 15A로 표시되어 있다. 세대 분전함의 분기 차단기(전등) 2차의 두 가닥 중 하트상이 와서 스위치에 연결된다.

③ 3번 : 스위치를 거쳐 사용되는 여러 가지 전등 부하이다. 램프에 표시되어 있는 소비 전력을 모두 계산하여 스위치와 차단기의 허용 전류를 넘지 않도록 해야 한다. 분기 차단기의 2차측 두 가닥 중 중성선(N선)과 스위치를 거쳐 나온 하트상(스위치 출력선)이 연결되어 사용한다.

Section 05 전등 부하의 이해

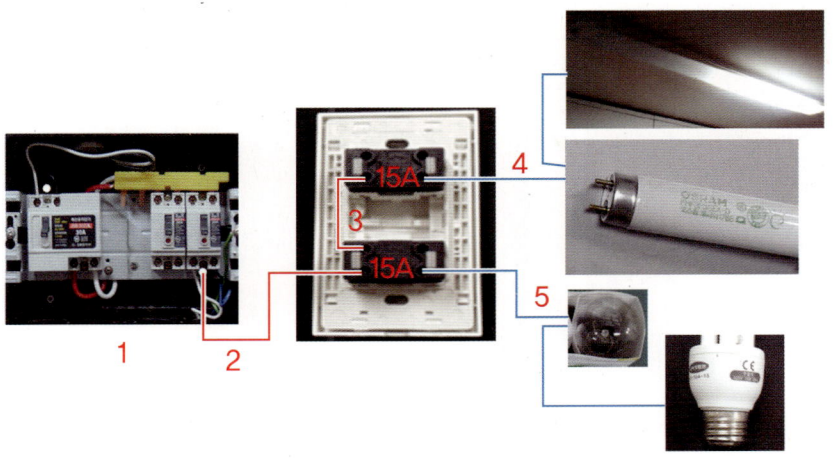

2 1개 전등 부하의 용량 구하기

(1) 1개 전등 부하의 연결

전등용 분기 차단기 1개에 2구용 스위치를 이용해 각각 전등 부하가 걸려 있으며, 스위치의 허용 전류는 각각 15A이다. 스위치 2개에 모두 13A씩 전등 부하를 사용하면 스위치는 최대 허용값인 15A를 넘지 않아 괜찮지만, 스위치를 감당하고 있는 차단기가 20A밖에 안 되므로 이 경우 차단기가 트립된다.

① 1번 : 메인 차단기, 전등용 분기 차단기, 전열용 분기 차단기 등이 있는 세대 분전함이다.
② 2번 : 전등용 분기 차단기로서, 1개의 차단기에서 하트상이 스위치로 갔다.
③ 3번 : 스위치 공통 연결(COM)로서, 2개의 스위치 접점을 각각 연결한 뒤 차단기에서 온 하트상을 연결했다.
④ 4번 : 상부 스위치를 통해 여러 가지 전등으로 갔다.
⑤ 5번 : 하부 스위치를 통해 여러 가지 전등으로 갔다.

(2) 문제점

① 사용하고 있는 전등 부하가 상부(4번)와 하부(5번) 각각의 스위치 허용 전류(15A)보다 낮게 사용했을 때 2개의 스위치를 이용하는 전등 부하의 합이 분기 차단기(20A)의 적정 허용 전류(약 14~16A)보다 작다면 괜찮다.

그러나 비록 각각의 스위치보다는 낮게 사용하더라도 2개의 스위치에 걸린 전등 부하의 합이 차단기의 허용 전류보다 많다면 과부하로 차단기가 트립된다.

② 또 차단기에서 스위치까지 연결된 전선의 굵기(2.5sq라고 가정했을 경우) 역시 스위치 2개를 모두 합친 부하 용량을 견디기에는 조금 무리가 있다.

Chapter 2 전열·전등 이해하기

3 2개 전등 부하의 용량 구하기

(1) 2개의 분기 차단기 연결

분기 차단기 2개를 이용해 스위치 2개에 각각 따로따로 전원이 갔다.

이 경우 전등 부하를 스위치의 허용 전류(15A)보다 작게만 사용하면 차단기는 과부하로 트립될 염려가 없다.

① 1번 : 전등용 분기 차단기(청색 선)의 하트상이 하부 스위치의 접점으로 갔다.
② 2번 : 하부 스위치의 반대 접점을 통해 여러 가지 전등으로 갔다.
③ 3번 : 전등용 분기 차단기(적색 선)의 하트상이 상부 스위치의 접점으로 갔다.
④ 4번 : 상부 스위치의 반대 접점을 통해 여러 가지 전등으로 갔다.

(2) 주의 사항

차단기를 각각 별도로 사용했기 때문에 과부하의 염려는 많이 줄어든 셈이다.

그러나 차단기에서 각각의 하트상 2개(청색, 적색)가 스위치로 왔기 때문에 2가닥이 접촉될 경우 단락(합선) 사고에 조심해야 한다. 이때 전선의 색깔을 반드시 다르게 해 주어야 사고를 방지할 수 있다.

또 스위치를 뜯었을 때 사진처럼 상부와 하부의 스위치 접점이 공통으로 연결되지 않았을 때는 전원 (차단기)이 다를 수도 있다는 것을 미리 알아야 한다.

② 각종 램프의 용량

🌱 삼파장 램프(EL 타입 : 돌려 끼우는 타입)

① 안정기 없이 일반 백열 전구처럼 소켓에 바로 돌려 끼우면 점등된다.
② 적색 포인트 : 소비 전력을 표시한 것인데, 용량에 따라 220V/15W(왼쪽), 220V/25W로 구분되어 표시되어 있다.
③ 소비 전력 해설 : 220V의 전압을 인가하면 점등되는데 소비되는 전력이 각각 15W, 25W라는 뜻이다.

🌱 삼파장 U(핀 타입) 램프

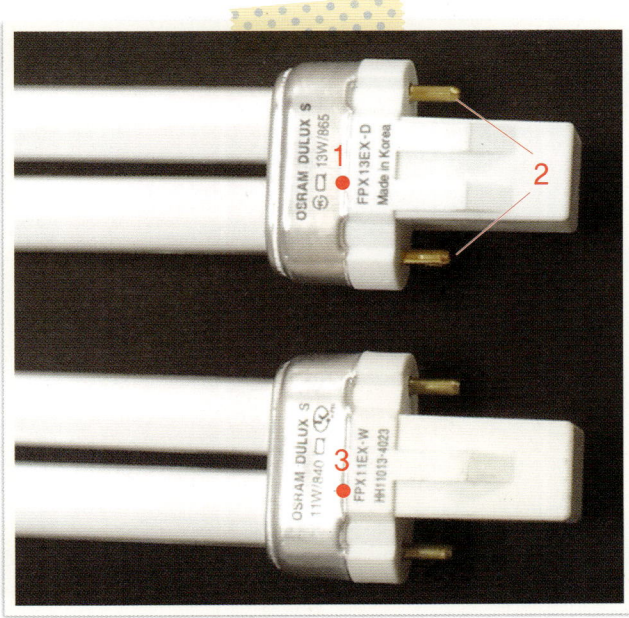

① 안정기 1개에 램프 2개가 직렬로 연결된다.
② 만약 2개 중 1개의 수명이 다하면 나머지 1개도 점등되지 않는다.
    ㉠ 소비 전력 표시(13W)(1번)
    ㉡ 소켓에 꽂는 핀 부위(2번)
    ㉢ 소비 전력 표시(11W)(3번)

Chapter 2 전열·전등 이해하기

 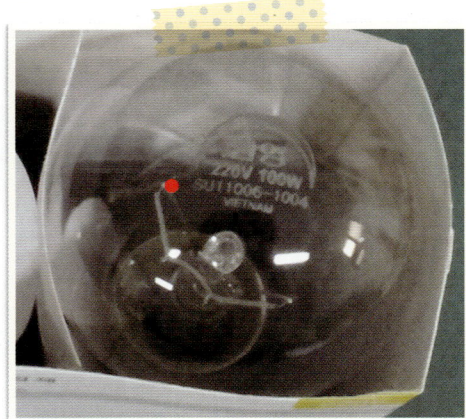

백열 전구

① 에너지 효율 정책에 따라 각종 고효율 제품으로 대체되고 있다.
② 적색 포인트는 소비 전력을 표시한 것으로, 용량에 따라 220V/30W, 60W, 100W, 200W 등으로 표시된다.

FPL 220V, 20W 2등용 안정기

용량에 따라 36W, 1등용, 2등용 등 여러 가지가 있다.

32W 삼파장 주광색

소비 전력이 32W이며, 빛의 색깔이 주광색(흰색)이라는 뜻이다.
※ 주백색은 흰색이 아니라 붉은색(전구색)이다.

Section 05 전등 부하의 이해

형광등 램프

① 1번 : 소비 전력 표시
② 2번 : 소켓에 꽂는 핀

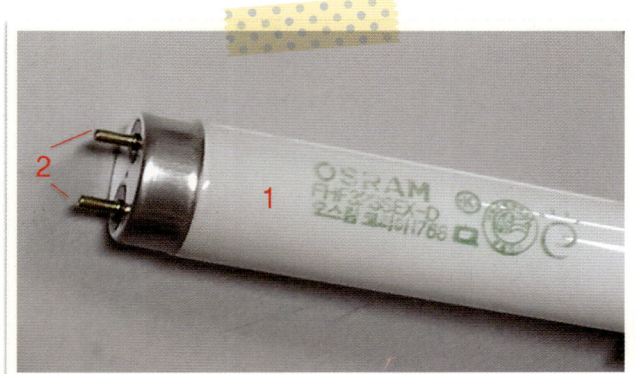

① 삼파장 램프의 의미

　　삼파장이나 오파장의 구분은 빛의 연색성을 기준으로 구분한다. 삼파장은 연색성 뿐만 아니라 일반 백열 전구에 비해 빛은 밝으면서 소비 전력은 낮고 수명은 훨씬 길다.

　　※ 연색성 : 인공적인 빛이 자연빛에 얼마나 가까운지를 수치로 환산했을 때 100을 기준으로 일반 형광등은 70, 삼파장은 80, 오파장은 90 정도이다. 수치가 높을수록 점등되었을 때의 빛이 자연빛에 가깝다는 뜻이다.

② 램프에 표시된 여러 가지 약어

　　㉠ EL 램프 : 전자 램프(Electronics Lamp)를 의미하며 정식 명칭은 안정기 내장형 램프(self ballasted lamp)이다. 통상적으로 백열 램프 형태의 삼파장 형광 램프를 말한다.
　　㉡ FL 램프 : 형광 램프(Fluorescent Lamp)의 약자로, 일반적으로 직관 형광 램프를 의미한다.
　　㉢ FPL 램프 : 형광 램프의 일종으로, 형광 램프를 한번 꺾어서 만든 램프이다.

정상 고압 메탈 램프(metal halide lamp)

① 램프 내부에 있는 바이메탈 접점의 동작에 따라 ON/OFF 되는 방식이기 때문에 즉시 빛이 밝아지지 않는다.
② 도로, 운동장, 주차장, 공원 등에 많이 사용된다.
③ 백색 포인트 : 정상 제품으로 흰색이다.

Chapter 2 전열·전등 이해하기

🌱 램프 수명이 다한 경우

수명이 다한 제품으로, 적색 포인트 부분 처럼 검게 변한다.

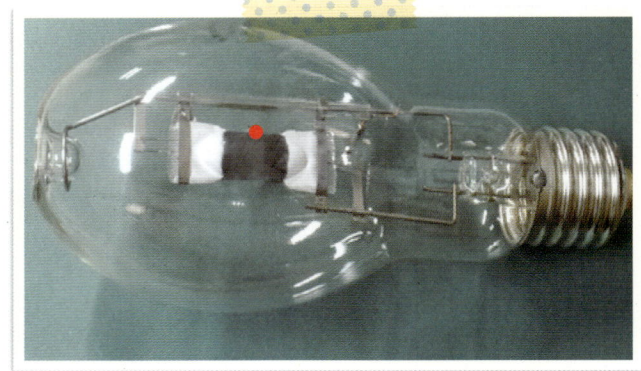

 고압 메탈 램프(metal halide lamp)가 점등되는 데 시간이 오래 걸리는 이유

램프 내부의 열이 식어서 바이메탈이 처음 상태로 되는 데 필요한 시간, 즉 다시 접점이 될 때까지의 시간이 필요한 것이다. 점등 시간은 약 5분 정도이며, OFF 후 다시 ON 시 위와 같은 이유로 약 5~10분 정도의 시간이 소요된다.

일반 삼파장 램프는 달리 안정기가 필요하며 소비 전력도 175~250W 등 다양하다.

🌱 고압 메탈 램프용 안정기

메탈 램프에 들어가는 안정기로, 1차(입력)와 2차(출력)측이 바뀌지 않도록 주의해야 한다. 또한, 제품의 이동 시 입·출력 선을 잡을 경우 고장의 원인이 되므로 주의해야 한다.

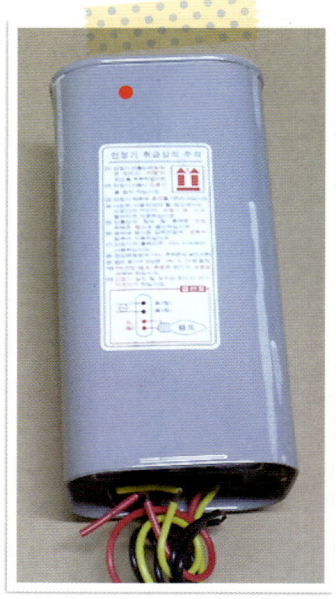

Section 05 전등 부하의 이해

 메탈 램프용 안정기 사양

① 1번 : 2차측 전압(220V)
② 2번 : 램프 소모 전류(1.5A)
③ 3번 : 램프 소모 전력(175W용)
④ 4번 : 입력(1차) 전원선
⑤ 5번 : 출력(2차) 선

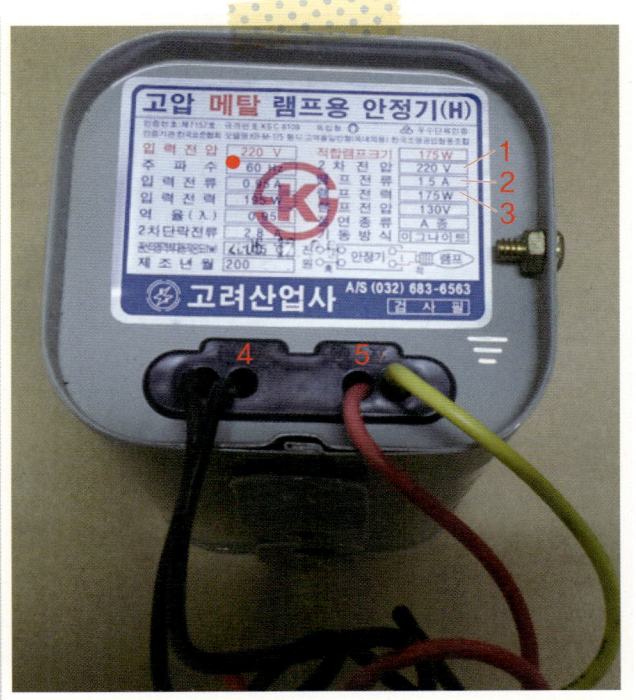

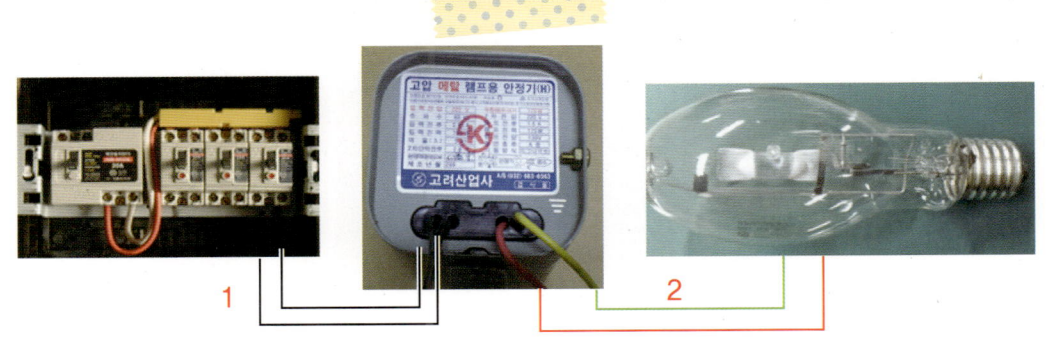

 메탈 램프 및 안정기 결선도

상기 사진은 스위치를 사용하지 않을 경우이다.
① 1번 : 전등용 분기 차단기 2가닥(하트상, 중성선)이 안정기의 입력(1차측) 선과 연결된다.
② 2번 : 안정기의 출력(2차측) 선이 램프와 연결된다.

71

SECTION 01 누전(漏電)의 이해

1 누전과 절연 저항

1 누전(漏電, electric leakage)

(1) 누전의 의미

절연이 완전하지 못해 전선 속으로 흘러야 할 전기의 일부가 전선 밖으로 새어 나와 주변의 도체(철, 구리, 알루미늄 등)로 흐르는 현상으로, 전기 기기나 전선의 노후화에 따른 절연 불량, 피복의 손상 또는 습기의 침입 등이 주된 원인이다. 누전된 부분에 신체의 일부가 닿으면 감전 사고를 일으킬 수 있으며, 자칫 사망에 이를 수도 있다.

(2) 누전의 예방

누전을 예방하기 위해서는 평소에 전선이 낡아서 전선의 피복이 벗겨지지 않았는지 수시로 점검하는 것이 좋다. 그리고 누전은 물과 아주 밀접한 관련이 있으므로 실외의 전기 시설물은 빗물이 닿지 않도록 주의해야 하며, 가정에서 세탁기, 비데, 정수기, 보일러 등을 특히 조심해야 한다.

또한, 주방 싱크대 주변의 콘센트나 화장실 내의 콘센트에는 물청소를 하지 말고, 부득이한 경우에 물걸레로 닦아주는 방법을 이용한다. 또 누전 차단기를 반드시 설치하여 누전 시에 전기가 자동으로 차단될 수 있도록 한다.

2 절연 저항

(1) 절연 저항의 의미

전기가 새어나가지 않도록 절연된 상태의 저항값이라 할 수 있으며, 절연 저항을 측정하는 기구로 측정했을 때 일정값 이하로 나올 경우 누전으로 판명한다.

(2) 절연 저항의 측정 기구

① 절연 저항 측정은 500~2,000V 정도의 직류 전압을 가해서 외부로 흘러나오는 누설 전류를 측정하는 것이다.

② 절연 저항의 측정은 전압 측정이 주목적인 일반 테스터기보다 절연 저항 측정이 주목적인 메거 테스터기를 이용하는 것이 보다 정확한 값을 측정할 수 있다.

Section 01 누전(漏電)의 이해

③ 메거 테스터기는 일반적으로 250V급, 500V급, 1,000V급이 있는데 가정에서는 500V급을 이용하는 것이 좋다.

2 절연 저항 측정기와 누전 점검

1 절연 저항 측정기(메거 테스터기)의 사용법

(1) 절연 저항 측정기 보기

영점 조절하기

눈금 조절용 나사를 돌려 바늘이 눈금과 일치하게 맞추어야 오차를 줄일 수 있다.
① 1번 : 눈금 조절용 나사
② 2번 : 눈금 밖으로 나간 바늘 모습

영점 이탈

조절 나사를 너무 돌려 바늘이 눈금 안으로 들어온 모습이다.

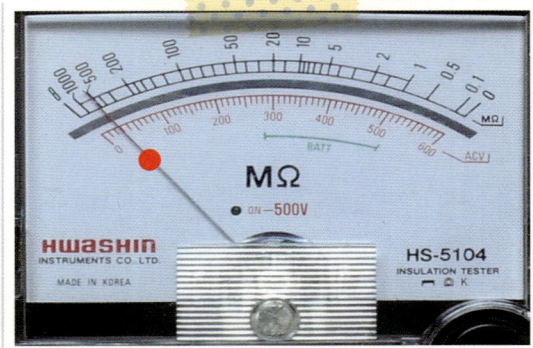

영점 조절 완료

바늘과 눈금이 일치한 모습이다. 절연 저항을 측정하기 전에 사진처럼 바늘이 눈금과 일치하는지 확인한다.

Chapter 3 누전(漏電) 이해하기

 절연 저항 눈금 읽기

① 1번 : 절연 저항 단위(MΩ) 표시이다.
② 2번 : 제로(0) 표시로, 제로에 가까울수록 절연이 나쁘다는 뜻이다.
③ 3번 : 무한대(∞) 표시로, 무한대에 가까울수록 절연이 좋다는 뜻이다.

 전압 눈금 읽기

① 1번 : 전압 단위(V) 표시이다.
② 2번 : 600V로서, 최대 600V까지 측정할 수 있는 기기이다.
③ 3번 : 제로(0)V로서, 전기가 흐르지 않을 때 나타난다.
※ 주의 : 기기마다 눈금 읽는 방법이 다르므로 제품의 설명서를 참조해야 한다.

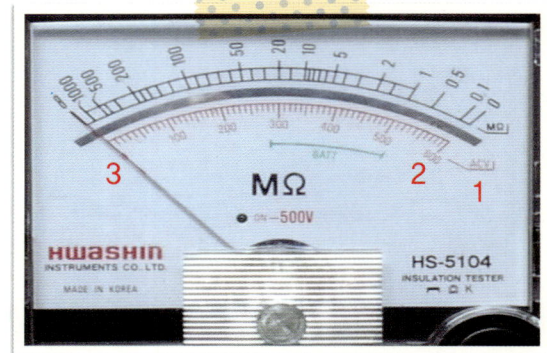

(2) 절연 저항의 측정 기구
　① 측정하고자 하는 분기 차단기를 OFF 상태에서 측정한다.
　　왜냐하면 일반적으로 사용하는 절연 저항 측정기는 자체에서 높은 전압을 인가하여 절연 상태를 측정하기 때문이다.
　② 절연 저항 측정은 크게 대지간 측정과(상과 대지), 상과 상(각 상간)을 측정하는 방법으로 나눌 수 있다.
　③ 측정값이 기준값 이하인 경우 누전으로 판단하고 해당 부하 기기 및 라인을 점검한다.

Section 01 누전(漏電)의 이해

일반 절연 저항 측정

① 1번 : 선택 레인지를 메거옴(MΩ)에 맞춘다.
② 2번 : 녹색 램프가 점멸된다.
③ 3번 : 측정용 리드선 2가닥 중 1개를 구멍에 꽂는다.
④ 4번 : 나머지 리드선을 구멍에 꽂는다.
⑤ 측정하고자 하는 부위를 리드선 2가닥을 이용해 측정한다.
※ 주의 : 제품마다 사양이 조금씩 다르므로 설명서를 참조한다.

Power 버튼을 이용한 절연 저항 측정

① 1번 : 선택 레인지를 파워 메거옴(power MΩ)에 맞춘다.
② 2번 : 2번의 Power 버튼을 눌러야 메거 테스터기가 작동한다.
③ 3번 : Power 버튼을 누를 때만 점멸한다.
④ 4번 : 측정용 리드선 2가닥 중 1개를 구멍에 꽂는다.
⑤ 5번 : 나머지 리드선을 구멍에 꽂는다.

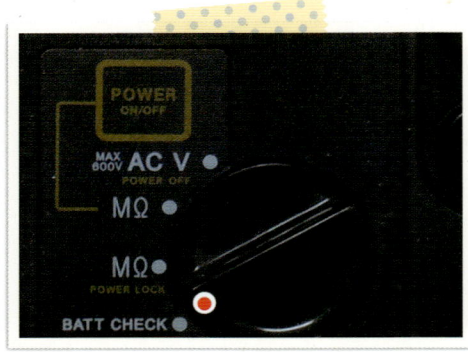 

(3) 배터리 체크
  ① 테스터기의 뒤쪽 케이스를 벗기면 9V 건전지(사각형)가 들어 있는데, 절연 저항 측정기의 조절 레인지를 메거에 놓고 절연 저항을 측정할 때 이 건전지가 소모된다.
  ② 배터리의 용량을 나타내는 눈금은 테스터기의 전면에 있으며 조절 레인지를 Batt check(적색 포인트)에 놓으면 바늘이 현재 배터리 상태를 나타낸다. 이때 바늘이 1에 가까울수록 배터리의 용량이 충분하다는 뜻이다.

3 올바른 누전 점검 요령

(1) 누전 의뢰가 들어왔을 때 전기 기사의 점검 요령
  ① 분전반 커버를 분리해 누전 체크를 하여 누전 여부를 파악한다.
  ② 누전 차단기가 떨어지기 전에 사용했던 제품이 무엇인지, 주로 어떨 때 떨어지는지 각 증상에 대해 자세히 물어본다.
  ③ 일차적으로 가장 누전이 잘 될 것 같은 제품부터 점검한다(세탁기, 냉장고, 가스 오븐, 어항 등).
  ④ 분전반에서 분기되는 라인을 기준으로 분리하여 누전이 된 라인을 점검한다(전등, 에어컨, 전열 1, 전열 2).
  ⑤ 누전된 곳이 전열이라면 라인에 꽂혀 있는 기기를 체크한다.

(2) 누전 점검 시 주의 사항
  ① 메거 테스트할 때는 반드시 누전 차단기를 내린 후에 테스트한다.
  ② 누전 차단기가 올려져 있으면 메거 테스팅에 오류가 생길 수 있다.
  ③ 작업 후 반드시 점검했던 곳의 복구가 완벽한지 확인한 후 차단기를 올린다.

(3) 누전 점검 시 숙지 사항
  ① 누전 체크용 임시 접지 라인으로 사용할 수 있는 것(수도꼭지, 철 배관, 섀시 창틀 등)을 확인한다.

② 설비 기준의 절연 저항 기준값
- ㉠ 110V : 0.1MΩ 이상
- ㉡ 220V : 0.2MΩ 이상
- ㉢ 380V : 0.4MΩ 이상

(4) 점검 시 절연 저항 기준
① 신축은 15~50MΩ 이상으로 해야 한다.
② 일반적으로 2MΩ 이상을 기본으로 해야 한다.
③ 전기 제품 1MΩ 이상으로 해야 한다(1MΩ 이하면 A/S를 권고).
④ 누전 차단기에 명시된 규격 설명
- ㉠ 부하 용량 30A : 정상적인 부하를 30A까지는 흘릴 수 있다.
- ㉡ 정격 감도 전류 30mA : 누전되는 전류가 0.03A 이상 흐르면 차단된다.
- ㉢ 정격 부동작 전류 15mA : 누전되는 전류가 15mA 이하에서는 차단되지 않는다.
- ㉣ 동작 시간 0.03초 이내 : 누설 전류가 생겼을 때 동작되는 시간이다.
- ㉤ 정격 차단 전류 1.5kA
    - 단락(합선)이 발생했을 때 순간적으로 엄청난 전류가 흐르는데, 1.5kA까지는 차단기에 손상 없이 차단 능력이 있다는 의미이다(정격 차단 전류 이상 흘렸을 때 차단기가 손상을 입거나 때론 화재가 발생할 수 있음).
    - 일반적으로 노래방의 경우 2.5kA 이상을 사용한다.

(5) 누전 유형
① 전기 제품에서의 누전 : 세탁기, 냉장고, 가스오븐, 어항 등 기기 내에 분진과 습기로 인해 누전이 발생한다.
② 결빙 현상에 의한 누전 : 겨울철 외기 온도와의 차에 의해 발생하는 습기로 누전이 발생한다.
③ 스위치, 콘센트 불량에 의한 누전
- ㉠ 노후로 인한 절연 불량(분진, 이물질)
- ㉡ 습기로 인한 콘센트 절연 불량
- ㉢ 나사못 조일 때 전선 손상
- ㉣ 기구 부착 시 전선 눌림
- ㉤ 조립 상태 불량으로 인한 접촉 불량성 누전
- ㉥ 자가 조립 설치한 멀티 콘센트 전선 눌림에 의한 누전
④ 누수로 인한 등기구 침수
⑤ 전선 손상으로 인한 누전(눈에 보이지 않는 손상이 대부분임)
⑥ 누전 아닌 누전 : 누전 차단기 병렬 연결 혹은 다른 누전 차단기와 교차시켜 연결할 때 누전으로 인식 되어 차단된다.

Chapter 3 누전(漏電) 이해하기

차단기 불량 유무 확인하기

① 1번 : 차단기의 1차측에 전기를 인가한 상태에서 테스트 버튼을 눌렀을 때 차단기가 트립되어야 정상이다.
② 누전 차단기의 불량 유무를 알 수 있는 테스트 버튼으로, 월 1회 정도 정기적인 점검이 필요하다.

하트상 점검

분기 차단기를 내리고 전압이 흐르지 않는지 확실히 체크한 다음 차단기 2차측에 연결되어 있는 해당 라인의 전선을 푼다.
① 1번 : 선택 레인지를 메거옴(MΩ)에 맞추면 '삐' 하는 소리와 함께 녹색 램프가 점멸한다.
② 2번 : 메거 테스터기의 리드선 1가닥을 세대 분전함의 접지에 접촉시킨다.
③ 3번 : 메거 테스터기의 나머지 리드선을 차단기에서 풀어낸 전선 2가닥 중 1가닥에 접촉시킨다. 이때 측정 값이 기준값(220V일 때 0.2MΩ) 이하로 나오면 누전으로 의심한다.

Section 01 누전(漏電)의 이해

중성선 점검

① 1~2번 : 절연 저항 측정하기 I과 같게 그대로 진행한다.
② 3번 : 메거 테스터기의 나머지 리드선을 차단기에서 풀어낸 전선 2가닥 중 접촉시키지 않은 다른 전선에 접촉킨다. 이때 측정값이 기준값 (220V일 때 0.2MΩ) 이하로 나오면 누전으로 의심한다.

※ 주의

ⓐ 테스터기의 리드선 2가닥을 분기 차단기의 2차측 단자에 동시에 접촉시키면 안 된다. 그 이유는 테스터기에서 인가되는 고압(DC)이 누전 차단기의 내부 회로를 파괴할 수도 있기 때문이다.

ⓑ 차단기에서 풀어낸 전선 2가닥을 동시에 접촉시킬 때는 반드시 해당 라인의 콘센트에 꽂혀 있는 모든 부하 기기들의 코드를 빼야 한다. 왜냐하면 테스터기에서 인가되는 고압(DC)이 부하 기기들의 내부 회로를 파괴할 수도 있고, 부하 기기의 내부 코일을 통해 정확한 절연값을 측정할 수가 없기 때문이다.

ⓒ 실제 현장에서는 측정 후의 환경 변화, 장소·기후 변화 등의 영향이 상당히 크므로 기준값(0.2MΩ) 보다는 더 높은 2MΩ 정도까지 보는 게 적당하다고 할 수 있다.

 단락과 합선

단락과 합선을 다음과 같이 구분할 수 있으나 일반적으로 같은 개념으로 이해해도 무방하다.

① 단락(短絡; short or short-circuit) : 전선 또는 전기 기기에 사용된 절연체가 전기적·기계적 원인에 의해 열화 및 노화되거나 절연 파괴를 일으켜 나타나는 현상으로, 해당 부위에서 급격한 과전류가 발생한다. 단락 사고 발생 시 저항이 가장 작은 접점 부위로 모든 전류가 흐르므로 과전류 발생에 따른 발열 현상이 일어난다.

② 합선(合線; interruption of circuit) : 전선이나 케이블 등의 두 선이 피복 손상 등의 원인으로 서로 전기적으로 접촉되는 것으로서, 접촉 부분에 과전류가 흐르게 되어 그에 따른 발열로 인한 화재 등이 발생한다.

SECTION 02 누전 등 전기 하자 처리 사례

 **전기믹서기 코드 불량으로 인한 주방 누전 차단기 작동**

1. 저녁 때 갑자기 주방쪽의 모든 콘센트가 작동을 멈추었다고 민원이 들어와 현장을 방문하였다.
2. 세대 분전함의 누전 차단기가 트립된 것을 확인하고 언제부터 문제가 발생했는지, 평소와 다른 특별한 일을 했는지 등을 질문했으나 별다른 일을 하지 않았고 차단기도 갑자기 트립되었다고 한다.
3. 차단기가 트립되기 전 전기믹서기를 사용했다고 하여 가장 먼저 믹서기를 살펴보던 중 아래 사진과 같이 전기코드 부위가 의심되었다.
4. 전기코드의 경우 오래 사용하다 보면 전기제품 속으로 들어가는 부위가 밖으로 빠져나오게 되는데, 이를 방치한 채 계속 사용하면 속에 연결된 단자가 풀려 전기 사고를 일으키는 원인이 된다.

 문제의 전기믹서기

① 1번 : 문제가 된 전기믹서기이다.
② 2번 : 코드선이 빠져나와 차단기가 트립되는 원인을 제공했다.

Section 02 누전 등 전기 하자 처리 사례

 제품에 표시된 안전 관리 표기

단상 220V의 제품으로 사용 시 365W, 1.7A가 소비되며, 사용 시간은 3분 정도가 적당하다는 뜻이다.

① 1번 : 단상
② 2번 : 정격 전압(AC 220V)
③ 3번 : 부하 전류(1.76A)
④ 4번 : 소비 전력(365W)
⑤ 5번 : 정격 시간(단시간 3분)

 **2구용 콘센트 한 곳에서의 차단기 트립**

1. 누전 차단기가 떨어진다는 민원을 접수하고 세대를 방문하였다.
2. 트립되는 차단기의 해당 라인을 모두 점검한 결과 화장실과 작은방 사이에 있는 콘센트임을 찾아내었다.
3. 세대 분전함에서 누전 차단기가 트립되는 것을 확인한 다음 해당 라인의 콘센트에 꽂혀 있는 부하(사용 중인 전열 기기)의 코드를 모두 뺀다.
4. 콘센트들을 차례로 뜯어 메거링(메거를 이용한 절연 저항 체크)을 한 결과 아파트의 외벽쪽에 있는 콘센트가 겨울철에 외부와 내부의 온도 차로 인해 결로 현상을 일으켰음을 알 수 있었다.
5. 2구용 콘센트 윗부분만 심하게 부식되었으며, 전선이 꽂혀 있던 단자에 탄화 흔적이 있다.
6. 이런 경우 평소에는 괜찮다가 겨울에 온도차가 심하면 다시 습기가 차기 때문에 콘센트를 교체한다고 해서 근본적인 대책이 되는 것은 아니다. 이때는 전선을 연결해서 밖으로 빼낸 다음 노출 콘센트를 만든다.

Chapter 3 누전(漏電) 이해하기

문제의 차단기 앞쪽

문제의 콘센트로, 표시된 부분에 플러그를 꽂으면 차단기가 트립된다.
① 1번 : 잦은 사용으로 보호캡이 떨어져 나간 문제의 부분
② 2번 : 정상적인 부분

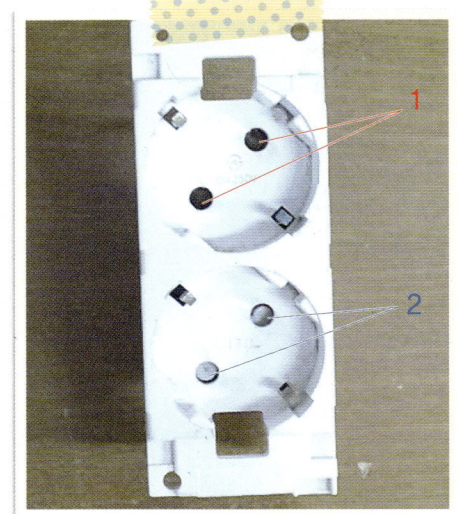

문제의 차단기 뒤쪽

① 1번 : 탄화된 단자
② 2번 : 정상적인 단자

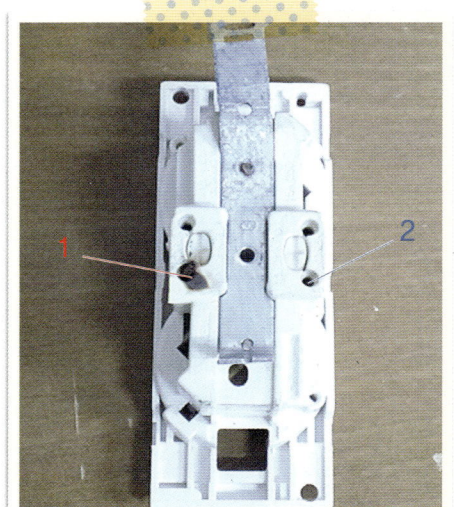

차단기의 분해 모습

적색 포인트 부분은 부식되어 푸르스름하게 변한 단자와 접지 부분을 표시한 것이다.

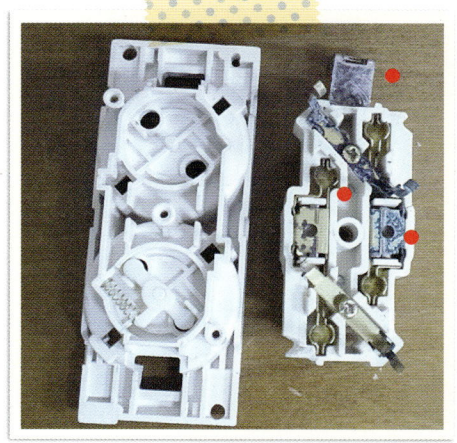

Section 02 누전 등 전기 하자 처리 사례

 **세대 누전 차단기의 결로 현상에 의한 트립**

1. 세대 주방쪽 누전 차단기를 올리면 약 5~10초 후에 트립된다.
2. 해당 라인의 콘센트에 꽂혀 있는 제품의 플러그를 모두 차례로 빼보아도 여전히 트립 현상이 일어난다.
3. 콘센트를 차례로 뜯어본 결과 외벽쪽에 설치된 콘센트 박스에 결로 현상으로 생긴 이슬 맺힘이 발견되었다.
4. 그러나 누전 차단기는 여전히 트립되었으며, 결국 콘센트들을 모두 분리한 결과 싱크대 밑 손이 잘 미치지 못하는 쪽의 콘센트에서 연결된 접지선의 한쪽에서 누설 전류가 흐르고 있는 것을 발견했다.
5. 누설 전류가 흐르는 박스 내부의 이슬과 젖은 콘센트를 드라이기로 말리고 절연을 측정해보니 절연 저항값이 허용 범위를 넘지 않았다.

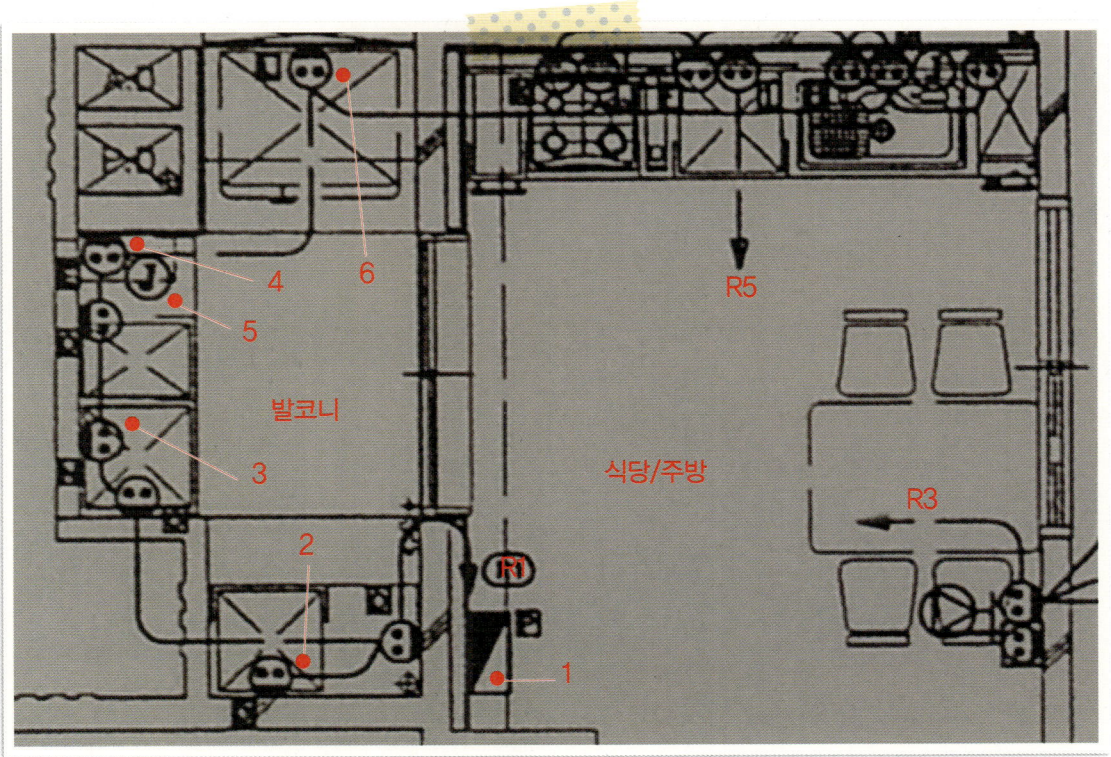

Chapter 3 누전(漏電) 이해하기

🌱 주방쪽 전열 라인을 나타낸 평면도

오븐레인지만 단독으로 사용하고 나머지는 차단기 1개로 모두 사용하도록 되어 있는데 이는 적합하지 않다. 보통 차단기 1개에 5~6개의 콘센트가 적당하다.

① 1번 : 세대 분전함 표시이다. 복도 비상계단에 있는 적산 전력계에서 온 메인 차단기와 전등 및 전열용으로 사용되는 각 분기 차단기들이 있다.
② 2번 : 전자레인지를 사용하기 위한 콘센트이다.
③ 3번 : 전기믹서기 등을 사용하기 위한 콘센트이다.
④ 4번 : 보일러용 콘센트이다.
⑤ 5번 : 콘센트가 가까운 곳에 몰려 있을 경우 조인트 박스에서 연결해서 각각의 콘센트로 간다.
⑥ 6번 : 냉장고용 콘센트이다.
⑦ R1 : 주방쪽 발코니에 설치된 콘센트들을 제어하는 차단기의 명칭이다.
⑧ R3 : 분전함의 분기 차단기(R3)에서 식탁 밑에 설치된 콘센트로 간 다음 거실쪽 콘센트로 갔다.
⑨ R5 : 주방에 설치된 오븐레인지 전용 콘센트이다.

🌱 중성선(N)의 절연 저항 체크

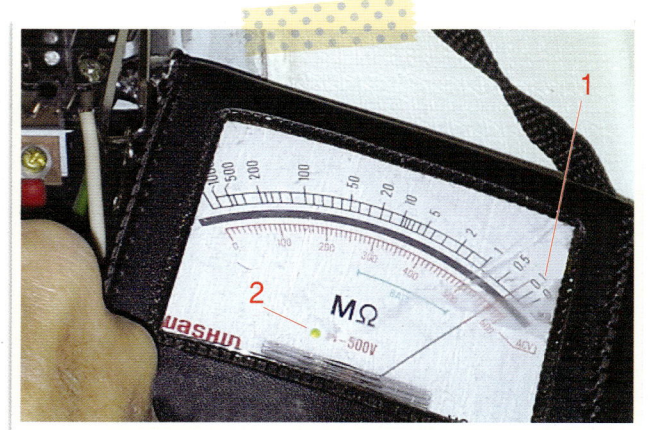

메거 테스터기의 리드선 1가닥을 세대 분전함의 접지선에 접촉시키고, 다른 리드선으로 문제의 차단기 2차측에 연결된 선을 풀어 각각 접촉시키면 저항값이 측정된다.

① 1번 : 문제의 차단기에 연결되어 있던 라인의 하트상과 중성선을 측정하자 바늘이 모두 0.1~0.2MΩ을 나타낸다. 이는 절연이 좋지 않은, 즉 누전되고 있다는 것을 뜻한다.
② 2번 : 테스터기의 조절 레인지를 절연 저항에 놓으면 녹색 램프가 점멸된다.

🌱 하트상의 절연 저항 체크

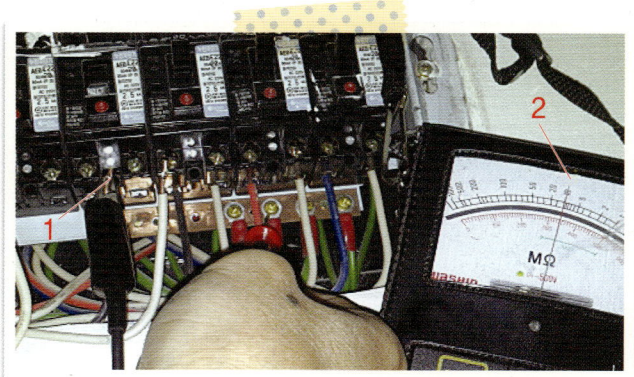

① 1번 : 옆에 있는 차단기에 리드선을 접촉시켜 본다.
② 2번 : 테스터기의 바늘이 중간쯤 가리키는데, 이는 절연이 양호하다는 뜻이다.

Section 02 누전 등 전기 하자 처리 사례

 콘센트 분리

외벽쪽에 있는 콘센트로 박스 내부에 이슬 맺힘 현상이 나타났다.

① 1번 : 모두 3가닥으로, 전원으로 온 하트 상, 다음 콘센트로 넘어간 선, 사진의 콘센트 단자에 꽂힌 선이다.

② 2번 : 모두 3가닥으로, 전원으로 온 중성선, 다음 콘센트로 넘어간 선, 사진의 콘센트 단자에 꽂힌 선이다.

③ 3번 : 접지선이다.

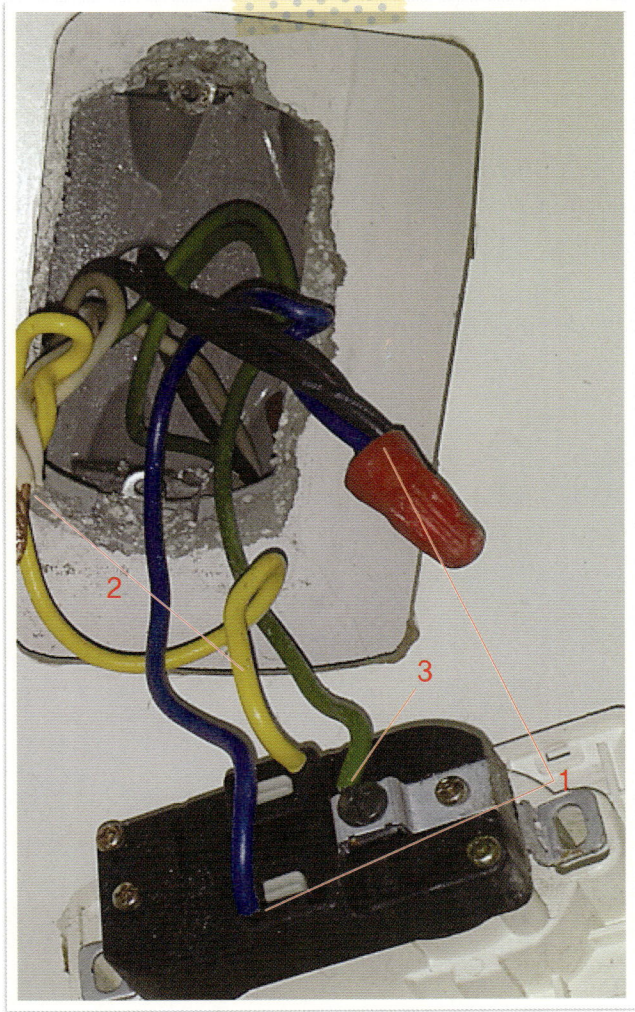

 접지선 확인

접지 라인을 풀고 검전기를 접촉시켜 보니 한쪽에서 누설 전류가 검출되었다.

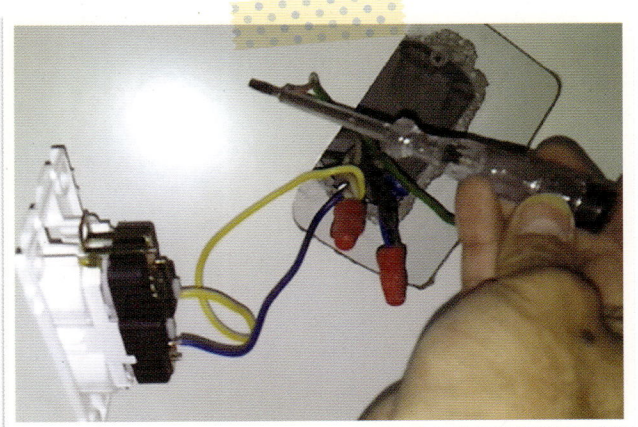

Chapter 3 누전(漏電) 이해하기

콘센트 박스 습기 제거

드라이기를 이용해 내부를 말린다. 세대 분전함에서 현재(발코니쪽)까지는 절연이 양호한 상태이다. 이후 왼쪽부터 보일러 및 주방 내부는 여전히 절연 불량으로, 백색 포인트의 접지선에 누설 전류가 흐르고 있다. 따라서 접지선을 서로 연결하면 차단기가 트립되는 것이다.

① 1번 : 테이프를 사용하지 않고 전선을 연결하는 와이어 커넥터이다.
② 2번 : 하트상 리드선이다.
③ 3번 : 중성선 리드선이다.

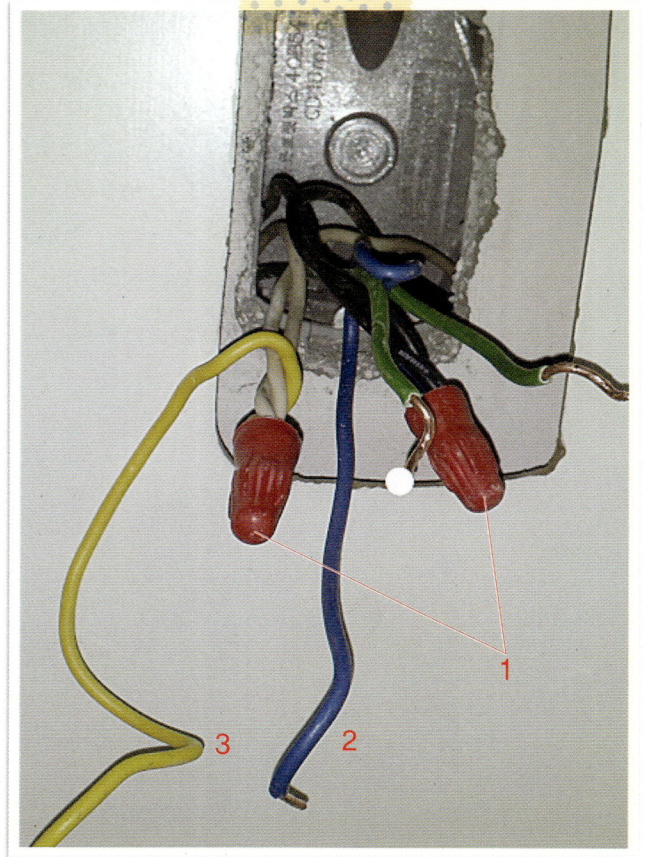

부하 라인 절연 측정

드라이기로 박스와 젖은 콘센트를 말리고 다시 절연 저항을 측정하자 0.4~0.5MΩ을 가리킨다.

① 1번 : 접지 단자에 접촉시킨 리드선이다.
② 2번 : 하트상에 접촉시킨 리드선이다.
③ 3번 : 절연 저항값이다.

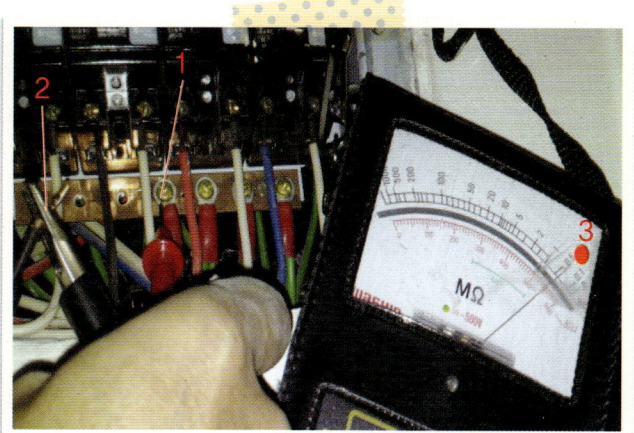

Section 02 누전 등 전기 하자 처리 사례

 **세대 보일러 누전 차단기 트립**

1. 주방쪽 전기가 모두 안 들어온다는 민원전화를 받고 방문하였다.
2. 보일러 전용 콘센트의 하단 구멍에 보일러 플러그를 꽂기만 하면 차단기가 트립되고 다른 콘센트에 꽂으면 정상이다.
3. 콘센트의 상단 구멍에는 동파 방지용 정온선 플러그가 꽂혀 있고 정온선은 정상이다.
4. 외벽에 설치된 것으로 봐서 결로가 의심스러워 보일러 전용 콘센트를 분해하여 내부를 살펴 보았지만 깨끗했다.
5. 보일러와 정온선의 플러그를 서로 반대 구멍에 꽂으니 차단기가 트립되지 않는 걸로 보아 전열라인이나 콘센트의 불량이 아닌, 보일러 내부에서 불규칙적인 누전이 일어난다고 추정된다.

 멀티 콘센트

거실쪽 콘센트에서 멀티 콘센트를 꽂아 임시로 사용하고 있다.
① 1번 : 멀티 콘센트 ON/OFF 스위치
② 2번 : 부하용 플러그
③ 3번 : 개별 ON/OFF 스위치

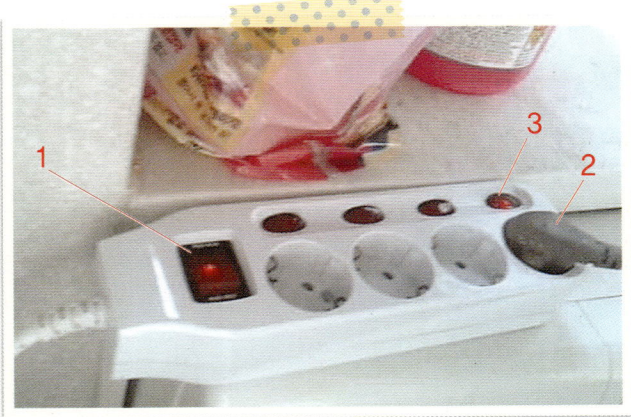

 보일러 전용 콘센트

보일러 밑에 설치된 콘센트이다.
① 1번 : 보일러전용 콘센트
② 2번 : 보일러 코드선

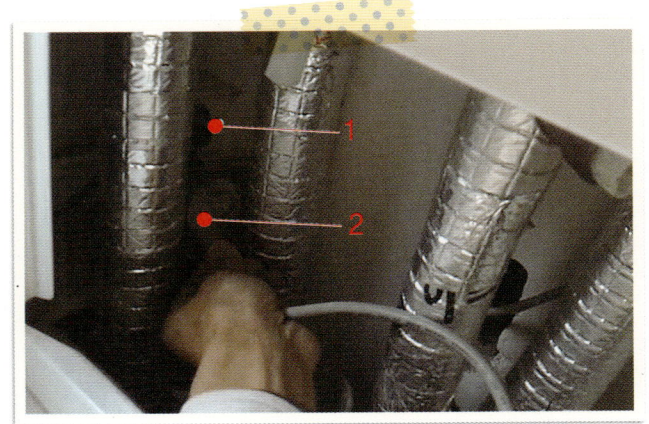

Chapter 3 누전(漏電) 이해하기

동파 방지용 정온선

보일러의 급수 배관에 동파 방지용 정온선이 감겨져 있다.
① 1번 : 급수용 밸브
② 2번 : 정온선 컨트롤러
③ 3번 : 정온선
④ 4번 : 보일러 컨트롤러 선

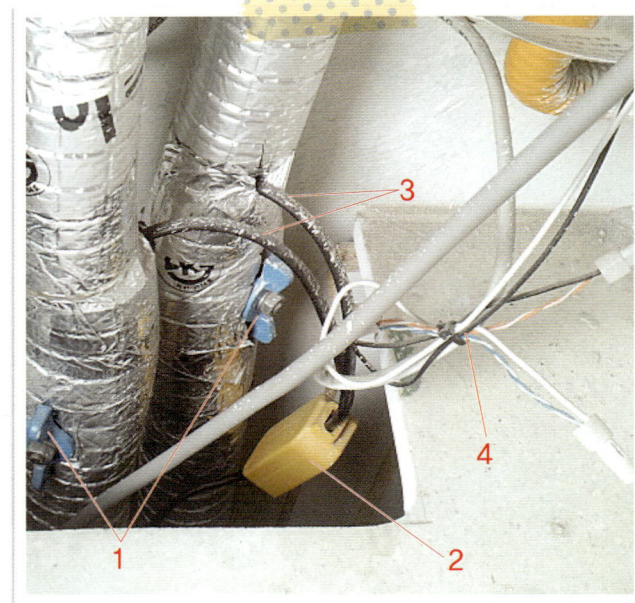

보일러 전용 콘센트

① 1번 : 보일러 전용 콘센트
② 2번 : 난방 · 온수 배관

콘센트 분리

결로 유무 파악을 위해 콘센트를 분해한 모습이다.
① 1번 : 하트상
② 2번 : 중성선
③ 3번 : 접지선

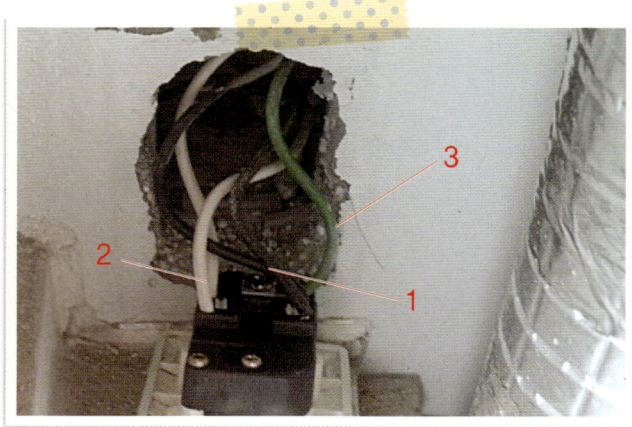

Section 02 누전 등 전기 하자 처리 사례

누전 원인 파악

정확한 원인은 파악하지 못한 채 보일러와 정온선의 코드 위치를 바꾸었더니 차단기가 트립되지 않았다.
① 1번 : 보일러 코드
② 2번 : 정온선 코드

사례 5 주방 가스레인지 누전 차단기 트립

1. 저녁 무렵 갑자기 주방쪽 전기가 모두 안 들어온다는 민원이 접수되었다.
2. 세대를 방문해 트립된 차단기를 올리니 수초 후 다시 떨어졌다.
3. 차단기가 트립되기 전에 특별한 일을 했는지 물었으나 별다른 일은 없었다고 한다.
4. 차단된 콘센트의 부하들을 모두 살펴보니 가스레인지로 세탁물을 삶고 있었는데 물이 넘쳐 가스레인지 바닥이 흥건하였다.
5. 누전의 가장 큰 원인 중 하나로 물이 연관있다. 입주민은 가스레인지 위의 세탁물이 전기와 연관이 있다는 사실을 모르고 있는 상황이었다.
6. 가스레인지에 사용되는 것은 도시가스지만, 초기에 가스레인지를 점화시키기 위해선 일반적으로 건전지를 이용한다. 그러나 문제의 아파트에 설치된 제품은 전기로 점화를 시키는 것이었다.
7. 세탁물을 삶을 때 흘러넘친 물이 가스레인지 속으로 들어가 전기 배선에 영향을 미쳐 누전의 원인이 된 것이다. 그러나 뚜껑을 고정시킨 비스가 녹이 슬어서 풀지 못하는 상황이어서 자연히 마를 때까지 기다리는 것을 권유하였다.

누전 차단기 트립

차단기가 트립된 세대 분전함의 모습이다.
① 1번 : 메인 차단기
② 2번 : 누전으로 트립된 주방쪽 차단기
③ 3번 : 정상 차단기
④ 4번 : 에어컨 전용 차단기

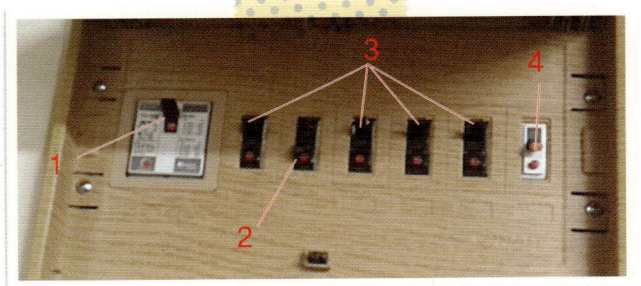

Chapter 3 누전(漏電) 이해하기

누전 발생 상황

① 1번 : 세탁물
② 2번 : 흘러내린 물

누전의 원인

가스레인지에 고인 물을 걸레로 닦아내어 짜낸 것이다.

누전 발생 부위

① 1번 : 비스로 고정되는 부위
② 2번 : 물을 모두 닦아낸 부위

Section 02 누전 등 전기 하자 처리 사례

 **복도 메인 차단기의 접촉 불량에 의한 트립**

1. 집안의 전기가 모두 안 들어온다는 민원을 전화로 받고 집안에서 무슨 일을 하고 있었는지 물었으나 아무 일도 하지 않았다고 하였다. 이런 경우 세대 분전함의 메인 차단기가 트립되었거나 세대 분전함은 영향이 없고 복도에 있는 메인 차단기가 트립되는 경우도 자주 있다.

2. 세대 방문 후 세대 분전함의 커버를 열어보니 차단기들은 모두 올려진 상태였고, 집안에는 별다른 이상을 발견할 수가 없었다. 일단 메인 차단기와 분기 차단기들을 모두 OFF시켰다가 다시 ON시켰다.

3. 복도의 메인 차단기를 보니 트립된 상태이었다. 배선용 차단기가 트립되었다는 것은 누전이 아니라 단락이나 과전류가 발생했다는 의미이다.

4. 단락(합선)을 일으킬만한 전열 기기들이 있는지 모두 살펴보았지만 이상 징후는 발견되지 않았다. 단락이 아니라면 과전류가 흐를만한 어떤 조건이 발생했다는 의미이다.

5. 다시 복도의 메인 차단기를 살피던 중 2차측 단자에서 미세한 스파크 현상을 발견할 수 있었다. 꽉 조이지 않은 2차측 단자에서 지속적인 미세한 스파크와 함께 과전류가 발생했고, 그로 인해 차단기가 트립된 것이다.

 정상 세대 분전함

모두 정상인 세대 분전함 모습이다.
① 1번 : 메인 차단기
② 2번 : 분기 차단기

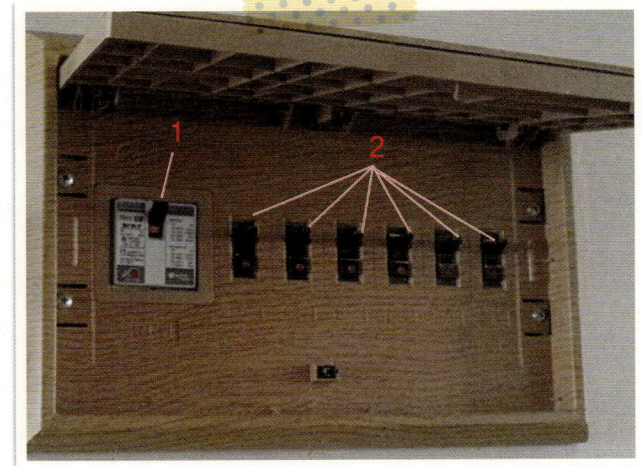

Chapter 3 누전(漏電) 이해하기

복도의 메인 차단기

트립된 차단기 모습이다.
① 1번 : 손잡이가 완전히 올라가지 않고 중간에 위치했다.
② 2번 : 정상일 경우 ON 표시가 보이지 않는다.

차단기 2차측 열화 발생

조임 불량으로 단자에 탄화 흔적이 생겼다.
① 1번 : 탄화 흔적이 생긴 단자
② 2번 : 정상 단자

열화가 발생된 단자

볼트를 풀어낸 모습이다.
① 1번 : 검게 변한 터미널 단자
② 2번 : 차단기쪽 단자

Section 02 누전 등 전기 하자 처리 사례

마모된 나사

열화 현상으로 나사가 마모된 상태라 잘 풀리지 않는다.

사례 7 복도 메인 차단기의 청소기 코드 단락으로 인한 트립

1. 집안의 모든 전기가 안 들어온다는 민원을 받고 방문하였다.
2. 청소기를 사용하던 중에 갑자기 전기가 나갔다고 하여 세대 분전함을 보니 모두 정상인 것으로 보아 단락(합선)으로인해 복도에 있는 메인 차단기가 트립된 것으로 추측하였다.
3. 청소기를 살피던 중 청소기 코드를 자른 뒤 연결한 흔적이 있어서 테이프를 풀어보니 연결을 잘못하여 합선이 발생한 것을 발견하였다.
4. 청소기의 코드를 가정에서 연결했는데 제대로 연결되지 않아 합선을 일으킨 현상이다.
5. 전선을 연결하는 지점이 2군데 이상일 때는 똑같은 지점에서 연결하지 말고 약간씩 차이를 두고 하는 것이 좋다.

문제의 가정용 청소기

① 문제의 청소기 모습이다.
② 오래된 가전제품들은 무조건 사용하지 말고 전선이 연결되는 부위를 잘 살펴야 한다.

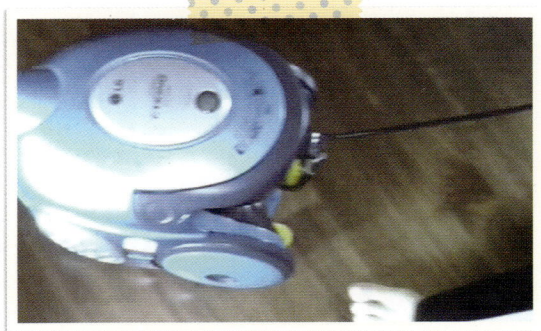

Chapter 3 누전(漏電) 이해하기

합선된 부위

① 합선된 코드선 모습이다.
② 내부 전선이 연결된 지점이 똑같아 합선이 발생했다.

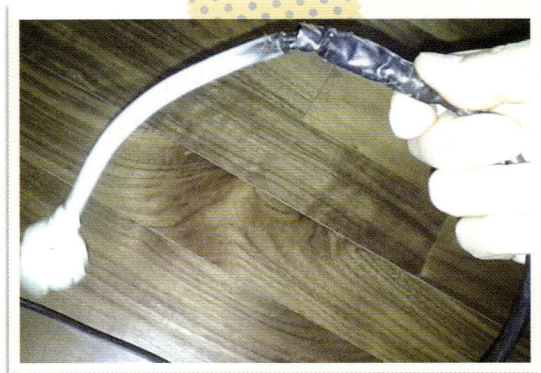

잘못 연결된 부위

① 코드 내부의 전선이 연결된 모습이다.
② 1~2번 : 같은 지점에서 연결된 것으로, 테이핑 처리가 잘못되어 서로 합선이 일어났다.

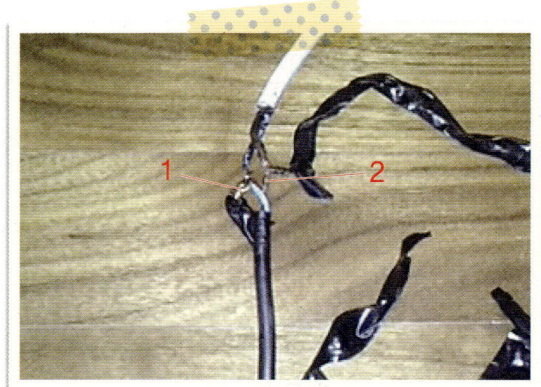

 **보일러 누전으로 인한 세대 분전함 차단기 트립**

1. 주방 전기가 안 들어온다는 민원을 받고 세대를 방문하였다.
2. 보일러의 보호 커버를 열어보니 본체 밑부분(급수 라인)에서 물방울이 떨어지고 있었다.
3. 배관의 연결 부위가 심하게 부식된 것으로 미루어서 누수 현상이 오래 전부터 발생한 것으로 판단되었다.

Section 02 누전 등 전기 하자 처리 사례

 누수 부위

물보충 밸브, 온수 필터 등이 연결된 부위에서 물방울이 떨어져 누수의 원인이 되고 있다.

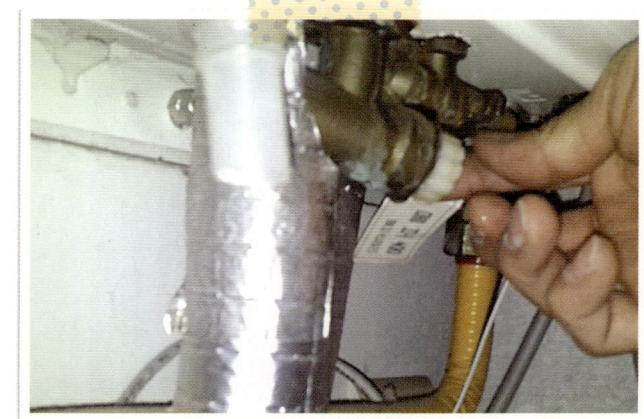

 누전 부위

적색 포인트 부분에 보일러 밑의 커버를 벗기자 정온선과 온도 컨트롤러선 부근에 물이 고여 있었다.

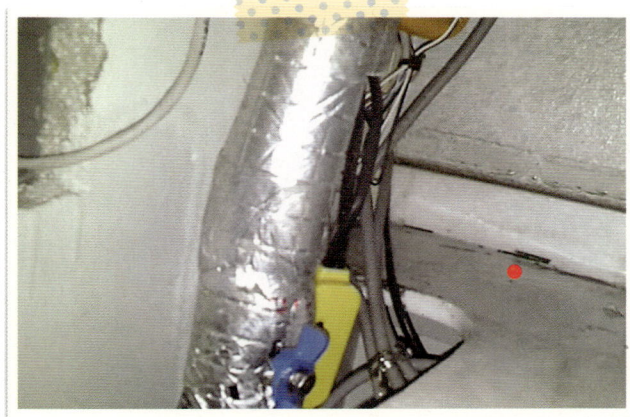

 누전의 원인인 물방울

① 1번 : 보일러 내부에 있는 물탱크에서 물이 넘칠 때 나오는 호스
② 2번 : 누수가 되고 있는 물방울

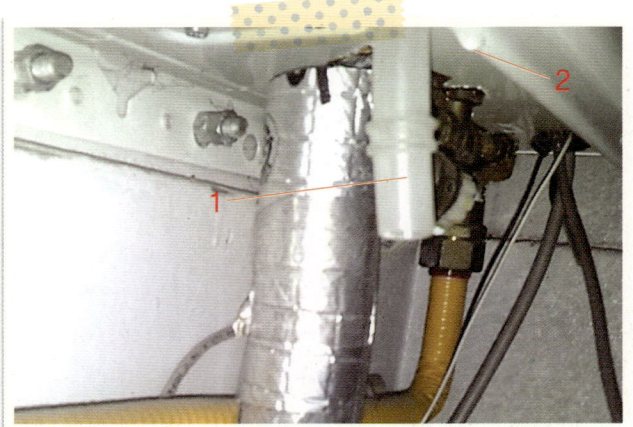

Chapter 3 누전(漏電) 이해하기

누수의 영향

적색 포인트 부분은 주방 베란다 하부 수납장에서 떨어진 물 때문에 흥건히 젖은 상태이다.

 거실쪽 전열 누전 찾기

1. 거실쪽의 전기가 모두 안 들어온다는 민원을 받고 세대를 방문하였다.
2. 세대 분전함을 확인해 보니 주방 라인은 정상인데 거실 라인(거실, 작은방, 욕실)의 누전 차단기가 트립된 상태이었다.
3. 세대 분전함의 차단기 2차측에서 시작된 문제의 라인이 제일 먼저 간 곳은 TV 거실 장식장 뒤에 있는 콘센트이다. 그 콘센트를 분리하여 절연 테스터기로 메거링을 통해 누전 라인을 찾아내는 작업을 하였다.
4. 거실, 작은방, 베란다, 화장실에 있는 콘센트들을 차례로 점검한 결과 화장실에 있는 방수용 콘센트에서 누전이 일어나는 것으로 판단하여 교체하였다.

세대 분전함

① 1번 : 메인 차단기
② 2번 : 전등용 차단기
③ 3~4번 : 전열용 차단기
④ 5번 : 트립된 문제의 차단기
⑤ 6번 : 전열 차단기
⑥ 7번 : 에어컨 전용 차단기

Section 02 누전 등 전기 하자 처리 사례

 콘센트 분리

TV 거실 장식장 뒤에 있는 콘센트로, 차단기의 전원이 가장 먼저 온 곳이다.
① 1번 : 접지선
② 2번 : 하트상
③ 3번 : 중성선

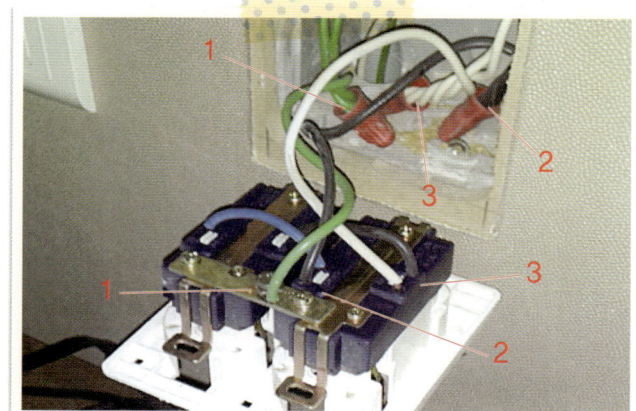

 전선 분리

연결된 것을 푼 모습이다.
① 1번 배관 : 차단기에서 온 라인이다.
② 2번 배관 : 다음 콘센트로 넘어간 라인이 누전을 나타내고 있다.

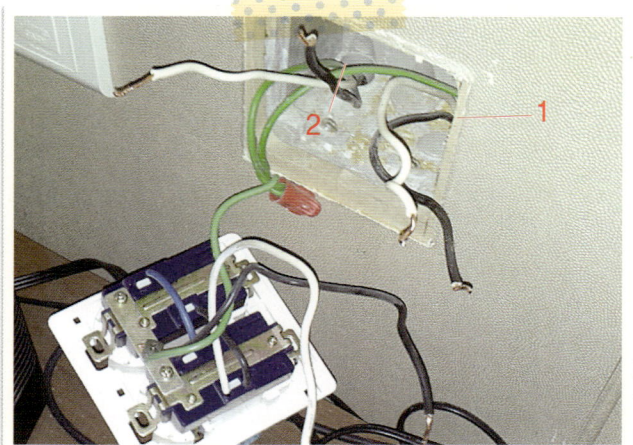

 절연 저항 측정

절연 저항을 측정하는 모습이다.
거실에서 온 작은방 콘센트의 누전을 측정하는 모습으로, 이곳에서 다시 2군데로 갔다.
① 1번 : 화장실로 간 라인으로 누전을 나타낸다.
② 2번 : 작은방의 다른 벽으로 간 라인으로 정상이다.
③ 3번 : 거실에서 온 라인으로 정상이다.
④ 4번 : 접지선이다.

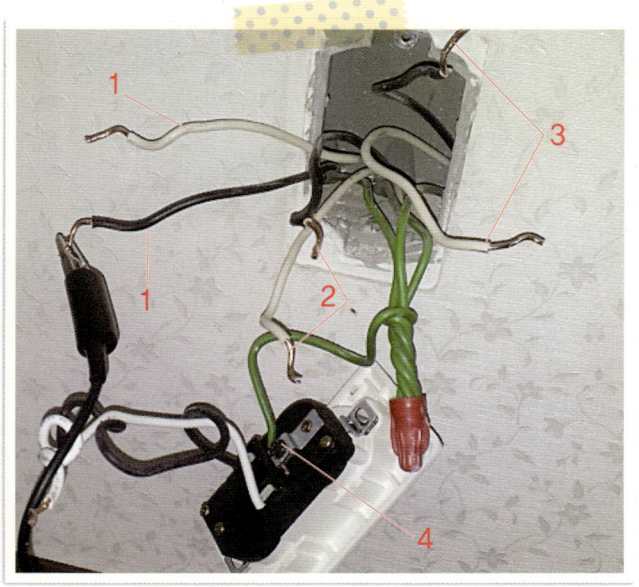

Chapter 3 누전(漏電) 이해하기

누전 지점 확인

문제가 된 화장실 콘센트이다.
① 1번 : 하트상과 중성선이 같은 구멍에 꽂힌 모습으로, 외관상으로 합선처럼 보이나 내부에서 서로 분리되어 있다.
② 2번 : 접지선이다.

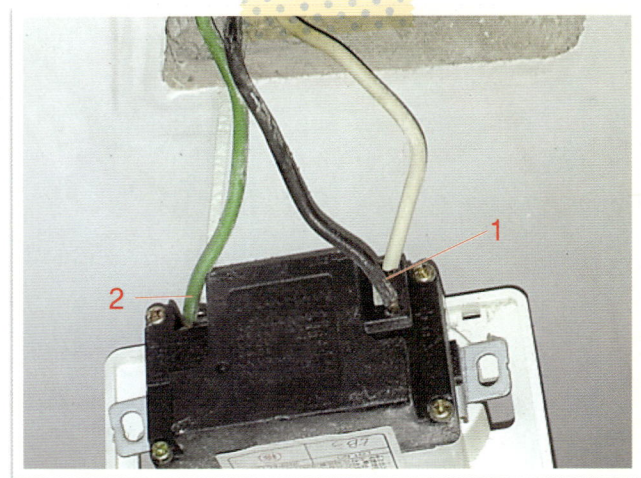

 사례 10 세대 분전함 누전 차단기 교체

1. 다른 근무자가 세대를 방문한 결과 누전 차단기가 불량이어서 교체할 것을 권유한 상태이다.
2. 가장 기본적인 검사인 차단기의 테스트 버튼을 누르니 정상적으로 동작하였다.
3. 그 다음으로 차단기 2차측 선을 풀고 절연 체크하니 하트상, 중성선 모두 절연이 양호하게 나타났다.
4. 전임자에게 다시 확인해 본 결과 차단기는 정상으로 동작하는데 2차측 전압을 재보면 측정되지 않는다고 하였다.
5. 다시 전선을 연결한 뒤 차단기를 올리고 가전제품을 사용해보니 작동이 안 되었다.
6. 차단기를 점검한 결과 2차측 하트상 단자가 접촉 불량으로 전압이 측정이 되었다 안 되었다 하는 현상으로 판명되었다.

문제의 차단기

불량으로 판명되어 교체하기로 결정한 누전 차단기이다.
① 1번 : 트립된 버튼
② 2번 : 하트상(흑색 선)
③ 3번 : 중성선(백색 선)
④ 4번 : 접지선들을 서로 연결해주는 접지용 부스바

Section 02 누전 등 전기 하자 처리 사례

 부하측 라인 점검

차단기 2차측 라인을 메거링했으나 모두 정상이다.
① 1번 : 하트상을 체크한다.
② 2번 : 절연 저항이 무한대를 나타내어 정상이다.

 불량 차단기 교체(Ⅰ)

분기 차단기가 연결용 부스바로 메인 차단기 2차에서 올 때 전선으로 하지 않고 부스바로 제작되어 나온다.
① 1번 : 하트상 부스바
② 2번 : 중성선 부스바

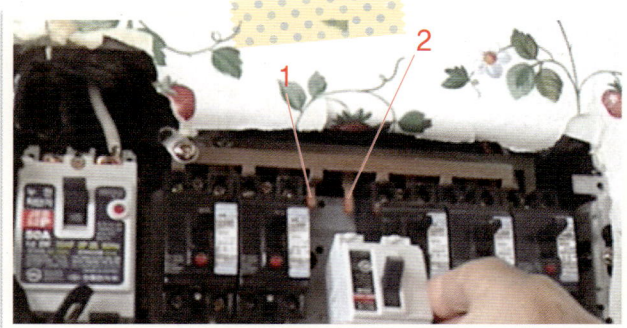

 불량 차단기 교체(Ⅱ)

① 1번 : 전선을 연결하는 단자이다.
② 2번 : 차단기를 분전함에 고정시키는 구멍이다.

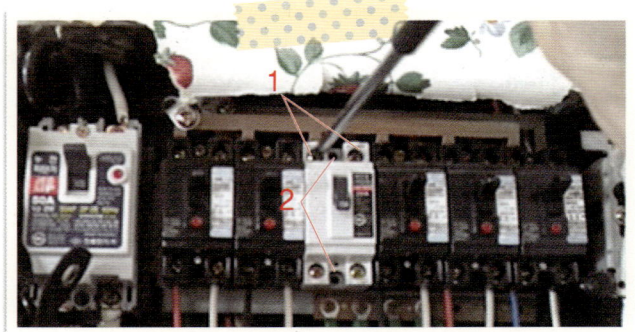

 **리모컨 스위치의 일반 스위치로의 교체**

1. 안방과 안방 베란다를 제어하는 2구용 리모컨 스위치가 여러 세대에서 오작동을 일으키는 현상을 보이고 있다.
2. 오작동 현상은 작은방이나 거실에서 일반 스위치를 켜면 안방에 있는 리모컨 스위치도 작동하는 것이다.
3. 리모컨 스위치 교체 시 일반 스위치의 결선과 똑같기 때문에 리모컨 스위치에서 뺀 선을 그대로 일반 스위치에 연결하면 된다.

Chapter 3 누전(漏電) 이해하기

불량난 리모컨 스위치

사용한 지 6년이 되어가는 불량 리모컨 스위치이다.
① 1번 : 보일러 컨트롤러
② 2번 : 불량 리모컨 스위치

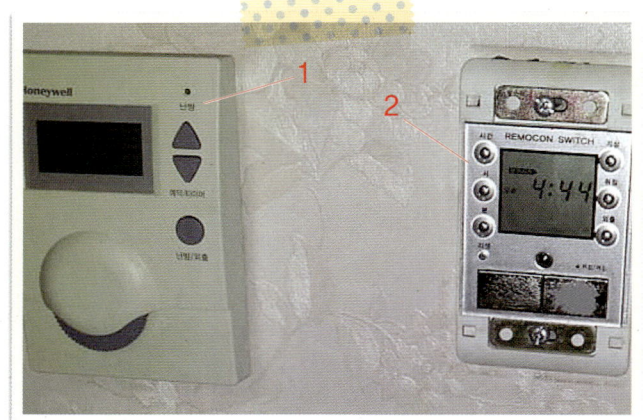

리모컨 스위치 단자대

리모컨 스위치의 뒤에 있는 단자 모습이다.
① 0번 : 공통 단자로 하트상을 꽂는다.
② 1번 : 전등을 제어할 전선을 꽂는다.
③ 2번 : 2번 전등을 제어할 전선을 꽂는다.
④ 녹색 포인트 : 전선을 뺄 때 (−) 드라이버로 녹색 부분을 누른 뒤 선을 빼면 된다.

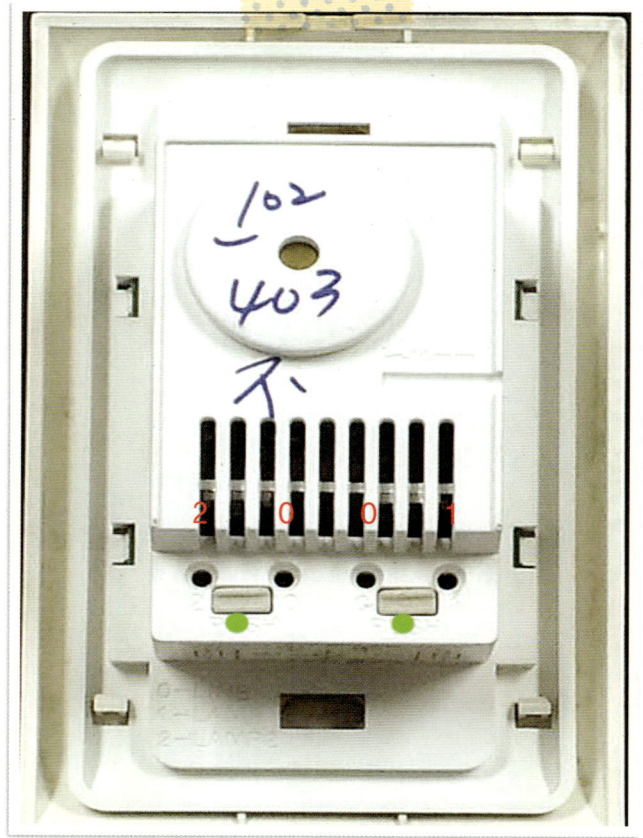

Section 02 누전 등 전기 하자 처리 사례

 결선도

① 결선도 모습으로, 사진에서 중성선(N선)은 스위치로 오지 않고 등기구로 바로 간다.
② 하트상을 스위치 공통 단자(0번)의 두 군데 중 아무 곳에나 꽂으면 되는데, 이는 내부에서 서로 연결되었기 때문이다.

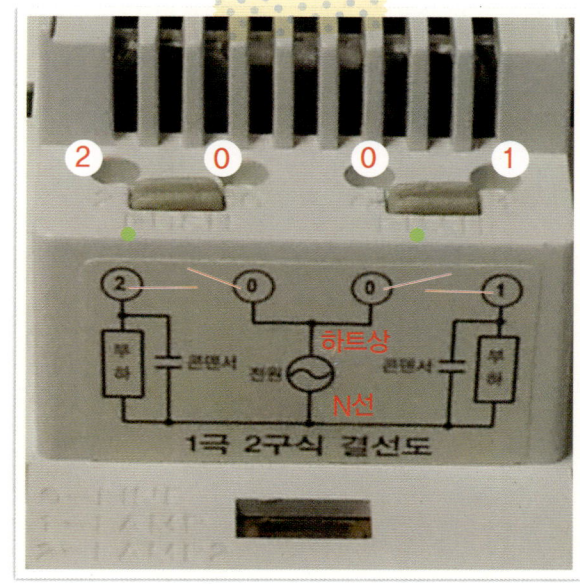

 스위치 박스 내 전선

① 0번 : 차단기의 2차측에서 온 하트상
② 1번 : 1번 전등으로 간 선
③ 2번 : 2번 전등으로 간 선

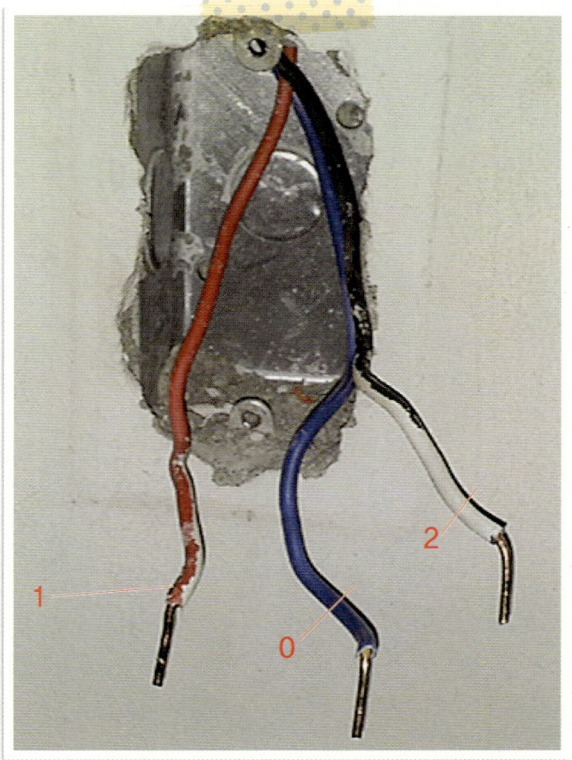

Chapter 3 누전(漏電) 이해하기

일반 스위치의 결선

일반 2구 스위치 모습이다.
① 0번 : 하트상 공통
② 1번 : 1번 전등 출력선
③ 2번 : 2번 전등 출력선
④ 3번 : 1번 스위치 공통에 꽂힌 하트상을 2번 스위치 공통으로 연결해 주기 위한 연결선

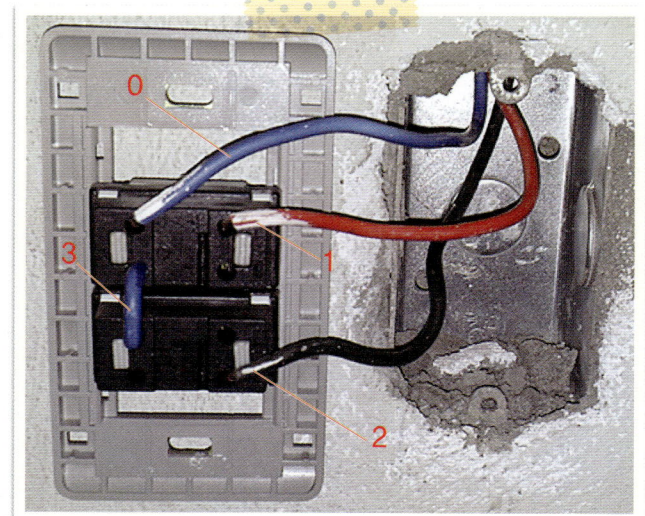

사례 12 작은방 전등 안정기 교체

1. 작은방에 있는 등기구의 안정기(PFL 36W×2등용)가 고장이어서 새 안정기로 교체하는 것을 살펴본다.
2. 안정기 혹은 램프를 교체할 때는 서로 소비 전력이 같은 것을 사용해야 한다. 즉, 사진과 같은 용량인 36W×2등용이나 36W×1등용짜리 2개를 사용해야 한다.

원형 등기구 모습

등기구 커버를 벗긴 모습이다.
① 1번 : 전원(220V)부분이다.
② 2번 : 전원과 안정기의 입력측을 연결해 주는 소켓 단자이다.
③ 3번 : 안정기의 입력측 전원이다.
④ 4번 : 안정기로서, PFL 36W×2등용이므로 1개로 2개의 램프를 점등시킬 수 있다.
⑤ 5번 : 램프로 가는 안정기 출력측 선이다.
⑥ 6번 : 램프 소켓이다.
⑦ 7번 : 램프(36W)이다.
⑧ 8번 : 커버를 지지시켜 주는 레버이다.

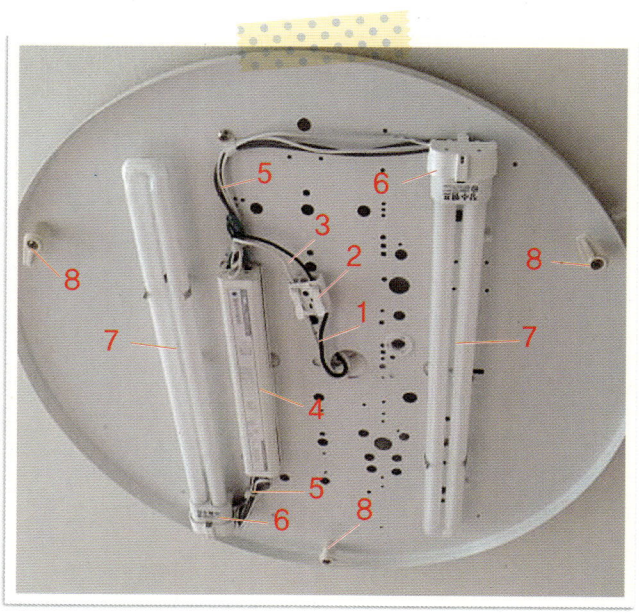

Section 02 누전 등 전기 하자 처리 사례

 전원선 분리

전원을 차단하기 위해 안정기의 입력선을 소켓에서 분리하는 것이 편리하다.
① 1번 : 전원선
② 2번 : 안정기 입력선

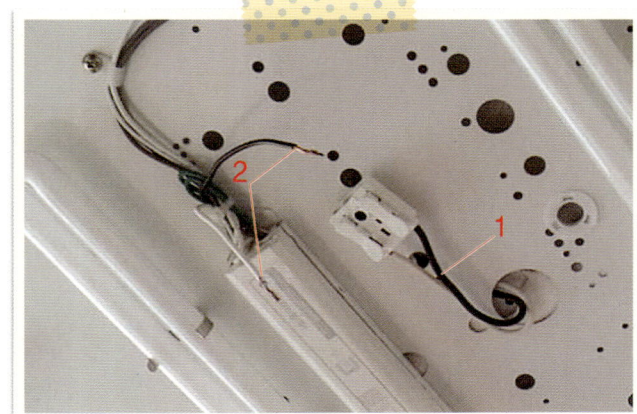

 안정기 결선

교체한 안정기의 출력선을 연결할 때는 같은색 2가닥씩 연결해 주면 된다.
① 1번 : 1번 램프선과 연결된 모습이다. 백색 선은 백색 선끼리, 회색 선은 회색 선끼리 연결했다.
② 2번 : 2번 램프용 선이다.

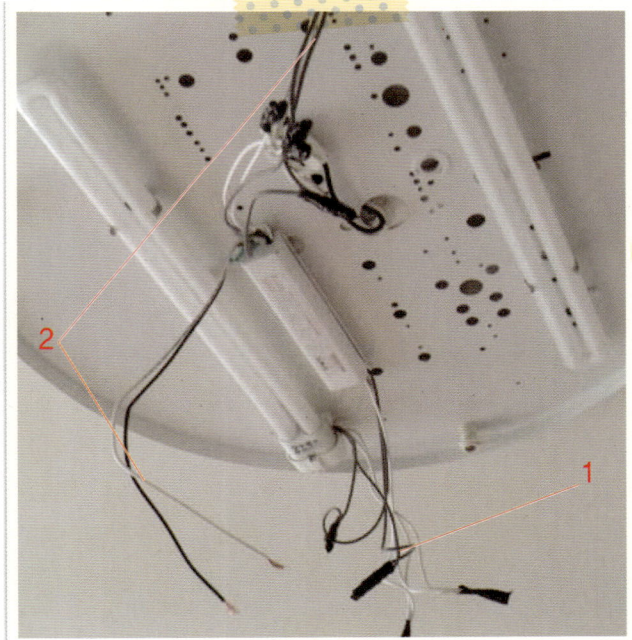

 교체 완료

완성된 모습으로, 교체한 뒤 커버를 씌웠다.

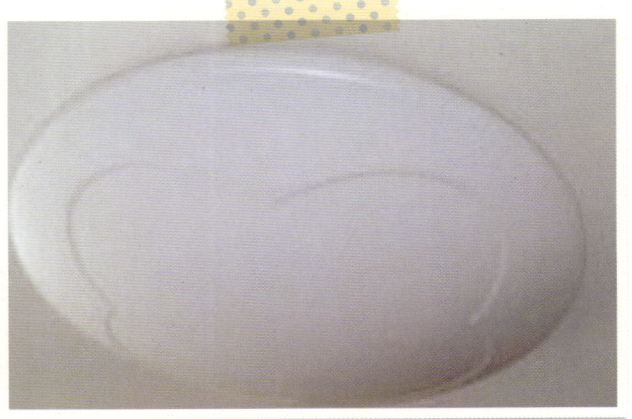

Chapter 3 누전(漏電) 이해하기

사례 13 경비실 차단기 트립

1. 한밤중에 경비실의 메인 차단기가 트립되었다는 연락을 받고 가보니 경비실 전등뿐만 아니라 모든 전열(CCTV, 정수기, 냉장고 등)도 차단된 상태이었다.
2. 경비실 분전함에서 전원을 받은 아파트 1층 필로티 전등도 차단되었다.
3. 문제를 일으킨 멀티 콘센트를 보니 분리 못하게 되어 있는데도 불구하고 임의로 커버를 뜯고 전선을 교체해 사용했는데, 뜯어낸 부분이 완벽하게 고정되지 않아 내부에서 단자가 움직여 합선을 일으켰다.
4. 분전함의 메인 차단기를 올려도 복구되지 않는 것으로 보아 경비실 분전함의 1차측에 연결된 라인의 차단기가 트립된 것으로 보고 전기실로 갔다.
5. 경비실 전원 라인에 해당되는 차단기가 지하 전기실 판넬에는 없어서 건축 전기 도면을 보고 현장에 설치된 해당 분전함을 찾아 트립된 차단기를 복구시켰다.

 단락된 단자대

벗겨진 커버와 단락된 단자대 모습이다.
① 1번 : 윗 커버
② 2번 : 단자대

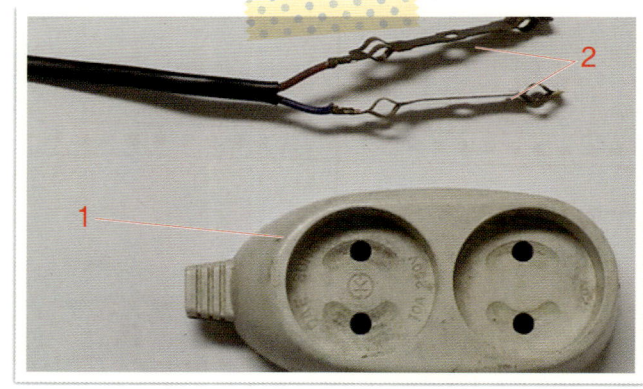

 노출 콘센트의 케이스 분리

강제로 분리된 케이스 모습으로, 1번 부위는 합선 사고 때 생긴 탄화 흔적이다.

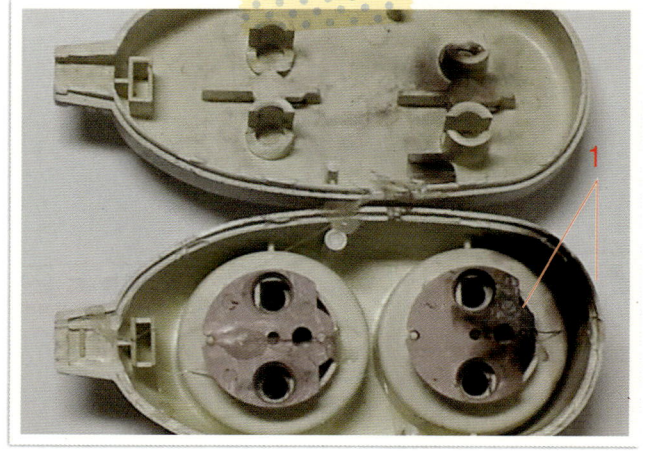

Section 02 누전 등 전기 하자 처리 사례

 단락된 단자대 확대 모습

합선된 단자대를 확대한 모습으로, 적색 포인트 부분은 강제로 뜯은 케이스가 헐거워져서 두 단자가 닿아 합선을 일으킨 것이다.

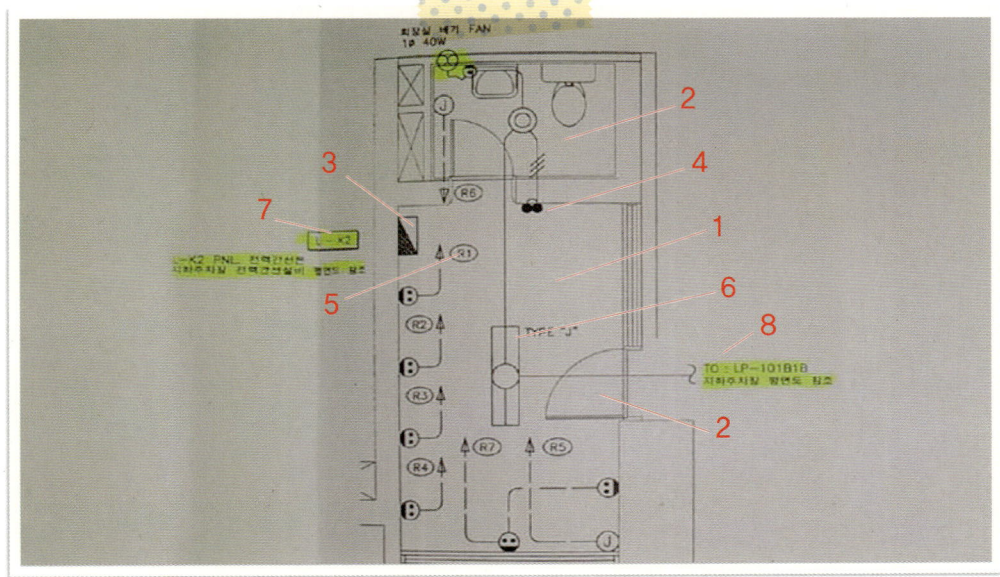

 경비실의 전열 평면도

건축도면에 있는 경비실의 평면도이다.

① 1번 : 경비실 내부 공간이다.
② 2번 : 화장실 및 세면대 공간이다.
③ 3번 : 경비실 벽에 매입된 분전함이다.
④ 4번 : 화장실 내부에 있는 전등과 환풍기를 제어하는 2구 스위치이다.
⑤ 5번 : CCTV 모니터용 콘센트로, 분전함에 있는 R1 차단기에서 전원이 온다.
⑥ 6번 : 경비실 천장에 취부된 전등이다.
⑦ 7번 : 경비실의 분전함 메인이 어디서 왔다는 것을 나타내고 있다. 즉, L-K2 패널에서 전원이 왔으며 패널의 위치는 건축도면의 「지하주차장 전력 간선 설비 평면도」를 보면 있다는 뜻이다.
⑧ 8번 : 경비실의 전등 라인 전원이 어디서 왔다는 것을 나타내고 있다. 'TO: LP-101B-1B 지하주차장 평면도 참조' 는 지하주차장에 있는 LP-101B-1B라는 패널에서 왔으니 그 평면도를 참조하라는 뜻이다.

Chapter 3 누전(漏電) 이해하기

지하 분전함

① 지하주차장에 있는 판넬이다.
② 지하주차장 전력 간선 설비 평면도의 표시대로 PM-101 분전함을 찾았다.

분전함 내부

판넬을 열자 경비실에 해당되는 차단기가 트립되었다.
① 1번 : 도면에 표시되었던 L-K2 차단기 명판
② 2번 : 트립된 차단기

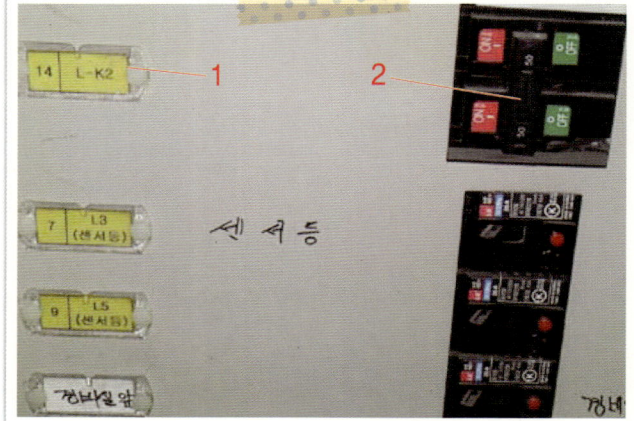

트립된 차단기

트립된 차단기의 손잡이 위치로서, 백색 포인트 부분에서 차단기가 트립되면 밑으로 완전히 내려가지 않고 사진처럼 중간에 위치한다.

Section 02 누전 등 전기 하자 처리 사례

 조치 완료

버튼을 올려 정상적인 위치로 올라간 모습이다.

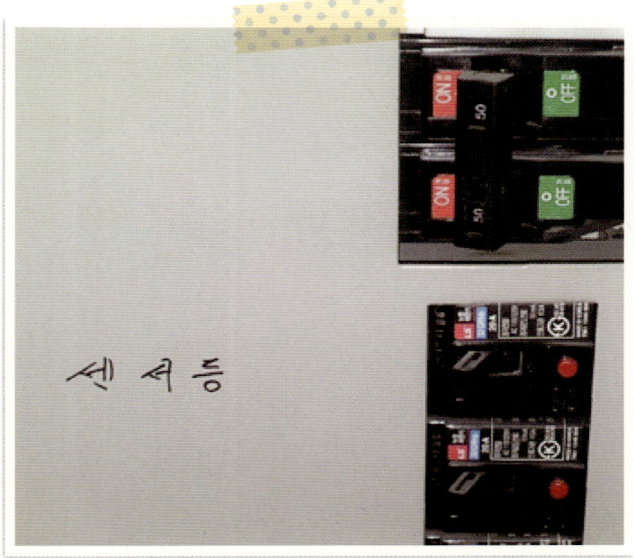

 **스팀 청소기 원인인 누전 차단기의 트립**

1. 안방 및 거실 쪽의 전기가 안 들어온다는 민원을 접수하고 세대를 방문하였다.
2. 세대 분전함의 커버를 열고 문제의 차단기를 몇 번 올리니 약 2~5초 사이에 다시 트립되었다. 약간의 시간차를 두고 트립된다는 것은 그만큼 누전의 강도가 약하다는 의미이다.
3. 입주민이 스팀 청소기를 사용했다하여 거실에 플러그가 꽂혀져 있는 스팀 청소기의 플러그를 분리하니 차단기가 트립되지 않았다.
4. 입주자에게 누전은 물과 관련있음을 알리고 주의를 당부하였다.

 차단기가 트립된 세대 분전함

트립된 세대 분전함 모습이다.
① 1번 : 메인 차단기(배선용)이다.
② 2번 : 분기 차단기로서, 네 번째 차단기가 트립되어 있다.

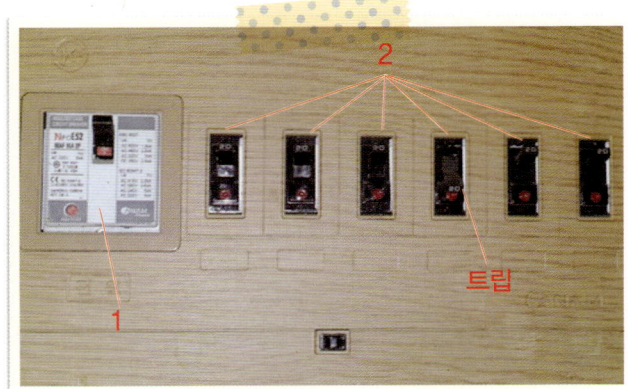

Chapter 3 누전(漏電) 이해하기

문제의 스팀 청소기

구매한지 오래되어 고장이 발생한 스팀 청소기이다.
① 1번 : 뚜껑을 열고 물을 담는 곳
② 2번 : 전원 및 동작 표시 램프

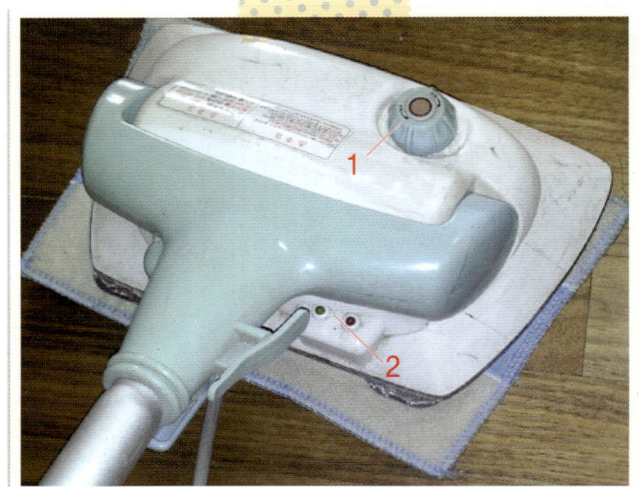

누전의 원인 부위

뚜껑 부위를 확대한 모습이다. 물을 채우다가 부주의로 누전된 것이 아니라 내부 물통에서 누수가 된 것으로 판명되었다.

 **전기장판이 원인인 메인 차단기 트립**

1. 집 전체 전기가 모두 안 들어온다는 민원을 받고 방문하였는데 전체 전기가 안 들어온다는 것은 메인 차단기가 트립되었다는 의미이다.
2. 약간 오랜된 집으로, 세대 분전함을 보니 차단기의 배열이 예전에 사용했던 방식으로 되어 있는데, 메인이 누전 차단기이고 분기가 배선용이었다.
3. 이 경우 어떤 한 곳에서 누전을 일으키면 해당 라인의 차단기가 트립되는 게 아니라 메인 차단기가 트립된다.
4. 분기 차단기(배선용)는 누전을 감지하는 것이 아니라 단락(합선) 보호를 주목적으로 하는 것이다. 때문에 이 경우 분기 차단기 4개 중에서 어떤 라인이 누전을 일으켰는지 알 수 없으므로 전체를 점검해야 한다.

Section 02 누전 등 전기 하자 처리 사례

5. 분기 차단기를 모두 내린 상태에서 메인 차단기를 올리니 트립되지 않았다.
6. 분기 차단기를 1개씩 차례로 올리니 두 번째 차단기에서 메인 차단기가 트립되어 문제의 라인을 찾아내었다.
7. 해당 라인을 사용하고 있는 부하 기기들을 점검한 결과 전기장판이 누전을 일으킨 것을 발견하였다.

 메인 차단기의 트립

단락(합선)이 아닌 누전으로 인해 메인 차단기가 트립된 모습이다.
① 1번 : 메인(누전) 차단기
② 2번 : 분기(배선용) 차단기

 문제의 전기장판

문제를 일으킨 전기장판으로, 사용에 특히 주의해야 한다.

 전기장판의 전원 플러그

콘센트에 플러그가 꽂힌 모습으로, 별다른 문제는 없어 보인다.

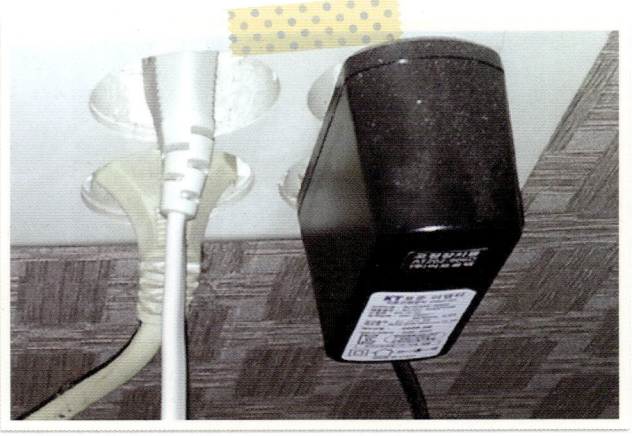

Chapter 3 누전(漏電) 이해하기

문제의 온도 컨트롤러(I)

① 1번 : 온도 컨트롤러
② 2번 : 전기장판에 꽂는 부위
③ 3번 : 전기장판 부위
④ 4번 : 문제를 일으킨 부위

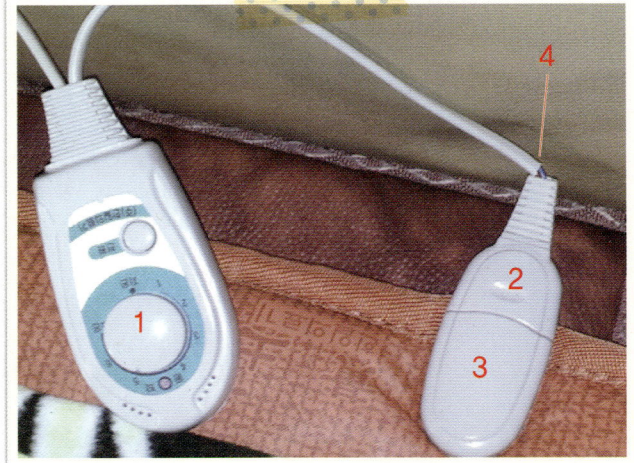

문제의 온도 컨트롤러(II)

문제의 부위를 확대한 모습인데, 부주의한 사용으로 전선이 밖으로 빠져 나왔다.

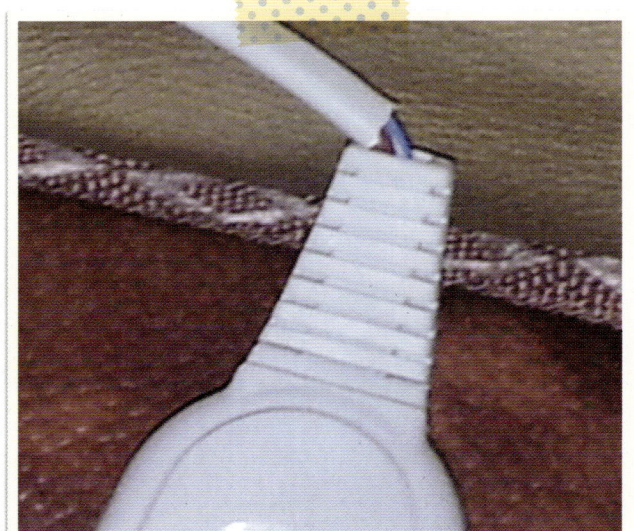

사례 16 램프 교체 시 세대 분전함 메인 차단기의 트립

욕실 매입등(삼파장 20W) 1개를 교체하려는데 쇼트가 나서 세대 내 분전함의 메인 차단기가 떨어졌다. 먼저 복도에 있는 계량기에 불이 들어오나 확인했는데 불이 들어 오지 않았다. 그래서 세대 내 분전함 메인 차단기를 올렸더니 여전히 트립되었다. 이럴 때 차단기를 완전히 밑으로 내렸다 다시 올리니 올라갔다.

복도에 있는 계량기함의 차단기도 같은 방식으로 하니 올라갔다. 그 후 욕실 매입등 삼파장 램프를 교체하려니까 소켓 안에 혀붙이 접점이 떨어지고 탄 흔적이 보여서 애자로 된 소켓을 교체하기로 했다.

Section 02 누전 등 전기 하자 처리 사례

 소켓과 철편 분리

램프를 너무 과도하게 조이면 내부 철편 소켓이 이탈하여 단락의 원인이 된다.

① 1번 : 사기로 된 외부 소켓
② 2번 : 이탈된 철편 소켓
③ 3번 : 혀붙이 접점

 전원선이 떨어진 모습

취급 부주의 시 선이 단선되기도 한다.

① 1번 : 소켓 뒷면
② 2번 : 단선된 하트상
③ 3번 : 중성선

가정 생활 전기 실전 Q&A

Section 01_ 누전에 관한 실전 Q&A
Section 02_ 전등에 관한 실전 Q&A
Section 03_ 전열에 관한 실전 Q&A

SECTION 01

누전에 관한 실전 Q&A

 **전열 라인 누전 시 차단기 2차측 결선을 바꿔도 되나요?**

　전열 차단기 2번쪽에 트립이 발생해서 가정을 방문했는데, 특별히 사용한 제품이 없다고 해서 주방 난방 밸브쪽을 검사해 보니 물방울이 떨어진 흔적이 있었습니다. 구동기에 연결된 전선에 물이 들어갔나 확인하고 고쳤습니다.

　주방 난방 밸브 차단기가 설치된 아파트라 그곳을 전원 분리하여 차단기를 올렸더니 또 떨어졌습니다.

　다른 쪽을 검사해 보니 전열 2번쪽 모든 부하를 분리하고 메거 테스터기로 절연 저항을 측정했더니 식기건조기, 냉장고, 후드, 김치냉장고까지 모두 정상이었습니다. 콘센트쪽에 이상이 없는지 다 검사해보고 부하도 분리해 봤더니 아무런 이상이 없었습니다.

　약 1시간이 지난 후 마지막으로 모든 부하를 분리하고 차단기 전열 2차측을 분리하여 메거 테스터기를 측정하였더니 0Ω이 나왔습니다. 그래도 안 되서 마지막으로 2차측을 분리한 뒤 결선을 반대로 해 차단기를 올렸더니 차단기는 안 떨어졌습니다. 그래서 식기건조기, 냉장고의 모든 부하를 하나씩 콘센트에 꽂았더니 괜찮았습니다.

　2차측 차단기의 상을 바꿔도 괜찮은 건지 궁금합니다.

Section 01 누전에 관한 실전 Q&A

 차단기가 트립된다는 것은 어딘가 이상이 있다는 의미입니다. 물론 차단기 2차측에서 상을 바꾸어서 연결하면 트립이 안 되기도 하는데, 그러다 자칫 사람이 절연 불량인 기기에 접촉된다면 감전사할 수 있습니다.

그리고 스위치를 하트상에 설치하는 이유는 OFF 시켰을 때 부하 전원이 완전히 차단되도록 하기 위함인데, 만약 위와 같이 두 선을 바꾸면 중성선이 스위치로 오고 하트상이 등기구로 가게 됩니다. 이 경우 스위치를 내려도 전원은 하트상을 통하여 부하에 공급되므로 무의식 중에 작업하다가 감전 사고 등이 발생할 수 있습니다.

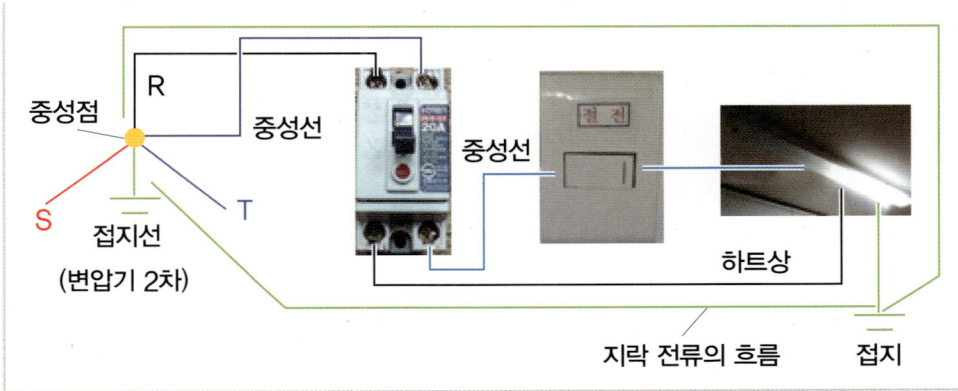

| 하트상과 중성선을 바꿀 경우 |

 **차단기는 안 내려가고 자꾸 히터가 꺼지는데 무슨 문제인가요?**

2,900W(2.9kW) 전기 히터를 사용하고 있습니다. 20A 차단기를 단독으로 사용하며 긴 멀티탭에 연결해서 사용하고 있습니다. 그런데 차단기는 안 내려가고 자꾸 히터가 꺼집니다. 차단기가 안 내려가고 히터만 꺼지는 것은 누전 문제인지 궁금합니다.

전기 히터를 사용하고 있는 상태
① 1번: 세대 분전함 차단기에서 벽체의 콘센트로 왔고, 벽체의 콘센트에서 멀티탭을 꽂았다.
② 2번: 멀티탭에서 여러 가지 부하를 사용할 수 있는데, 그 중 전기 히터를 사용하고 있다.

Chapter 4 가정 생활 전기 실전 Q & A

 겨울철에는 전기 난방기를 많이 사용하게 되고 더불어 전기를 사용하는 전기 히터로 인한 화재도 상당히 많습니다. 또한, 과열로 인한 화재도 있지만 과전류(과부하)로 인한 누전 화재도 많습니다. 2,900W 히터는 전기 소모의 주범입니다. 일반 선풍기형 전기 히터는 1,000W 이하이지만 얼마 전부터 홈쇼핑 등에 등장하면서 많은 사람들이 구입하기 시작했습니다.

문제는 가정용 전기에 사용하기에는 부적합하다는 것입니다. 전기 요금도 그렇지만 일반 16A 콘센트에 연결하는 것은 무리가 있습니다. 더군다나 비닐 코드로 된 연결 코드는 연속 사용되는 2,900W의 전류에 오래 견디지 못합니다. 보통 일반 연결 코드는 최고 2,800W 이하에 사용하라고 되어 있습니다. 최고 용량의 70~80%만 사용하라는 것입니다. 사실 2,800W도 위험합니다.

연결 코드도 제조업체에 따라 10A형이 있고 16A형이 있습니다. 일반 비닐 코드는 1,000W 이하에 사용하는 것이 좋습니다. 위 히터에 사용할 연결선은 길이에 따라 단선 2.5sq 이상 혹은 연선 4sq선(접지선 포함)을 사용하는 것이 안전합니다. 연결선이 길수록 전선은 굵어져야 합니다. 당장 선을 바꾸기 어렵다면 히터의 세기를 약으로 사용해 보십시오. 히터의 고장 유무를 떠나 연결선 사용에 각별한 주의를 요합니다.

히터 사용 시 주의 사항
① 전열기(히터)를 사용하는 콘센트가 헐겁거나 접촉 불량인 경우 플러그에 열이 많이 발생하는 경우는 콘센트를 교환해준다.
② 콘센트 1개에 전기 히터 2개는 사용하지 않는다.
③ 연결 콘센트는 되도록 전열기나 전기 히터 사용을 자제한다.
④ 기존에 사용하던 연결 코드에 히터를 사용할 경우 연결 콘센트에 쌓인 먼지를 제거한다 (스파크로 인한 화재 위험).
⑤ 소비 전력이 2,000W 이상되는 전기 히터는 멀티 콘센트 사용을 자제한다. 강약이 있는 경우 약으로만 사용한다.

 **특정 콘센트에서만 차단기가 떨어지는데 어떤 조치를 해야 하나요?**

누전 차단기가 떨어져 점검해 보니 베란다에 있는 김치냉장고 콘센트에서 누전이 일어났습니다. 일단 김치냉장고 선을 다른 멀티탭에 꽂으니 정상 작동되었습니다. 콘센트 누전이라 의심이 되어 새 콘센트로 교체했는데 또 떨어졌습니다. 콘센트에 김치냉장고 전원을 꽂지 않으면 누전 차단기가 떨어지지는 않았고 김치냉장고 선을 꽂아야 떨어졌습니다. 물론 김치냉장고 선을 다른 멀티 콘센트에 꽂으면 괜찮았습니다. 우선 다른 콘센트에 꽂아 쓰고 있는데 어떤 조치를 해야 하는지 알고 싶습니다.

 멀티 콘센트를 확인해 보십시오. 사진에서 멀티 콘센트는 접지형인데 선을 연결할 때 접지는 연결을 안 한 것 같습니다.

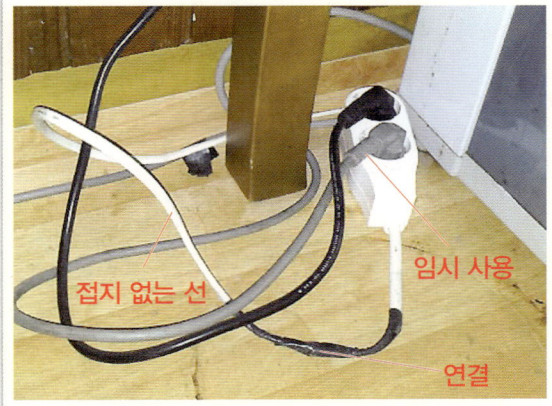

참고 — 콘센트 사용의 여러 가지 방법

① 매입형 콘센트 : 건축 시 벽에 배관을 매입한 경우로, 입선할 때 접지선도 함께 입선하며, 콘센트도 접지형을 사용한다.
② 접지형 멀티탭 콘센트 : 접지와 ON/OFF 스위치가 있는 타입으로, 스위치를 OFF하면 콘센트 4개가 모두 차단된다. 최근에는 각각 단독으로 스위치가 설치된 제품도 있다.
③ 비접지형 일반 멀티 콘센트 : 접지가 없으므로 제품에서 누전이 되어도 차단기가 동작하지 않는다.

 노출형 일반 콘센트
벽에 노출로 고정하거나 바닥에서 이동할 수 있도록 사용한다.

노출형 일반 콘센트의 내부 모습
① 1번 : 하트상
② 2번 : 중성선
③ 3번 : 접지선

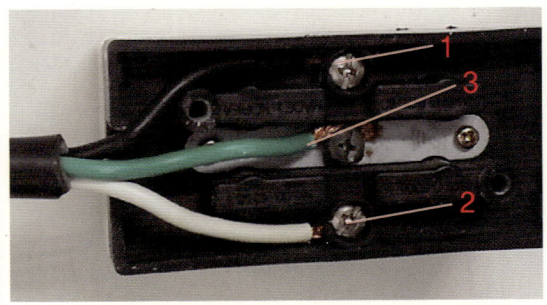

Chapter 4 가정 생활 전기 실전 Q & A

 스위치 부착 접지형 멀티 콘센트

① 1번 : ON/OFF 스위치
② 2번 : 부하 플러그

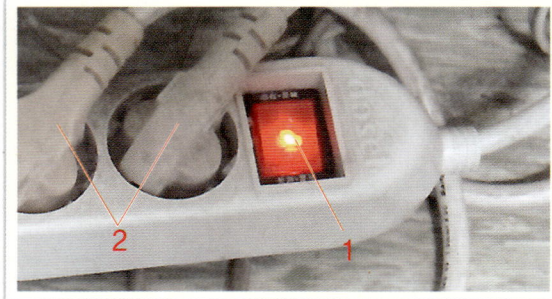

 스위치 미부착 접지형 멀티 콘센트

접지까지 3가닥이 들어 있는 코드선이다.

 비접지형 멀티 콘센트의 사용

① 1번 : ON/OFF 스위치
② 2번 : 접지가 없는 플러그

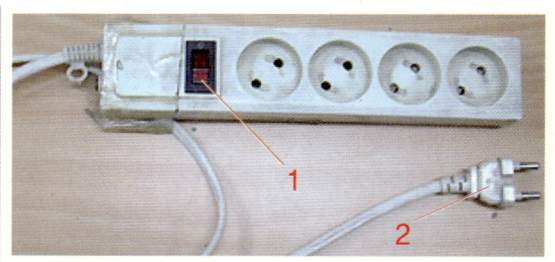

 **아파트 세대 콘센트를 모두 분리해도 트립되는데 원인이 무엇인가요?**

아파트 세대 주방과 작은방에 연결되어 있는 분기 차단기를 올리면 메인 차단기가 바로 트립됩니다. 우선 모든 전자 기기 코드를 빼놓고 차단기를 올렸는데 또 떨어집니다. 콘센트 누전인가 해서 콘센트를 모두 분리했는데도 마찬가지입니다. 어떤 것부터 살피고 원인이 무엇인지 궁금합니다. 전열 차단기만 올리면 바로 트립되서 테스터기로도 체크하지 못했습니다.

 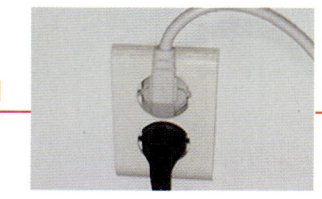 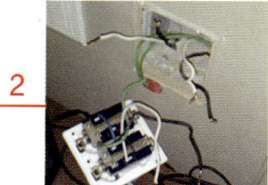

 Section 01 누전에 관한 실전 Q&A

>  **콘센트 분리 상태**
> ① 1번 : 부하의 플러그가 꽂혀 있는 상태에서 차단기가 바로 트립된다.
> ② 2번 : 콘센트를 분리했는데도 차단기가 트립된다.

 먼저 차단기가 불량 제품인지 파악합니다. 확인 요령은 다음과 같습니다.
① 문제의 차단기 2차측에 연결되어 있는 선을 풀고 차단기를 올립니다. 떨어지면 차단기 불량입니다.
② 차단기가 안 떨어지면 해당 차단기 라인의 콘센트에서 모두 플러그를 빼고(반드시 확인) 차단기 2차측 2가닥을 한꺼번에 연결하지 말고 1가닥씩 연결하면서 올려봅니다. 만약 2가닥 중 1가닥이나 2가닥 모두에서 떨어지면 라인이 잘못된 것입니다.
③ 라인을 연결하고 안 떨어지면 플러그를 1개씩 꽂아보십시오.
만약 이처럼 다 해 보았는데 차단기 불량이 아니라면 전문가에게 의뢰해야 합니다.

Q5 누전 차단기가 누전인 것 같은데요?

시설물의 가로등 차단기가 내려갔습니다. 물이 들어갔거나 다른 이유로 차단기 자체가 누전이라고 생각되었습니다. 일단 해당 누전 차단기를 분리해서 누전 체크를 하기 위해 메거 테스터기를 준비했습니다.

1차측 전선도 분리하고, 2차측 전선도 분리하였으며, 차단기는 OFF 시킨 상태에서 차단기 2차측의 두 단자를 테스터기의 리드선으로 찍어봤습니다. 절연 저항이 '0'으로 표시되어 누전으로 판명하였습니다. 그 다음 2차측의 두 단자를 통전 시험해 보니 통전은 안 되었습니다.

만일 테스트 버튼이 눌러져서 안 올라온 상태라면(눈으로는 튀어나왔는지 여부를 알 수 없으니) 2차측 두 단자 간이 누전으로 나올 수 있겠다고 추측해 보았는데 그러면 왜 통전은 안 되는지 알려 주시기 바랍니다.

 누전 차단기의 2차측 단자를 서로 찍으면 내부에 ZCT 등 전자 회로가 있기 때문에 제로입니다. 배선용 차단기를 한번 체크해 보십시오. 아마 제로가 안 나올 것입니다. 배선용 차단기 내부에 ZCT가 없습니다.

Chapter 4 가정 생활 전기 실전 Q & A

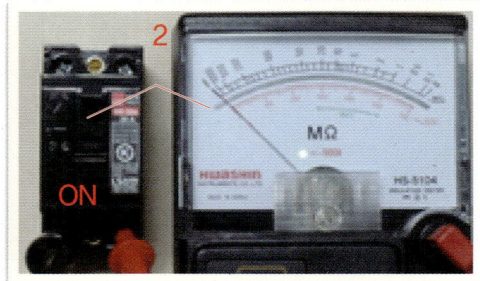

📷 **테스트 I(배선용 차단기의 양쪽 단자 메거링 시 절연 저항값)**

배선용 차단기는 어떤 상황이든 무한대가 나온다.

① 1번 : 차단기 OFF, 2차측 메거링 시 저항값은 무한대이다.
② 2번 : 차단기 ON, 2차측 메거링 시 저항값은 무한대이다.
③ 3번 : 차단기 OFF, 1차측 메거링 시 저항값은 무한대이다.
④ 4번 : 차단기 ON, 1차측 메거링 시 저항값은 무한대이다.

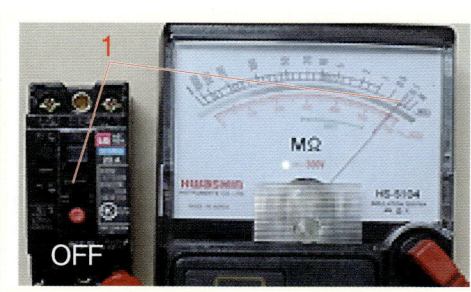

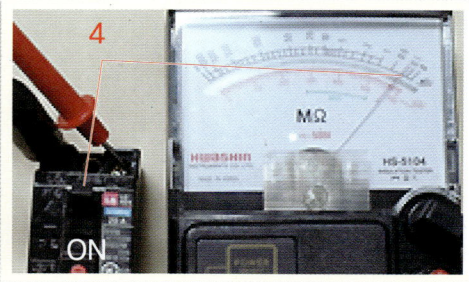

Section 01 누전에 관한 실전 Q&A

 테스트 Ⅱ(누전 차단기의 양쪽 단자 메거링 시 절연 저항값)

누전 차단기는 1차측과 2차측 그리고 ON과 OFF 시에 각각 다른 값이 나온다.
① 1번 : 차단기 OFF, 2차측 메거링 시 저항값은 약 0.1MΩ이다.
② 2번 : 차단기 ON, 2차측 메거링 시 저항값은 약 0.1MΩ이다.
③ 3번 : 차단기 OFF, 1차측 메거링 시 저항값은 무한대이다.
④ 4번 : 차단기 ON, 1차측 메거링 시 저항값은 약 0.1MΩ이다.
※ 측정값은 주위환경, 테스터기의 상태에 따라 조금씩 다를 수 있다.

 **단상 220V를 하트상과 N상이 아닌 하트상과 접지로 구성하면 어떻게 되나요?**

단상 220V는 하트상(R · S · T상 중 1가닥)과 N선으로 구성되는데 실수로 220V를 하트상과 접지로 구성하면 어떻게 되나요? 계량기나 차단기에 어떤 영향이 있는지 궁금합니다.

 단상 계량기 결선 상태
① 1번 : 중성선(N선)
② 2번 : 하트상
③ 3번 : 접지선

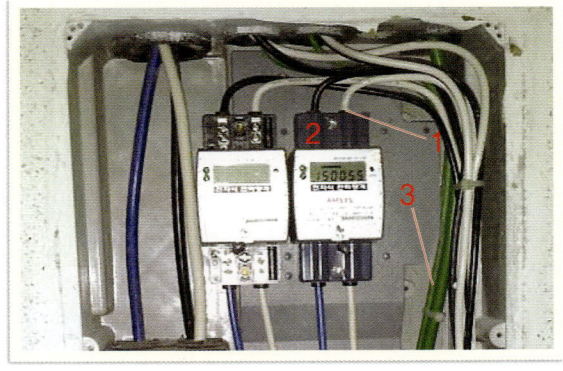

 정상적인 결선 방법이 아닙니다. 중성선(N선)과 하트상의 전압이 220V라 한다면 하트상과 접지 간의 전압은 220V 이하로 나옵니다. 물론 부하에 따라서 전압 강하는 변화가 있습니다. 그러나 온전한 전원 연결이 아니기 때문에 자칫 접지가 완전하지 않으면 감전의 우려도 있습니다. 또한, 다음과 같은 문제가 발생합니다.

누전 차단기 2차에서 하트상과 접지 연결 시 누전 차단기가 트립됩니다. 그렇다고 배선 차단기를 연결한다면 배선용 차단기에는 트립되지 않으므로 접지 장소에 따라서 누설 전류가 제2차 피해를 일으킬 수 있습니다.

따라서 정상적인 중성선(N선)을 사용하십시오. 접지는 누전이나 지락으로부터 보호하는 접지용으로만 사용하시기 바랍니다.

Chapter 4 가정 생활 전기 실전 Q & A

 **사무실 바닥 콘센트에 누전이 발생했는데 원인이 무엇인가요?**

사무실 바닥 콘센트가 누전으로 인해 떨어져서 몇시간 동안 몇 차례 원인을 찾으려고 노력해도 찾지 못했습니다.

전기실의 UPS 라인 전열 누전 차단기 20A에 4개의 시스템 박스가 연결되어 있는데 4군데 박스에 부하측 플러그를 전부 뽑아 놓고 메거링해 보아도 N선과 접지를 메거링하면 200MΩ이 나타나고 R상과 접지를 메거링하면 0.1MΩ까지 내려가며 테스터기 버저까지 울립니다. 그래서 EPS실 누전 차단기가 불량일까 싶어 2차측을 풀어 놓고 점검해도 같은 현상이 나타납니다.

설치한 지 3년이 지났고 아무 이상 없이 사용하던 것이었습니다. 시스템 박스 속에 물기 흔적은 전혀 없었고, 4군데 박스 하나하나를 전부 풀고 메거링해도 같은 현상이 일어났습니다. 따라서 마지막으로 해볼 수 있는 방법은 4군데 박스 콘센트를 전부 해체해 놓고 점검해 보는 것인데 맞는지 궁금합니다.

 4군데 박스 중 누전 차단기에서 첫 번째 박스를 열어보십시오. 메거 테스터기를 동작(접촉)시킨 상태에서 전선을 하나씩 차단해보면 어딘가 떨어지는 부분이 나올 것입니다. 누전이 심한 경우는 메거 테스터기보다 일반용 테스터기를 저항 Rx10 레인지에 놓고 측정하면 변화를 감지하기 편합니다. 버저까지 울릴 정도면 거의 접지선과 쇼트이거나 바닥 배관 어딘가에 접촉됐을수도 있습니다. 콘센트에 습기가 찬다든지, 물이 들어가든지 원인이 여러 가지겠지만, 배선이 그다지 복잡하지 않다면 박스부분을 해체해보면 답이 나올 것입니다.

현장을 실측한 것이 아니어서 정확한 답변이 어렵지만 4개 박스 중 첫 번째와 두 번째 박스 전선을 풀어보면 해결이 될 듯 싶습니다.

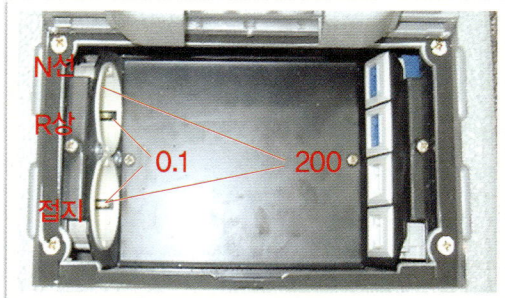

 조언대로 재점검해서 작업 완료했습니다. 시스템 박스에 전열 기기를 꽂아서 며칠을 계속 사용하다보니 콘센트 자체와 플러그가 녹아내려 R상과 접지가 늘어 붙어 있는 것을 찾아내어 해결했습니다.

Section 01 누전에 관한 실전 Q&A

 다행입니다. 어떠한 전열기를 사용했는지 알 수 없지만 바닥 시스템 박스는 주로 컴퓨터 부하에 많이 사용합니다. 그 외의 히터나 온풍기를 사용하면 차단기가 트립되고, 더 나아가선 이번 경우처럼 콘센트와 플러그가 붙어버려 전기 화재의 원인이 됩니다.

 싱크대에 뜨거운 물을 내리면 차단기가 트립되는데 무엇이 문제인가요?

아파트에 거주하는데 나타나는 현상이 두 가지입니다.
1. 냉장고를 콘센트에 꽂으면 갑자기 차단기가 내려갑니다. 반면 옆 콘센트에 꽂으면 괜찮습니다. 현재 옆 콘센트에 꽂아 쓰고 있는데 누전 문제인지 궁금합니다.
2. 부엌 싱크대에 뜨거운 물을 한꺼번에 버리게 되면 또 차단기가 내려갑니다. 싱크대 아래에는 음식물 처리기를 설치해 놨는데 그것이 문제가 아닌가 생각됩니다.

싱크대 윗부분
① 1번 : 음식물 찌꺼기 걸름 덮개
② 2번 : 뚜껑 부분으로, 동작 표시부에 맞추어 눌러놓으면 작동하고 빼놓으면 정지한다.

싱크대 아랫부분
① 1번 : 음식물 탈수기 본체
② 2번 : 탈수기용 콘센트

 냉장고와 싱크대가 1개의 차단기로 함께 사용하고 있는지 궁금합니다. 만약 별도로 있다면 냉장고와 관련된 문제의 차단기 테스트 버튼을 눌러 불량 여부를 확인해 보시기 바랍니다. 차단기가 완전한 불량은 아니더라도 동작 특성이 각각 다르므로 예민해진 것일

Chapter 4 가정 생활 전기 실전 Q & A

수도 있습니다(이 경우 새것으로 교체).
　　반면 함께 사용한다면 음식물 쓰레기의 코드를 빼놓고 테스트해 보시기 바랍니다(이것은 처리 기계의 문제인지 아니면 차단기나 콘센트 쪽의 문제인지 파악하기 위한 것임).

 **싱크대 안쪽 콘센트 절연이 안 좋은데 콘센트를 교체해야 할까요?**

　　집에 있는 세대 분전함의 전열2 차단기가 트립되어 절연 저항을 측정하니 0Ω에 가깝게 체크됩니다. 주방 및 작은방 모든 콘센트를 분리하고 차단기를 다시 올렸는데도 트립됩니다. 그래서 싱크대 안쪽 콘센트 절연 저항을 측정했는데 마찬가지로 0Ω에 가깝게 나왔습니다. 콘센트를 교체해야 할까요? 작업 공간 확보가 힘든데 시간이 지나면 건조되어 차단기가 올라갈지 궁금합니다.

　　싱크대 안에 있는 콘센트를 열어 보면 안에 있는 박스가 철박스인가요? 만약 철박스가 녹슬었거나 습기가 차 있으면 습기로 인한 누전이고 그게 아니라면 다른쪽 문제인 것 같습니다. 일단 차단기에 걸려 있는 부하들을 플러그를 다 뽑아보고 측정해 보십시오. 먼저 그 콘센트랑 같은 전원을 쓰는 콘센트는 절연 저항을 측정해도 다른 곳에 문제가 있다면 같이 나옵니다.
　　콘센트만 절연 저항을 측정한다면 완전히 선과 분리한 후 측정해야 됩니다. 만약 그렇게 해서 절연 저항이 0Ω에 가깝게 나왔다면 교체해 주는 것이 맞습니다.
　　콘센트는 내부에 있기 때문에 습기로 인한 것이라면 마르는데 시간이 좀 오래 걸립니다. 따라서 교체해 주는 것이 좋습니다. 만약 콘센트를 교체하고 싶어도 작업 공간이 비좁아서 교체하기가 어렵다면 매입 콘센트를 뜯어내고 선을 VCTF로 연장해서 싱크대 목재에다 노출 콘센트를 취부할 수도 있습니다.

 **해바라기 타이머를 OFF시켰을 때 차단기가 트립되는데 왜 그런가요?**

　　전등 부하 1번과 2번 회로에 각각 스위치형 해바라기 타이머를 달았습니다.
　　그런데 1번 회로 타이머는 자동 동작 ON/OFF가 정상인데, 2번 회로 타이머가 ON은 정상적으로 동작되고 OFF 시에만 누전 차단기가 동시에 트립됩니다.
　　누전 차단기, 타이머의 용량이 각각 20A입니다. 누전도 양호하고 전류는 5A 정도 걸립니다. 타이머, 누전 차단기를 각각 교체해 보아도 2번 회로는 소용없습니다. 차단기를 배선용 20A로 바꿔도 되는지 알려주십시오.

Section 01 누전에 관한 실전 Q&A

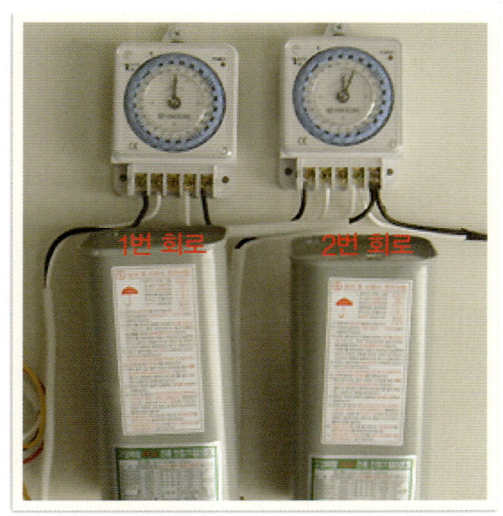

누전입니다. 어디선가 2번 회로선이 단락되어 있으므로 선로를 점검해야 합니다.
전에 같은 현상을 경험한 적이 있습니다. 전등을 켜면 정상인데 이상하게 스위치만 소등시키면 차단기가 트립되었습니다. 원인을 파악해 보니 스위치 선 단락 현상이 발생한 것이었습니다. 그래서 스위치 선을 새로 교체하니 정상으로 작동했습니다.

Q11. 3상 3선식 차단기의 누전 점검 방법은?

판넬 내부에 있는 메인 차단기의 절연 저항을 측정한 결과입니다.
1. 차단기 OFF하고 차단기의 2차측 1번 단자와 접지를 연결시켜 절연 저항(누전)을 측정했는데 지침이 오른쪽으로 끝까지 붙습니다(제로 상태).
2. 차단기 2차측 2번 단자와 접지측을 연결하여 절연 저항계 눈금을 보니 전혀 움직이지 않았습니다(무한대 상태).
3. 이상해서 차단기 OFF 상태에서 2차측 1번 단자를 풀어 다시 측정했는데도 마찬가지입니다(제로 상태).
4. 차단기 2차측 2번 단자를 풀고 측정하니 절연 저항계(메거 테스터기) 바늘이 전혀 움직이지 않았습니다(무한대 상태).
5. 이제는 중성선 단자대 1가닥을 마저 분리하고 차단기 2차측 단자까지 전부 분리해 보았더니 첫 번째 220V에서 누전되고 있었습니다. 그래서 누전되는 부분을 찾아 제거하고 다시 측정하니 정상으로 돌아왔습니다.
6. 중성선 한 선을 N선 단자대에 연결하여 조이고, 하트상 한 선을 다시 차단기 2차측에 연결하

Chapter 4 가정 생활 전기 실전 Q & A

여 조인 후 측정하니 또 누전으로 측정되었습니다.
이를 어떻게 해결해야 되는지 궁금합니다.

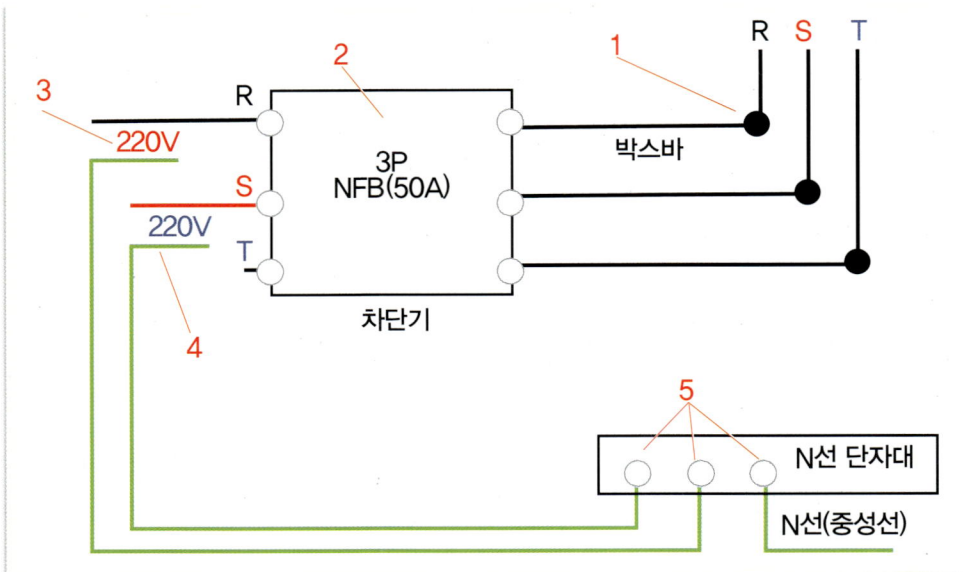

분전함 내부 상태

① 1번 : 1차측 하트 인입으로, R상(흑), S상(적), T상(청)이다.
② 2번 : 배선용 3P(50A) 메인 차단기이다.
③ 3번 : R상과 중성선(220V)이다.
④ 4번 : S상과 중성선(220V)이다.
⑤ 5번 : 중성선 단자대(접지 단자대 아님)이다.

 단상 220V를 사용하니 전등 또는 전열이라고 가정하여 접지와 부하 1가닥을 메거테스트했다는 의미로 해석됩니다. 중선선을 연결한 상태에서 부하가 연결되어 있다면 접지와 중성선을 통해서 루프가 형성되어 0MΩ이 나올 수 있습니다. 단상 부하를 측정할 때는 중성선도 Open해서 측정하고 부하가 전자제품일 때는 부하를 제거한 후에 측정하기 바랍니다.

 누전 차단기 정격 감도 전류와 부동작 전류에 대해 궁금합니다.

차단기에 표시되어 있는 부동작 전류 15mA, 정격 감도 전류 30mA이면, 즉 15~30mA 사이에서 동작하라는 뜻으로 봐도 무방한가요?

Section 01 누전에 관한 실전 Q&A

 고감도형 누전 차단기

① 1번 : 고감도형이라는 표시 이다.
② 2번 : 허용 전류가 15A이다.
③ 3번 : 정격 감도 전류가 15mA 이다.

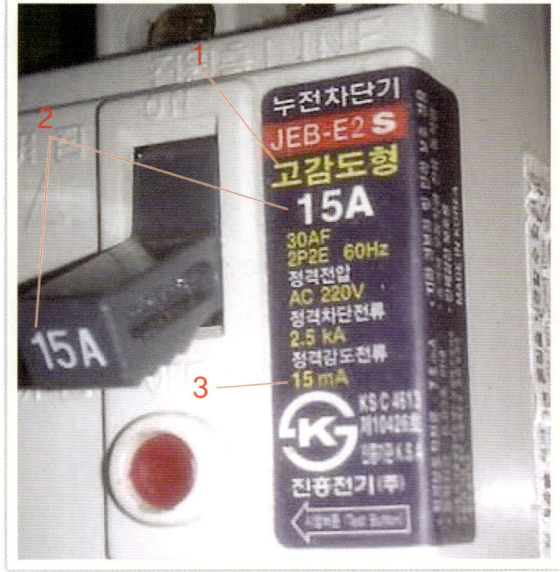

 일반형 누전 차단기

① 1번 : 정격 감도 전류가 30mA 이다.
② 2번 : 정격부동작전류가 15mA 이다.
③ 3번 : 동작 시간이 0.03초 이내라는 뜻이다.

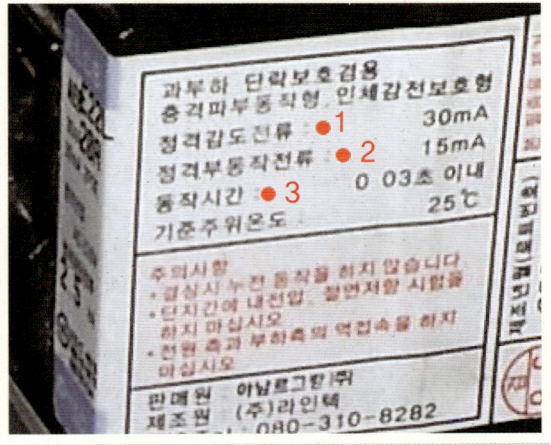

 15mA(부동작)~30mA(감도)에서는 동작할 수도 있고 동작하지 않을 수도 있다는 것입니다. 하지만 15mA 미만에서는 동작해서는 안 되고 30mA 이상에서는 동작하지 않으면 안 된다는 것입니다.

 그럼 15~30mA 사이에서 동작하는 경우와 동작하지 않는 경우가 있다고 하는데 그 이유는 무엇인가요?

Chapter 4 가정 생활 전기 실전 Q & A

 제품을 아무리 잘 만들어도 오차는 있게 마련입니다. 하지만 지켜야 할 최소한의 한정 값은 있습니다. 기본적으로 누전 차단기는 30mA에서는 어떤 경우라도 동작을 시켜야 합니다. 그러면 29.999……mA에서는 동작을 하지 않아야 하지만 그것이 현실적으로 어렵습니다. 그리고 15mA에서는 어떠한 일이 있어도 동작이 안 되어야 제품을 믿을 수 있습니다.

 **누전 차단기의 용어 및 구조가 궁금합니다.**

세대 분전함에 있는 누전 차단기의 용어와 구조에 대해 원리와 설명해 주시기 바랍니다.

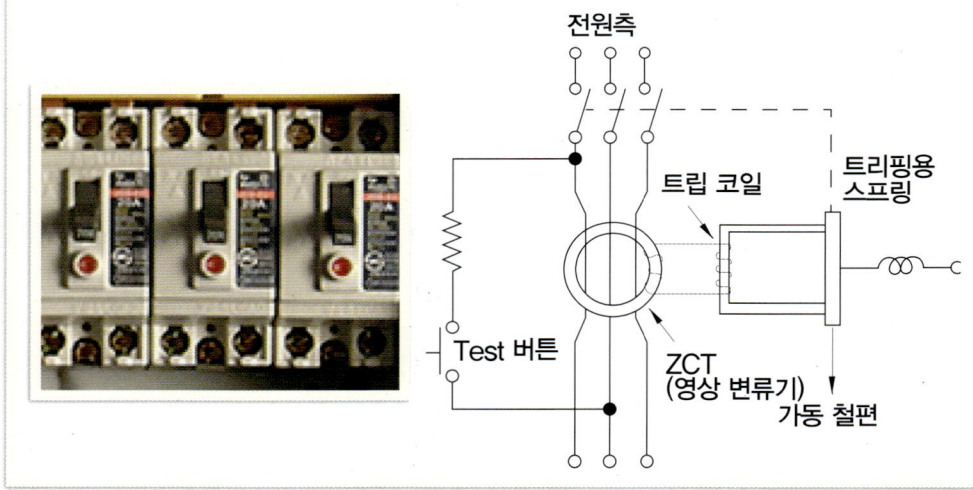

| 실제 누전 차단기와 내부 구조 |

 누전 차단기와 배선용 차단기의 가장 큰 차이점은 내부에 ZCT(영상 변류기)가 있는지의 여부라고 할 수 있습니다. 다음에서 누전 차단기와 관련된 용어들을 정리했습니다.

① 누전 차단기의 동작 원리 : 전자석에 흐르는 전류가 어느 한도 이하일 때는 전자석의 인력이 약하므로 접점은 그대로 붙어 있으며 전류는 계속 흐른다. 그러나 어느 한도 이상의 전류가 흐르면 전자석이 강해져 접점의 한쪽을 당기게 되므로 회로가 차단되어 전류가 흐르지 않게 된다. 일단 접점이 서로 떨어지면 스프링에 의해 계속 그 상태가 유지된다. 결함을 수리하고 난 후 누전 차단기의 스위치를 누르면 접점이 서로 붙어 다시 정상적으로 전류가 흐르게 된다.

② 누전 차단 장치
  ㉠ 전로에 지락이 생겼을 경우 부하 기기, 금속제 외함 등에 발생하는 고장 전압 또는

지락 전류를 검출하는 부분과 차단기 부분을 조합하여 자동적으로 전로를 차단하는 장치를 말한다.

ⓒ 누전 차단기의 사용 목적 : 지락 전류를 검출하여 이를 차단함으로써 화재 사고(누전), 감전 사고를 방지한다.

③ 정격 전류 : 규정된 온도 상승 한도를 초과함 없이 연속해서 통전 가능한 전류로 누전 차단기에 표시된 값을 말한다.

④ 감도 전류 : 누전 차단기를 폐로한 상태로 주회로의 1극에 전류를 통하고 전류를 서서히 증가시켜 누전 차단기가 트립된 때의 전류값을 말한다.

⑤ 정격 감도 전류 : 어떤 조건에서 영상 변류기의 1차측 지락 전류에 의해 누전 차단기가 반드시 트립되는 1차측의 지락 전류이며, 누전 차단기에 표시된 값을 말한다.

⑥ 정격 부동작 전류 : 어떤 조건에서 영상 변류기의 1차측 지락 전류가 있어도 누전 차단기가 트립되지 않는 1차측 지락 전류로 누전 차단기에 표시된 값을 말한다.

⑦ 동작 시간 : 정격 감도 전류 이상의 지락 전류가 생길 때 그 회로를 차단하기 까지의 시간을 말한다.

⑧ ZCT(영상 변류기) : 일종의 CT(Current Transformer)로서, 전류를 전압값으로 변환시키는 장치(링 코어 구멍을 주회로 전선은 그냥 통과하였으므로 1차측은 한 턴에 해당하고 2차측은 많은 턴으로 되어 있어 변압기의 기본 원리와 같음)이다. 일반 CT는 한 상의 전선만 통과하여 전류의 측정에 사용되나 ZCT는 한 구멍에 전류의 방향이 다른 양극 전선이 동시에 통과하므로 서로 상쇄되어 정상 상태에서는 출력 전압이 발생하지 않는다.

⑨ 동작 원리 : 누전이 발생하면 한 극에서 출발한 전류가 다른 극으로 100% 돌아오지 않게 되고 그 전류의 차이가 설정값(일반형 : 30mA, 고감도형 : 15mA) 이상이면 제어 회로(두 극의 전류 차이에 의하여 발생된 전압을 인식하는 회로)의 판단에 따라 TC(Trip Coil)가 여자되어 TM(Trip Mechanism)을 동작시켜 접점이 열리게 된다.

⑩ TEST 버튼 : 설치된 저항을 통하여 한 상의 전류를 ZCT에 통과시킴으로써 누전과 같은 효과를 인위적으로 만들어 ELB의 기능을 시험할 수 있도록 되어 있다. 규정에 따라 한 달에 한 번 정도 시험할 필요가 있다.

Q14 누전 차단기 테스트 버튼을 누르는 순간 폭발하였는데 왜 그런가요?

밤에 전열 라인이 안 들어와서 누전 차단기에 이상있는지 확인하기 위해 세대 분전함의 커버를 열어보니 트립된 차단기가 없었습니다. 차단기에 있는 테스트 버튼을 차례로 누르는데 차단기 1개가 아무 작동도 안 했습니다. 계속 버튼을 3~4회 연속으로 누르니 순간 번쩍하고 터졌습니다. 왜 차단기가 폭발한 것인지 궁금합니다.

Chapter 4 가정 생활 전기 실전 Q & A

 누전 차단기 적색 버튼이 작동할 때 폭발할 수 있습니다. 반드시 장갑을 끼고 분전함 안쪽 뚜껑도 닫고 정면에서 누르지 말고 옆쪽에 서서 신속히 누르고 손을 떼십시오. 버튼을 누르고 있으면 터질 확률이 높고, 인지도가 낮은 제품일 경우 시간이 지날수록 불량을 일으킬 확률이 높습니다.

 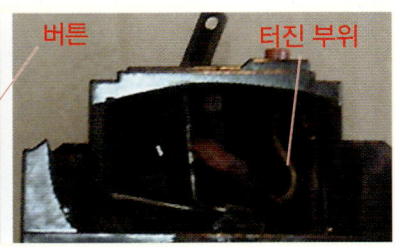

 **싱크대 레인지 후드에서 스파크가 일어났는데 무엇이 문제인가요?**

싱크대를 새로 교체하는 공사를 하던 중 후드에서 스파크가 일어났습니다. 연통과 후드 본체가 접촉할 때 스파크가 일어났는데 검전기와 메거 테스트기로 확인해보니 레인지 후드 근처에 가면 '삐' 소리가 나며 전기가 검침(검전기)되는데 이유가 무엇인가요?

연통과 본체가 연결되어 같은 라인인데 스파크가 발생하는 것도 이상하고 차단기에 누전 체크도 이상 없는 듯합니다. 이는 후드 모터쪽에 이상이 생긴 것 같습니다.

내용을 정리하면, 연통이 본체(레인지 후드)에 접촉되면 스파크가 일어나고 메거 테스트기로는 분전반 차단기를 확인했습니다. 혹시 다른 방법도 있는지 궁금합니다.

 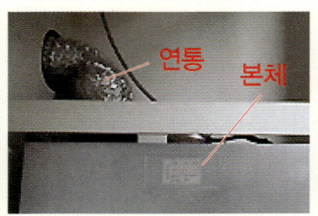 

 후드에 누전이 발생한 것 같습니다. 눈에 보이지 않는 곳에 피복이 벗겨졌거나 쇠붙이에 눌린 상태인 것 같습니다. 후드 플러그를 뽑고 모터 본체 또는 후드 쇠붙이 연통에 메거링을 해보시기 바랍니다.

Section 01 누전에 관한 실전 Q&A

 **일반 가정집에서 감전의 위험성 정도는 어느 정도인지 궁금합니다.**

　다른 분의 감전된 경험 이야기를 들었는데 정말 다음 이야기가 사실인지 궁금합니다.
　집에서 감전을 당했는데 근육이 수축되어 스스로 전선에서 손을 뗄 수가 없었다고 합니다. 그동안에 전기가 몸에 전해지는 찌릿하면서 근육에 쥐가 난 것 같은 고통은 말로 표현할 수 없고 동료 직원이 전선줄을 확 잡아당겨서 겨우 면했다고 합니다. 나중에 주변의 이야기를 들어보니 가정집 전기가 가장 위험하다고 합니다. 감전되면 근육이 수축되면서 수분이 모두 없어져 죽는다고 합니다. 저도 작은 감전은 경험해 봤지만 이 정도는 아니었는데 정말 이럴 수 있는 건가요?

 　인체에 대한 감전 실험은 직접 해볼 수 없기 때문에 정확히 말할 수 없습니다. 전기는 고압일수록 위험하며, 가정용 전기가 위험하다는 뜻은 전압 자체의 문제를 언급하는 것보다는 가정용 전기가 항상 인체와 접촉할 위험이 많다는 의미일 것입니다. 감전의 위험은 통전 전류의 양, 시간, 감전 경로, 전압의 종류에 따라 달라집니다.
　감전 전류의 양에 따른 변화는 다음과 같습니다.
① 7~8mA : 전류가 인체에 흐르면 고통을 느낍니다.
② 10mA 이상 : 근육 경련이 일어나고 쇼크를 받을 수 있습니다.
③ 30mA 이상 : 심장을 관통해서 흐를 경우 심장마비로 죽을 수도 있습니다.
　이 때문에 가정집 누전 차단기는 30mA 이상 누설 전류가 흐를 경우 0.03초 이내에 동작하게 되어 있습니다. 같은 누설 전류라도 환경(감전 시간, 전류의 양, 전압 등)에 따라 달라집니다. 즉, 건조한 바닥에서 감전되는 것과 젖어 있는 바닥에서 감전되는 경우가 현저하게 다르다는 것입니다. 고압에 감전되었는데 사는 경우도 있고 110V에 감전되어 죽는 경우도 있습니다.

 **아파트 메인 차단기가 계속 떨어지는데 무엇을 점검해야 하나요?**

　아파트 세대 분전함의 메인 차단기가 계속 내려갑니다. 누전을 어떻게 잡아야 하는지 모르겠습니다. 차단기가 계속 내려가 있으면 차근차근하면 될 듯한데 정상이다가도 저녁에 내려가고, 올리면 아침에 내려갑니다. 아파트에서 전기장판, 전자레인지를 사용할 때는 괜찮은데 보일러의 온수를 사용하면 메인 차단기가 내려가 보일러 업체에 문의해보니 습기가 차면 그럴수도 있다고 합니다. 그런데 1년에 몇 번 정도 내려가는 것이 아니라 이틀 동안 3번이나 내려졌습니다.

133

Chapter 4 가정 생활 전기 실전 Q & A

 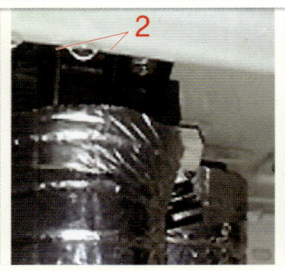 

📷 **누수된 보일러**

① 1번 : 보일러 전면 커버를 벗긴 내부 모습으로, 누수된 물이 모터 같은 전기적인 부분을 침범할 수도 있다.
② 2번 : 내부에서 누수된 물이 커버 밑면에 방울을 형성한 모습이다.
③ 3번 : 내부에서 누수된 물방울이 보일러 밑에 있는 전기 및 통신선에 영향을 미칠 수도 있다.

 먼저 순환 펌프에 누수가 발생하는지부터 점검해보십시오. 보일러 누전이라면 대부분 순환 펌프 누전이거나 열교환기(불을 지펴주는 곳)에 물이 들어가는 경우, 배관 누수로 인한 전기 판넬(보드)에 습기가 차는 경우가 대부분입니다. 메거 테스터기로 점검해볼 것도 없이 보일러 A/S를 신청하면 될 것 같습니다.

그렇지 않다면 보일러 전원 콘센트를 한번 점검해보십시오. 습기를 먹지 않는 경우면 상관없지만 대부분 바닥에 습기가 차는 곳에 있을 겁니다. 그럴 경우 콘센트도 습기의 영향을 받고 차단기가 내려갈 수 있습니다. 이런 경우에는 콘센트를 분해한 후 드라이기로 건조시키면 안 내려갈 수 있습니다.

 **누전되어도 전기세가 나오는지 궁금합니다.**

수도같은 경우 누수가 되면 당연히 수도세가 많이 나오는데 이와 같은 조건으로 누전이 돼도 전기세가 많이 나오는지 궁금합니다. 또 전기세가 많이 나와 점검해 달라고 할 때 어떤 방법과 순서로 접근해야 할 지 궁금합니다.

 누전으로 인한 전기세 증가는 미미하다고 볼 수 있습니다. 일단 세대 분전반의 누전 차단기를 테스트해 보고 전부 정상으로 작동하면 누전에 의해 계량기가 돌아가는 것이 아닙니다. 계량기가 의심된다면 메인 차단기를 내려 보고 계량기가 돌아가는지 확인해보십시오. 계량기 고장은 흔한 일이 아닙니다.

간단하게 점검할 사항은 장시간 사용하는 전기 제품이 추가되었는지 확인하고 전기

사용량을 비교(전년도, 전월, 당월)해보시기 바랍니다. 전기세는 누진율이 적용되어 사용량이 300kW 이하일 때와 이상일 때의 요금 차이가 매우 크기 때문에 이 경우일 확률이 높은 것 같습니다.

 **병원 누전 차단기가 트립되는데 어떻게 해야 하나요?**

병원에서 용량이 작은 장비를 하나 사용하고 있습니다. 회로도는 벽면 콘센트에서 케이블을 꽂아서 장비로 연결됩니다. 그리고 장비 자체에 차단 역할을 하는 20A 누전 차단기로 간 다음 장비 전원 스위치로 연결되어 있습니다.

문제는 전원 케이블을 꽂고 차단기를 올리면 떨어지고 전원 케이블을 제거하고 차단기를 올리면 붙어 있는 것입니다. 보통 케이블을 연결한 후 차단기까지 붙어 있고 최종 스위치를 켜야만 차단기가 떨어지는 경우를 종종 봤는데 현재는 스위치를 켜기 전에 전원 케이블만 꽂고 차단기를 올렸는데 떨어집니다. 차단기 2차측 선을 서로 교차해서 연결도 해보고 드라이기로 여기저기 말려봤지만 안 됩니다.

📷 **장비를 사용하고 있는 상태**
① 1번 : 장비의 플러그를 콘센트에 꽂으면 차단기가 트립된다.
② 2번 : 장비의 플러그를 빼면 차단기가 트립 안 된다.

 누전 차단기의 트립 원인은 크게 3가지로 볼 수 있는데 누전, 과부하, 차단기 불량 정도입니다. 그런데 상황을 보니 누전 아니면 차단기 불량인 것 같습니다. 차단기의 2차측 선을 풀고 케이블을 차단기에 바로 연결한 후 올려보십시오. 이때 차단기가 안 떨어지면 누전이고, 떨어지면 차단기 불량이니 차단기를 교체하면 됩니다. 누전이면 장비에 문제가 있는 것인데 기기 자체의 누전이라면 육안으로 이상 유무만 확인하고 전문가에게 의뢰하는 것이 좋습니다.

Chapter 4 가정 생활 전기 실전 Q & A

 **누전 차단기가 자주 고장나는 원인을 알고 싶습니다.**

6년차 아파트 세대 분전함의 누전 차단기가 불량이어서 교체해주는 경우가 있는데 왜 그러는지 이유가 궁금합니다.

 전선과 차단기의 연결 볼트 부분을 확실하게 체결해야 합니다. 전류가 차단 용량에 못 미치더라도 볼트 부분에서 열이 발생하다보면 누전 차단기의 내부 회로에 열화로 인해 이상이 생기게 되어 고장이 발생하는 경우가 많습니다. 또한, 과도한 전류가 지속적으로 흐르는 경우 수명이 짧아지기도 합니다. 이외 낙뢰나 습기에 의한 단락 시에도 고장이 나는 경우가 있습니다. 이들에 대한 대처 방법은 부하에 맞는 적절한 차단기를 분배하고 볼트 체결을 확인하는 것입니다. 마지막으로 누전 차단기의 품질로 인한 고장도 있을 수 있습니다.

전선 물림 형태

차단기에 2가닥을 연결할 경우 사진의 1번처럼 꼬아서 연결하면 접촉이 더 확실하다. 또 3번처럼 동선이 살짝 보이는 게 좋다. 만약 4번처럼 피복이 깊이 들어가게 연결되었다 너무 깊이 들어가면 단자가 피복에 닿아 접촉 불량이 일어나거나 전기가 흐르지 않게 된다.

① 1번 : 2가닥을 꼬아서 연결한 경우
② 2번 : 1가닥을 단독으로 연결한 경우
③ 3번 : 피복이 벗겨진 부분
④ 4번 : 피복이 속으로 깊이 들어간 모습

Section 01 누전에 관한 실전 Q&A

 **전자식 클램프 미터 수치 읽는 법에 대해 알려주세요.**

전자식 클램프 미터를 구입해서 집에 있는 선풍기의 절연 저항을 측정했는데 이 수치를 어떻게 읽어야 하는지 궁금합니다.

 ① 1번 : 사진에서 절연 저항 측정값이 0.888MΩ이라는 뜻입니다. 1MΩ=1,000,000Ω 이므로, 0.888×1,000,000=888,000Ω입니다. 그리고 1,000Ω=1kΩ이므로, 888,000Ω=888kΩ입니다.

② 2번 : 홀드 기능입니다. 측정 홀드 버튼을 누르면 그 값이 고정됩니다. 클램프 미터를 이용해서 좁은 분전반에서 각 상의 전류를 측정하면서 디스플레이되는 값을 확인하기 어려운 비좁은 장소에서는 홀드 버튼을 누르면 측정 중인 값이 고정됩니다.

 **절연 저항 측정값이 자꾸 변하는데 이유가 무엇인가요?**

오전에 누전 차단기가 떨어져서 우선 올렸는데 떨어지지 않아서 그냥 두었다가 조금 전에 차단기를 내리고 접지와 R상을 테스트해보니 처음에는 0Ω이 나왔다가 조금 있으니 다시 200Ω, 다시 500Ω으로 수치가 변했습니다. 그리고 30초 정도 있으니까 200Ω에서 멈췄습니다. 테스터기가 불량인 것 같지는 않은데 이유가 무엇인가요?

  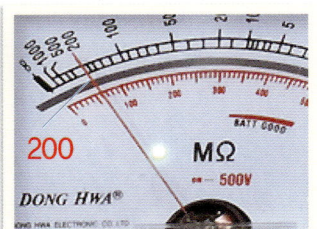

Chapter 4 가정 생활 전기 실전 Q & A

출력 500V용 메거 테스터기라면 고압으로 인한 누전 부위의 접촉성 방전일 수도 있습니다. 습기라든지 전선 피복이 손상된 경우 등 접촉 부위와 저항값이 일정하지 않기 때문에 메거 테스터기의 레벨에 변화가 생길 수도 있습니다.

분기 차단기의 2차측을 분리하고 분전반의 접지가 의심스럽다면 수도꼭지에 메거 테스터기측 어스 단자를 연결해 측정해보시기 바랍니다. 예측할 수 없는 누전은 현장 실측과 누전 차단기 트립 당시의 상황, 주변 변화 등이 고장을 찾는데 많은 참고가 됩니다. 경험이 많은 기술자는 일반적인 누전을 보통 30분에서 1시간 이내에 누전 부위를 찾을 수 있습니다.

 접지가 없는 전등에서 누전이 발생했는데 그대로 두어도 괜찮은가요?

얼마 전 비가 왔을 때 작은방쪽 다락방에 있는 전등에서 합선이 발생했습니다. 전원쪽에 물이 차서 합선이 된 것 같습니다. 그 부위를 찾아내어 일단 다락방의 전등을 켜는 스위치선만 빼 전기 테이프로 감아놨습니다. 다락방은 올라가기 힘들어서 다락방에 있는 전등 전원은 빼서 전기 테이프로 감아놓지 않았습니다. 중요한 것은 집의 세대 분전함이나 전열이든 전등이든 접지 공사가 되어 있지 않은 상태라는 점입니다.

다락방쪽 전등 전원은 그대로인데 상관없을까요? 만약 상관이 있다면 어떤 문제가 있을지 궁금합니다. 지금은 작은방 스위치에서 다락방 전등선만 빼 테이프로 감아 놓았는데 아무 문제가 없습니다.

일단 적정한 조치를 했습니다. 다락방이 있다고 하니 주택이 구옥이나 기와집인 것 같습니다. 대부분 오래된 기와집은 다락방에 전등 연결 부위가 매입 박스 없이 노출된 상태로 전선만 연결된 경우가 많습니다. 그리고 다락방 스위치선을 잘라 지금 당장은 문제가 없을 수 있으나 혹여 전등선 연결 부위에 인입선과 스위치선이 연결된 상태로 만약 누수나 습기, 전선 연결 불량 또는 합선이라면 확인해서 조치를 취해야 할 것입니다. 접지선으로의 누전은 누전 차단기가 바로 트립되지만, 접지선이 없는 누수로 인한 누전은 차단기가 바로 트립되지 않고 합선 부위에서 아크로 인한 불꽃을 일으키기도 하기 때문에 주변에 인화성 물질이 있다면 위험합니다. 전기는 괜찮을 거라는 추측만으로는 안전을 보장할 수 없습니다.

Section 01 누전에 관한 실전 Q&A

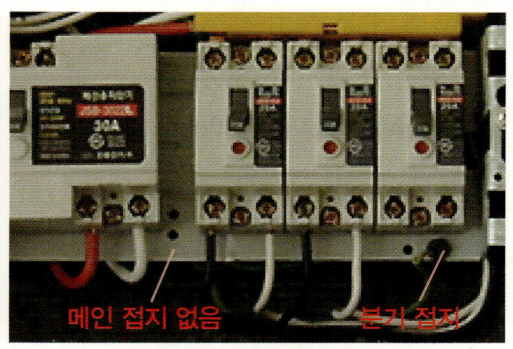

 **아파트 가로등이 누전되었는데 어떻게 할까요?**

가로등이 비만 오면 누전되어 차단기가 떨어집니다. 비가 그치고 나서 절연 저항을 재어보니 0.2MΩ이 나왔습니다. 수치로는 이상이 없는데 왜 비만 오면 누전이 되는 건가요? 어떻게 해결해야 될지 궁금합니다. 참고로 가로등은 3상 중 1상과 N선을 따서 220V로 사용하고 있습니다. 또 가로등 램프와 커버 모두 비가 새는지 점검해보았는데 이상 없었고, 누전 차단기도 새 것으로 교체한 상태입니다.

 가로등이 누전된다면 간략하게 3가지 정도로 접근할 수 있는데 가로등의 안정기 불량, 가로등 선로 불량, 누전 차단기 불량입니다. 비만 오면 누전되는 경우도 다시 3가지 정도로 접근할 수 있습니다.
① 비가 오면 습도가 상승해 절연 저항이 떨어지는 경우
② 빗물이 가로등 내에 침입하여 안정기에 닿거나 선로의 절연 불량한 부분에 노출될 때
③ 누전 차단기가 불안정한 경우
위의 경우 안정기에 문제가 있는 것 같습니다.
첫번째 정석인 방법은 가로등 회로의 중간점에서 선로를 자른 후 절연 저항을 측정해 절연 저항이 부적격 또는 낮은 쪽으로 확인하고 그 중 중간점을 다시 잘라서 고장 포인트를 찾아가는 것입니다.
두번째는 가로등 커버를 다 열고 가로등 안정기가 부식이나 물의 침입이 있다고 의심되는 부분들을 하나씩 절체해서 절연 저항을 측정하는 방법입니다.

Chapter 4 가정 생활 전기 실전 Q & A

 **가정집의 전등 라인이 누전이고 접지가 없는데 어떻게 해야 하나요?**

20년 된 빌라이기 때문에 접지는 없습니다. 그런데 갑자기 누전 차단기가 떨어져서 살펴보니 전등 라인만 누전이 되었습니다. 전등 라인만 올리면 차단기가 바로 떨어집니다(전등은 모두 OFF 상태였음). 임시로 전등을 모두 분리한 다음 차단기를 올려봤는데 그래도 떨어집니다. 전등에는 특별한 점을 발견할 수 없고 벽에 있는 배선 중에서 누전이 된 것 같습니다. 이럴 경우에는 배선을 새로 설치해야 하는지 궁금합니다.

 오래된 집이여서 증상을 파악하기 어렵지만 몇 가지로 축소해볼 수 있습니다.
① 등기구 불량 여부 : 등이 몇 개 안 되므로 모든 전원을 자르고 차단기를 올려봅니다. 그래도 떨어지면 등기구는 이상 없고 라인이나 차단기를 의심합니다.
② 라인 불량 여부 : 차단기의 2차측에 연결되어 있는 전선을 풀어냅니다. 그래도 떨어지면 라인은 이상 없고 차단기를 의심합니다.
③ 차단기 불량 여부 : 차단기를 교체해 봅니다.

보통 전등 라인보다 전열 라인의 누전이 더 많이 발생하는데 전등 라인이 누전이라면 어딘가 물이 스며들은 것 같습니다. 전등 라인 배선 차단기에서 혹시 회로가 2회로가 연결됐다면 교대로 한 회로씩 연결해보고, 전등 스위치를 전부 분해해보십시오(선은 빼지 말고 박스 비스만). 왜냐하면 가끔 긴 철비스에 전선이 손상된 누전도 있기 때문입니다. (또한 스위치에 습기가 찼는지 확인).

혹시 지하실이 있는 빌라라면 지하실을 살펴보고 물이 새거나 잠겼는지 확인해보십시오. 그리고 전등 라인에 콘센트가 연결될 수도 있습니다. 레인지 후드라든가 화장실 천장용 배기팬이 있다면 그것도 살펴보십시오.

마지막으로 전등 라인 중 생각하지 못하는 부분(베란다쪽과 현관문 밖의 센서등이나 계단등쪽으로 나가지 않았는지)이 있는지 생각해보십시오.

Section 01 누전에 관한 실전 Q&A

 **가로등 설치할 때 접지가 누락된 경우 어떻게 해야 하나요?**

가로등 설치 시 접지봉을 박지 않으려고 합니다. 분전함에서 누전 차단기 2차측에서 전원을 연결하고 분전함 접지 단자에서 접지선을 연결하여 가로등 외함에 연결하면 확실한 작업이 될지 궁금합니다.

 기본적인 작업은 분전함에서 전원선을 입선할 때 접지선도 함께 입선을 해야 합니다. 그렇지 않다면 다음과 같은 방법도 있습니다.

가로등용 패드를 땅에 묻을 때 땅속에다 접지봉을 박아서 그것을 접지로 사용합니다. 접지는 분전반의 3종 접지와 땅속의 3종 접지하고 같이 병행해서 하면 루프가 형성되어 더 사람을 보호합니다.

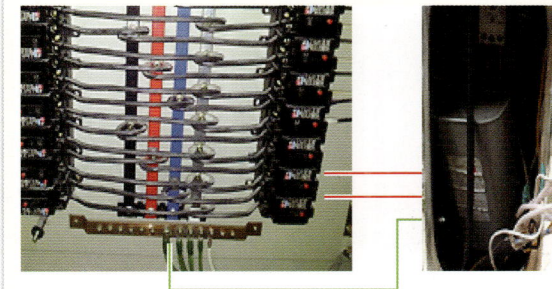 

 **가로등 속 누전 차단기가 트립이 안 되게 하는 방법이 있는지 알고 싶습니다.**

가로등 속에 있는 누전 차단기 주변에 습기가 차는데 젖어서 흐를 정도는 아닙니다. 그런데 이런 가로등이 많지만 왜 자꾸 차단기가 떨어지는 곳만 떨어지는 건가요? 차단기 용량도 20A에서 30A로 바꿔보기도 했습니다.

 가로등 누전 중 가장 큰 원인은 습기라고 할 수 있습니다. 그 습기의 근원을 찾아보면 글로브 가대(글로브를 채우기 위한 접속 부분)가 제대로 안 씌워져 있어서 글로브 케이스를 통해 가로등 내부로 빗물이 유입되어 습기가 차는 경우가 많습니다.

다른 부분은 아래쪽 땅에서 올라오는 습기인데, 이건 거의 시공 시 가로등 바닥 부분에 배관이 찢어져서 올라오는 경우입니다. 또다른 한 가지는 가로등 점검구에 커버가 제대로 부착이 안 되면 비가 유입되어 내부에 습기가 발생합니다.

가로등용 방수 접속함을 알아보십시오. 누전 차단기 내장형을 사용하면 등주 내에서 발생하는 습기에 의한 오동작 방지에 큰 도움이 됩니다.

141

Chapter 4 가정 생활 전기 실전 Q & A

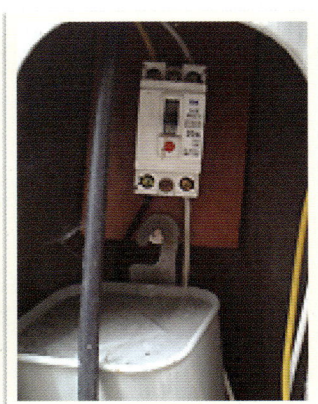

 **비만 오면 외등 차단기가 내려가는데 무엇이 문제인가요?**

외등에 누전 차단기가 연결되어 있는데 평소에는 정상적으로 점등되다가 비만 오면 차단기가 내려갑니다. 그런데 이상한 것은 내려간 차단기를 올리면 다시 올라가는 점입니다. 메거링을 하면 0.4MΩ 정도가 나오고 차단기의 트립 버튼을 누르면 정상적으로 동작하는데 무엇이 문제인지 알고 싶습니다.

| 누전 외등 |

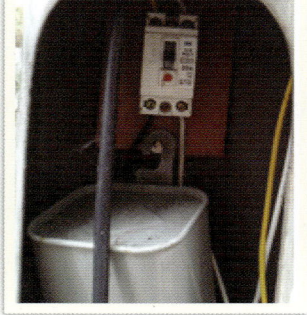
| 차단기 트립 |

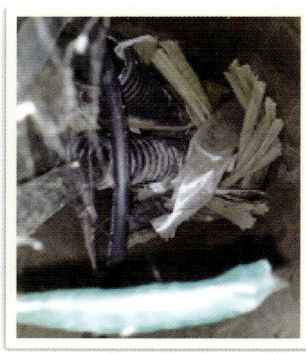
| 내부 케이블 |

A28 외등의 종류를 정확하게 알아야 원인을 쉽게 찾을 수 있습니다.

주택 등의 처마 밑에 붙이는 외등의 경우 백열전구를 사용하다 보면 등기구 내에 백열 전구의 열이 발산되는 곳이 없어 소켓에서 인출된 전선이 그 열로 인해 열화되어 피복이 벗겨지는 경우도 생깁니다. 벗겨진 전선이 금속성 소재의 외등 몸체에 닿고, 외등 몸체는 등박스에 고정 나사로 연결되며, 등박스는 콘크리트에 묻혀 있으므로 비가 오면 콘크리트는 습기를 머금어 간헐적인 누전을 일으키기도 합니다.

 **냉장고 누전 체크 방법이 맞는지 궁금합니다.**

보통 냉장고의 절연 저항을 측정할 때 플러그의 한쪽 극성과 냉장고의 외함(제품 본체의 도장이 안 된 금속 부위)에 접지를 하는 것으로 알고 있습니다. 그런데 이 방법과 다르게 냉장고 플러그의 한쪽 극성에 리드선을 연결하고 플러그에 접지라고 표시된 부분에 리드선을 접촉시키고 측정했는데 맞는지 확인해주십시오.

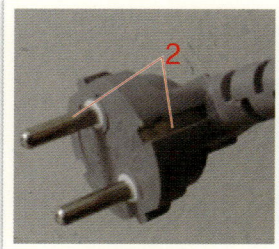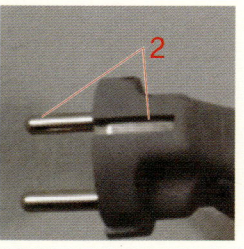

 플러그의 측정
① 1번 : 플러그의 한쪽 극성과 냉장고 외함의 측정
② 2번 : 플러그의 한쪽 극성과 접지 라인의 측정

 처리한 방법이 맞습니다. 플러그 꽂는 2개 중 1개에 메거 테스터기의 리드선을 접촉시키고 플러그 가운데 부분(접지)에 다른 리드선을 접촉시키면 됩니다. 하지만 메거 테스터기의 리드선 2가닥을 플러그의 양쪽 극성에 동시에 접촉시키면 냉장고 내부 회로가 망가질 수도 있으니 주의하시기 바랍니다.

 **전등 라인에 누전이 발생했는데 어떻게 해야 하나요?**

복도와 화장실, 샤워장 전등 라인에 누전이 잡힙니다. 0.1MΩ 정도 나와서 다시 올리면 올라갔다가 잠시 후 다시 떨어지고는 아예 안 올라갑니다. 최상층이라 비가 많이 와서 습기가 차서 그런 것 같습니다.

노출 배관이 아니라 매입된 천장 박스에서 리드선이 바로 하나씩 내려와서 전등 라인을 분리해서 확인하기도 어렵습니다. 급하게 전등을 켜야 해서 우선 배선용 차단기 2차측에 연결해 전등 라인은 복구한 상태입니다. 배선용 차단기를 연결해도 전등 라인이라 크게 지장은 없을 것 같지만 다른 방법은 무엇인지 궁금합니다.

Chapter 4 가정 생활 전기 실전 Q & A

천장의 박스를 만질 수 없다면 의외로 많은 어려움이 따를 수 있습니다.

먼저 배선용 차단기를 이용한 임시 조치는 상당한 위험이 있으므로 누전 차단기로 바꿔야 합니다. 그러기 위해서는 누전의 원인을 찾아 제거해야 합니다. 누전은 물과 관련이 많으므로 샤워장을 먼저 점검해보십시오. 샤워장에 점검구가 없어서 천장 속을 볼 수 없다면 전등에서 전원을 모두 분리해보십시오. 그러면 최소한 누전의 원인이 전등인지의 유무는 파악할 수 있습니다. 이런 식으로 화장실, 복도를 점검하십시오.

이런 방법으로 전등에서 원인을 찾지 못하면 라인이 문제인 것입니다. 라인이 문제인데 박스를 건들지 못한다면 배관 및 입선을 처음부터 모두 다시 해야 합니다.

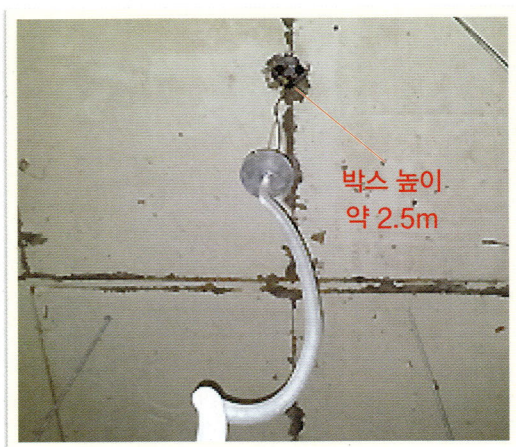
박스 높이 약 2.5m

거실 콘센트에서 물이 떨어지는데 무엇이 문제인가요?

단독주택의 거실 한쪽 콘센트에서 물이 흘러서 콘센트를 열어보니 옹벽에 CD관이 아래 2개, 위로 2개 묻혀 있는데 위쪽으로 올라간 CD관 2곳에서 물이 흐르는 것 같습니다. 콘센트 부위인데 위쪽 CD관으로 올라간 배선이 무엇인지 궁금합니다.

예전 단독주택의 거실 콘센트는 보통 전열 콘센트와 전화 모듈, 방송 모듈 등 3가지의 배선 기구가 집합된 3구 박스를 사용했습니다. 그리고 옥상이나 지붕 슬라브의 한쪽 부분으로 전화(통신)와 방송(TV)의 인입 배관을 인출합니다. 그래서 옥상 등에 인출된 CD 파이프의 방수 처리가 허술하게 되어 있으면 그 배관을 따라 우천 시 빗물이 침투할 수 있습니다.

 **전기프라이팬을 콘센트에 꽂으면 차단기가 떨어지는데 무엇이 문제인가요?**

콘센트에 전기프라이팬을 꽂으면 차단기가 떨어집니다. 테스터기로 체크해보니 0Ω이 측정되는데 왜 그런건지 궁금합니다. 이때 차단기를 내린 상태가 아닙니다.

 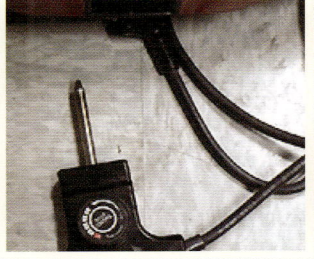 

 우선 프라이팬의 플러그를 콘센트에서 빼고 분전반의 차단기를 올려 보십시오. 이때 차단기가 떨어지지 않으면 프라이팬은 정상입니다. 만약 차단기가 떨어진다면 전기프라이팬의 문제이므로 A/S를 받아야 합니다.

아파트라면 가정 내 분전반에 차단기가 떨어지지 않아도 계단에 있는 메인 차단기가 떨어졌을 수도 있습니다.

가전제품의 경우 내부적으로 합선이 일어날 경우 복도의 메인 차단기가 떨어집니다.

 **벽 콘센트 3개 중 1개가 누전되었는데 어떻게 해야 하나요?**

누전 차단기가 있고 벽에 매입된 콘센트가 3개 연결되어 있습니다. 갑자기 차단기가 트립되어 콘센트를 점검했더니 첫번째 콘센트에서 누전이 발생했습니다. 그래서 회로를 분리한 후 나머지 벽쪽 콘센트 2개를 연결한 뒤 차단기를 올렸더니 정상입니다. 이때 누전되는 선을 콘센트와 분리한 후 전기테이프로 마감하면 되는 건지 궁금합니다.

 콘센트 불량인 것 같습니다. 위 내용을 보니 가정 내에 있는 매입형 콘센트라면 새 제품으로 교체하는 것이 맞지만, 굳이 그 자리에 콘센트가 필요하지 않다면 맹커버로 덮어주는 것이 안전합니다. 전선을 잘 확인해보고 이상이 없으면 다른 콘센트로 바꿔서 취부하고 차단기를 다시 올려보십시오. 이상 없이 올라가면 그대로 둬도 괜찮지만 아니면 맹커버를 씌어서 안 보이도록 하십시오.

Chapter 4 가정 생활 전기 실전 Q & A

 가전제품에 미세 전압이 나타나는데 괜찮은 건가요?

가전제품(냉장고, 세탁기, 밥솥 등)의 뒷면 철판 또는 금속 나사에 테스터기로 전압을 측정하면 약 35~40V 정도 측정됩니다. 이럴 경우 가전제품이 불량인지 아니면 다른 이유가 있는지 궁금합니다. 가전제품은 올해 모두 구입했으며 콘센트는 접지되어 있지 않습니다.

 ① 허전압일 수도 있지만 필터로 인한 작은 누설같습니다. 어느 부분을 측정했는지, 기기는 가동 중이었는지 정확하게 알 수 없지만 절연 파괴로 인한 누전은 아닐 것으로 판단됩니다.
② 40V 정도 전압에 손을 대면 찌릿찌릿할 것입니다. 아마 전원 회로 노이즈 필터 부분의 누설일 것이므로 접지를 해야 합니다. 접지 라인이 없다면 가능한 문제를 억제하기 위해서 시멘트에라도 잡아주십시오. 수도관이 있다면 더 좋습니다.
만약 접지를 할 수 있는 조건이 아니라면 제품을 사용할 때 항상 조심해야 합니다. 특히 물기 묻은 손으로 접촉하는 것은 위험합니다.

SECTION 02
전등에 관한 실전 Q&A

 **베란다 전등이 들어오지 않는데 이유가 무엇인가요?**

아파트 베란다에 평소에 잘 들어오던 전등이 갑자기 들어오지 않습니다. 백열전구로, 다른 곳에서 사용하던 것을 끼워도 들어오지 않습니다. 2구 스위치로, 안방과 베란다용입니다. 안방은 아무 이상이 없습니다. 잘 사용하지 않기 때문에 별 지장은 없지만 왜 불이 들어오지 않는 것인지 궁금합니다.

 안방은 이상 없고 램프도 이상 없다면 크게 3가지 정도로 추측해볼 수 있습니다. 물론 공사같은 작업으로 인해 배선이 단선되지 않았다는 가정하에서 입니다. 베란다용 스위치 접점 불량, 전등에 전원이 연결되는 소켓 부분의 접촉 불량, 램프를 끼우는 소켓 부분의 접촉 불량 정도입니다.

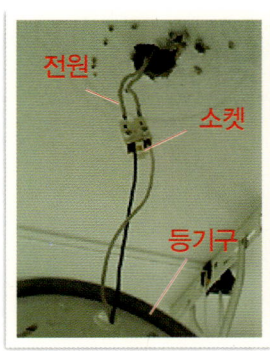 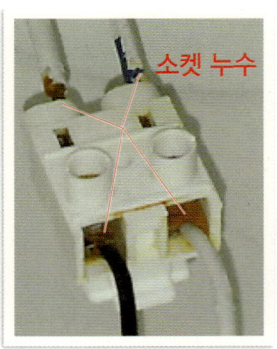 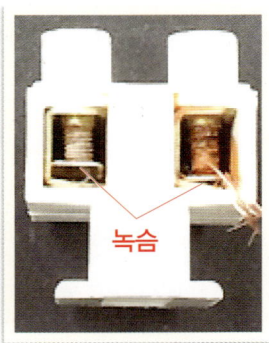

관리기사가 점검했는데 결로 현상으로 인한 것이라고 합니다. 베란다쪽이라 겨울철에 외부와 내부의 심한 기온차로 결로 현상이 반복되고, 그로인해 천장 속에 형성된 습기 때문에 전선에 연결된 소켓이 녹슨 것이라고 합니다.

Chapter 4 가정 생활 전기 실전 Q & A

샹들리에 전구가 자주 나가는데 무슨 이유인가요?

매장 천장에서 내려온 샹들리에의 전구가 자주 나갑니다. 여러 번 교체했지만 특별한 이유 없이 같은 현상이 반복됩니다. 원인이 무엇인지 궁금합니다.

일반적으로 말하면, 샹들리에 램프는 220V의 전원이 안정기를 거치지 않고 바로 램프로 들어갑니다. 그래서인지 스위치 점등 시 순간적으로 램프가 '펑'하고 나가는 경우가 종종 발생합니다. 아마 순간적인 전압이 필라멘트를 지날 때 전구가 나가는 것 같습니다. LED 램프를 사용해보는 것도 좋을 것 같습니다. 계속 전구를 쓰겠다면 전구의 베이스에 맞는 소켓으로 변경하는 것을 추천합니다. 소켓이 원인이 되어 나가는 경우가 많기 때문에 교체하면 전보다는 나아질 것입니다.

화장실 램프가 순차적으로 켜지는 이유가 궁금합니다.

아파트 세대 내 화장실에 백열등용 등기구(2구용)가 취부되어 있고 등기구 각 소켓에 삼파장 램프를 꽂아 사용하고 있습니다. 그런데 화장실 스위치를 ON 시키면 왼쪽은 바로 점등되는데, 오른쪽 램프는 약 1초 정도 후에 점등이 됩니다. 같은 회사 제품의 램프를 설치했는데 시간차가 있게 켜지는 이유가 궁금합니다.

Section 02 전등에 관한 실전 Q&A

 삼파장 램프의 경우 안정기의 동작 시간이 있고, 또한 전원으로부터 가까운 쪽부터 전기가 인입되므로 램프 점등 시간에 약간의 차이가 있습니다. 즉, 안정기의 차이점이라고 할 수 있습니다.

 **가정집 현관 센서등에 관해 궁금합니다.**

자동으로 인식되어 ON/OFF되는 센서등이 현관이 아닌 거실에 있을 때에도 감지되어 점등이 되는데 이를 방지할 대책이 무엇인지 궁금합니다.

 거실과 현관의 거리가 가까이 있는 것 같습니다. 센서의 노후로 인하여 진동, 전등 라인에 전기적 잡음에 의하여 켜지는 것이 아니라면 센서 부위를 거실쪽에 향해 있는 부분에 검정 테이프로 살짝 가리면서 검사해보십시오. 이 경우 현관에서 신발을 신을 때 조금 더 나가야 불이 켜지는 단점이 있습니다. 또는 센서 위치를 바꾸어 보는 것도 좋을 듯 합니다.

 **4선식 센서등 센서 교체에 대해 궁금합니다.**

아파트 센서등의 교체에 대한 질문입니다. 우선 센서등기구를 해체하니 전원을 연결하는 소켓 2개가 나왔는데, 1개에는 1가닥만 연결되어 있고 다른 소켓에는 2가닥이 연결되어 있었습니다. 검전 드라이버로 확인해보니 1가닥인 소켓에는 불이 들어오고 2가닥이 연결된 소켓의 선은 검전에

149

Chapter 4 가정 생활 전기 실전 Q & A

불이 안 들어 왔습니다.

일반적으로 1가닥이 비상 라인이고 2가닥이 상용 라인인데 어떻게 된 현상인지 모르겠습니다.

이를 정리하면 다음과 같습니다.

① 센서 입력측 1가닥

② 비상등기구 소켓 1가닥과 결선한 센서 입력측 1가닥

③ 남은 비상등기구 소켓에서 나온 1가닥

위 선을 커넥터에 연결된 전원선에 연결하는 방법이 무엇인가요? 1·3번을 2가닥이 나온 커넥터에 각각 연결하고, 2번을 다른 1가닥(하트상인 듯)이 나온 커넥터에 연결하면 되는지 알고 싶습니다.

 보통 센서등은 아파트의 계단, 세대 내부의 현관 입구에 설치합니다. 일반·비상·공통 이렇게 3가닥 또는 4가닥을 입선합니다.

3가닥 방식의 경우 일반선 1가닥, 공통선 1가닥, 비상선 1가닥으로 입선합니다. 동작하는 방식은 정전 시 일반에 연결되어 있던 선에 전원이 공급되지 않으면 지하층 판넬에서 비상선에 발전기 가동과 동시에 전원을 공급해 들어옵니다. 그리고 1번이 하트상, 2번이 공통선, 3번이 비상선이므로, 1번과 2번을 일반선에, 3번을 비상선에 연결하면 됩니다.

사진을 살펴보면

① 입력 2가닥(적흑, 적백), 출력 2가닥(청)입니다. 물론 제품마다 다르므로 확인을 해야 합니다.

② 흑색은 일반 한전 라인이며, 적색은 비상 라인, 백색은 한전과 비상의 공통선입니다.

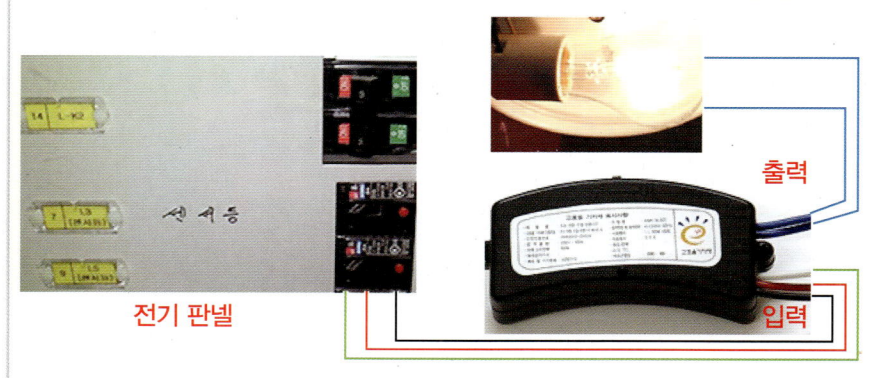

 **가로등 안정기 불량 유무의 판별법에 대해 알고 싶습니다.**

한 가로등에 3개의 등이 있으며 안정기도 3개가 있습니다. 램프는 이상 없고 안정기를 교체해야 하는데, 안정기에 번호 표시가 없어서 불량 안정기를 찾기가 힘듭니다. 쉽게 찾을 수 있는 방법이 무엇인지 궁금합니다.

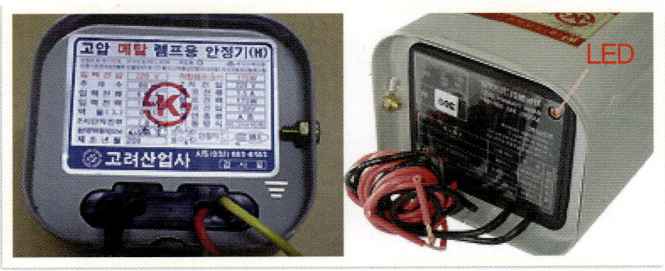

 가장 쉬운 방법은 전원이 인가된 상태에서 안정기의 온도를 알아보는 것입니다. 하지만 점등돼 있는 안정기는 조금 열이 나는데 열은 시간이 어느 정도 흘러야 발생하므로 빠른 방법은 소리를 들어보는 것입니다. 부하가 걸려 있는 안정기는 무부하인 안정기 소리보다 조금 크게 들립니다. 아니면 안정기 전원을 한 개씩 차단했을 때 점등된 전구가 꺼지는 안정기가 정상이고 그 외는 불량입니다.

위 방법이 안 되면 안정기 출력측 전원을 측정해보는 수밖에 없습니다.

그리고 가로등 안정기는 보편적으로 메탈 안정기를 사용하는데 그 안정기에 있는 LED 램프에 불이 들어오면 정상이고, 불이 안 들어오면 불량입니다(반대일 수도 있고, 제품마다 LED 램프 설명이 다름).

 **스위치를 내리고 작업했는데도 감전되었는데 이유가 무엇인지 궁금합니다.**

전에 등기구가 낡아서 새로운 등기구로 교체 작업을 했었습니다. 현장 여건상 차단기는 내리지 못하고 스위치만 OFF 상태에서 전선을 만졌는데 전류가 통했습니다. 스위치를 OFF하면 괜찮은 상태 아닙니까? 아니면 스위치에서 오는 전선은 OFF여서 괜찮지만 R상에서 오는 전선에 전류가 흐르기 때문에 만지면 감전되는 건지 궁금합니다.

Chapter 4 가정 생활 전기 실전 Q & A

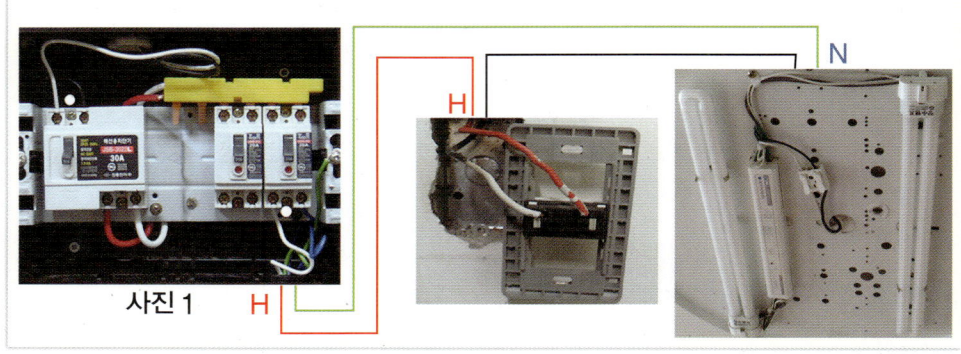

| 바른 결선 |

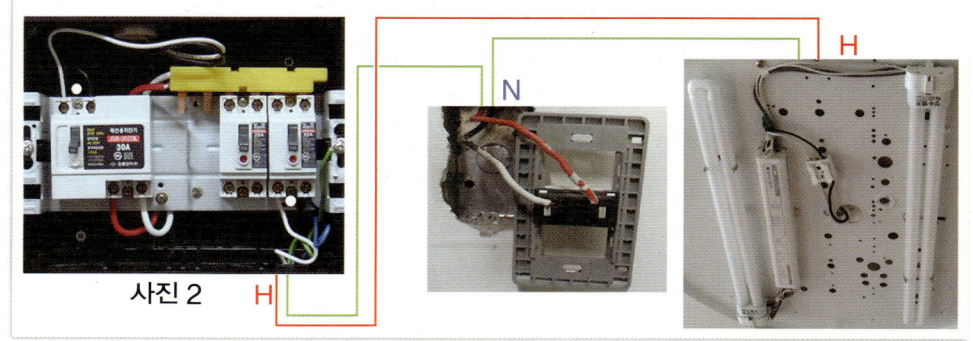

| 잘못된 결선 |

스위치를 내린 상태로 전등선 전원에 감전되는 이유는 전등 공통선이 하트상에 연결돼 있기 때문입니다. 전등 공통선은 원래 중성선(neutral)에 연결되어야 합니다. 스위치선은 하트상에 연결되어야 하나 결선이 바뀌어 있는 것으로 생각됩니다. 그래서 전등을 보수할 때는 검전기로 체크하거나 테스터기로 체크한 뒤 작업을 해야 합니다. 일반인들은 안전하게 차단기를 내린 뒤 전등 작업을 하는 것이 좋습니다. 전기는 보이지 않는 것이니 항상 확인하고 작업에 임해야 합니다.

 **1층 피로티 전등의 불량에 대해 궁금합니다.**

아파트 1층 피로티에 전기는 들어오는 것 같으나 램프(18W 삼파장등)에 불이 안 들어옵니다. 전날 저녁에 피로티의 전구 상태를 점검하기 위해 스위치를 ON/OFF 테스트할 때 갑자기 전구가 다 꺼지고는 스위치를 켜도 전구에 불이 들어오지 않았습니다. 그래서 테스터기로 아래 사진처럼 스위치를 분해하고 결선된 전선을 모두 체크해 봤는데 결과는 4번째 사진과 같습니다. 스위치

위쪽(A), 아랫쪽(B)을 ON/OFF 해가면서 테스터기로 전압을 확인했습니다. 스위치의 X는 OFF 상태, O는 ON 상태입니다.

또다른 궁금증은 스위치는 전선을 중간에서 끊고 연결해주는 기능밖에 없기 때문에 스위치의 전선을 테스터기로 찍으면 거의 0V가 나와야 정상인데 테스터기에 전압이 나타나는 이유가 무엇인지 알고 싶습니다.

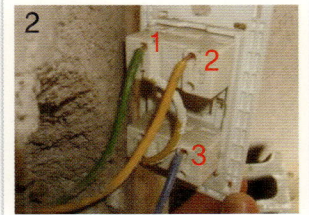

스위치	스위치 A	X	X	O	O
	스위치 B	X	O	X	O
전압 측정	1번 – 2번	210V	91.5V	0.06V	0.07V
	1번 – 3번	13.5V	0.05V	101.5V	13.2V
	2번 – 3번	0.4V	4V	101.5V	0.03V

스위치 공통에 문제가 있는 것으로 보입니다. 1번과 2번 선을 접촉시켜 보십시오. 전등에 불이 들어오나 확인한 후 들어오면 다시 스위치 1번과 2번 자리에 끼워보고 스위치를 켜십시오. 안 들어오면 1-2 스위치 불량입니다.

그래도 전등이 안 들어오면 스위치 불량 1번과 3번 선을 접촉시켜 보십시오. 전등에 불이 들어오나 확인한 후 다시 스위치 1번과 3번 자리에 끼우고 스위치를 켜보십시오. 안 들어오면 1-3 스위치 불량입니다.

복잡하면 2구 스위치를 새것으로 교체해보고, 그래도 불이 안 들어온다면 전등 소켓 부위에 전선이 끊어지지는 않았는지, 필로티 천장의 전선 연결이 풀려있는지, 끊어졌는지 등 여러 가지 상황을 생각해 봐야 합니다.

Chapter 4 가정 생활 전기 실전 Q & A

Q9 형광등 램프 안정기 교체(전원 차단을 못하는 경우)를 어떻게 하는지 궁금합니다.

형광등의 안정기가 불량이라 교체해야 하지만 차단기를 내리지 못하는 상황일 경우입니다. 즉, 누전 차단기에 연결되어 있는 전등 라인 중에서 일부분이 안정기 고장으로 인해 램프가 작동이 안 되는 경우입니다.

A9 최선의 방법은 잠시 전원을 차단하고 작업하는 것이지만 요즘은 컴퓨터라든지 다른 기기를 사용하기 때문에 통전 상태로 작업하는 경우가 많습니다. 전등 전용 선로라면 큰 무리가 없을 수도 있고 콘센트와 함께 연결된 선로라면 차단기가 트립되어 자칫 피해가 있을 수 있습니다. 경험이 많으면 쉬울 수 있지만 경험이 없는 경우이면 안전을 위해서 기술자에게 의뢰하거나 전원을 차단하고 해야 합니다. 전등은 전선이 앵글이나 섀시에 닿으면 누전 차단기가 트립되기 때문에 절차에 따라 신중해야 하고 순서는 다음과 같습니다.

① 전등을 오픈한다.
② 전등에 인입된 전선을 하트상부터 분리한다(이때 테이핑 처리할 것). 소켓에서 분리가 잘 안 될 경우 억지로 하지 말고 절연된 니퍼로 자른다.
③ 나머지 한 선도 분리한다. 역시 테이핑 처리한다.
④ 분리된 전선을 단락이 안 되도록 한쪽으로 몰아놓는다(인입선이 소켓으로 안정기와 접속돼 있다면 안정기쪽 전선만 분리하면 됨).
⑤ 안정기를 교환한다. 이때 결선이 안 바뀌도록 조심한다.
⑥ 교환된 안정기를 점검하고 중성선부터 연결한다.
⑦ 마지막 하트선을 연결하고 전등 덮개를 닫는다. 전선이 손에 닿으면 누전 차단기가 트립될 수도 있으니 절연 장갑과 안전 장치를 한 후 처리한다.

※ 전원선이 안정기에 직접 연결되지 않고 소켓에 꽂혀 있다면 소켓에서 안정기의 전원선을 빼면 안정기쪽은 전류가 흐르지 않으므로 편하게 작업할 수 있다.

OFF 금지

안정기 교체

 **E/V홀 앞에 있는 센서등이 이상한데 원인이 무엇인가요?**

    센서등이 사람을 감지해서 불이 들어온 후 약 30초 후에 꺼지면서 바로 켜지고 30초 후에 꺼지면서 또 바로 켜지는 현상이 반복됩니다(결국은 하루 종일 불이 들어옴). 센서를 교체해보았고, 주·야간 조절도 점검했으며 센서의 위치도 바꾸고, 테이핑도 해보았지만 동일한 현상이 계속됩니다. 옆에 있는 센서등으로 옮겨서 확인하면 정상인데 E/V홀 앞에 다시 달면 똑같은 현상이 나타납니다.

   이런 경우 정확한 원인을 파악하기가 어렵습니다. 현장 경험에 의한 몇 가지 예를 들겠습니다.

① 센서 감지 부분에 검정 테이프를 붙여서 막아보십시오. 30초 뒤에 꺼진 뒤 다시 켜지지 않는다면 센서가 다른 물체에 의해 감지되서 그런 것이고, 반면 계속 깜빡 거린다면 센서등 고장이나 다른 원인으로 그럴 수 있습니다.

② 센서 모듈만 교체하지 말고 등기구 자체를 바꿔보는 것도 원인을 알 수 있습니다. 센서등마다 조금씩 감도 차이가 있으니 센서등을 설치하기 전에 일단 콘센트에 연결해서 테스트 후에 설치하면 알 수 있을 것입니다. 아니면 E/V 설비에서 어떤 노이즈가 영향을 미칠 수도 있습니다.

③ 센서등 주위에 움직이는 곤충이나 센서에 감지될 만한 다른 물체가 있나 확인해 보십시오.

④ 1층인 경우 드물지만 게시판에 붙은 안내문 등이 바람에 펄럭거릴 때 켜질 수도 있습니다. 아니면 주변에서 발생하는 전자파 등에 의한 오작동일 수도 있을 것입니다.

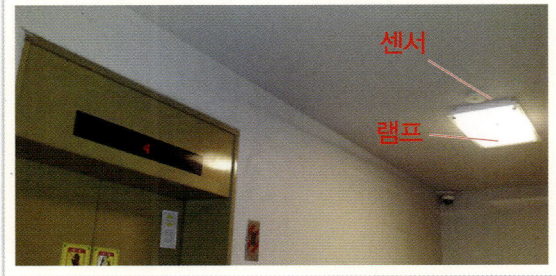

 **정전 후 형광등에 문제가 발생했는데 무슨 문제인지 궁금합니다.**

    아파트 내부적으로 정전 및 복구 작업을 실시했는데 거실에 있는 형광등과 월패드가 문제를 일으켰습니다.

Chapter 4 가정 생활 전기 실전 Q & A

작은방에 형광등 3개가 있는데 그중 1개만 들어옵니다. 나머지 2개는 정전 때문에 고장났습니다. 패드도 원래 터치 시 소리가 나야 하는데 안 납니다. 터치해보았더니 1개만 불이 들어왔습니다. 이것이 안정기 문제인지 아님 패드 문제인지 궁금합니다.

월패드나 전자스위치가 설치되어 있는 아파트는 전기 ON/OFF 시 예전 아파트와 상당히 다른 양상을 보이는데 바로 제품들이 전기에 민감하기 때문입니다.

월패드를 시공한 지 얼마 되지 않은 해에 위와 같은 작업을 했다면 위 경우처럼 장시간이 아닌 순간 정전 후에 자주 발생합니다. 순간 정전 후 다음날 월패드의 이상으로 인하여 전원부 LED 램프가 점등되면서 '닥닥' 소리가 발생하는 경우 우선 월패드 하단에 ON/OFF 스위치를 눌러서 복구시켜 본 후 되지 않는다면 A/S 신청을 해야 합니다.

물론 위 경우처럼 장시간 정전 후 복구 시에도 전압이 인가되는 순간 월패드에 영향을 미쳤을 것입니다.

 **차단기와 안정기의 위치가 바뀌면 어떻게 되는지 알고 싶습니다.**

현재 아파트의 분전함에서 가로등까지의 결선 순서는 배선용 차단기 → 안정기 → 누전 차단기 → 가로등 램프로 설치되어 있습니다. 대부분은 누전 차단기 2차측에 안정기가 설치되는데 이렇게 설치되어 있을 경우 문제점은 무엇인가요?

사진 2처럼 누전 차단기 → 안정기 → 램프가 정상적인 결선 방법입니다. 만약 사진 1처럼 안정기 → 누전 차단기 → 램프의 순서대로 결선했을 경우 몇 가지 문제점이 생깁니다.
① 안정기 내의 가장 취약한 부분인 콘덴서가 주위 온도, 과전압으로 손상됐을 경우 가로등 등주에 누설 전류가 흘러 감전 사고가 발생할 수 있습니다.
② 안정기에서 출력되는 전압은 완전 점등 시 220V가 아닌 110V의 저압으로, 누전 차단기의 정상적인 트립 동작을 방해할 수 있고 초기 점등 0~3분까지는 0~110V의 저압으로 누전 차단기가 동작조차 하지 않습니다.

이 외에 다른 현실적인 문제점은 안정기 설치 장소나 위치가 철제 부위에 고정되어 있거나 외부에 노출돼 있다면 안전 및 문제 발생 소지가 있습니다.

Section 02 전등에 관한 실전 Q&A

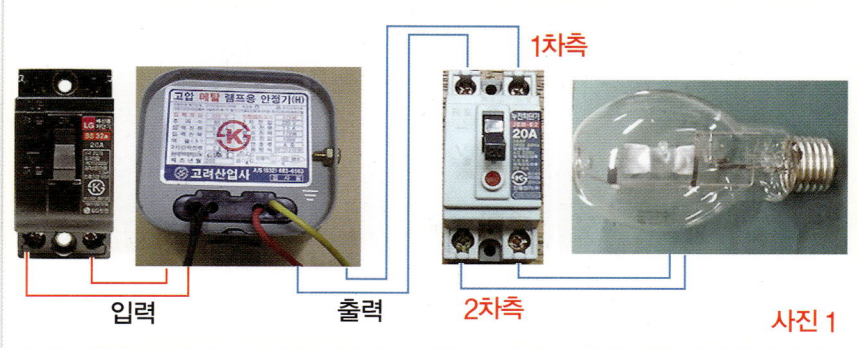

사진 1

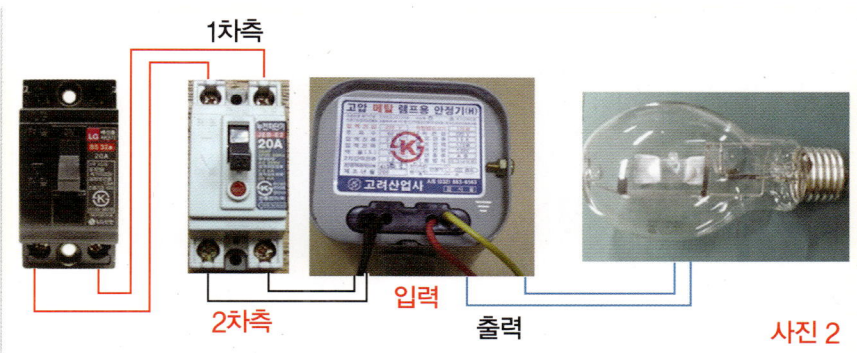

사진 2

 **아파트 주방의 샹들리에 백열등(lamp)이 터졌는데 이유가 무엇인가요?**

아파트 주방의 식탁등이 샹들리에등인데 백열전구 6개를 꽂아 사용합니다. 그런데 샹들리에등의 스위치를 켜는 순간 백열전구 1개가 '퍽'하고 터지는 일이 총 3번 있었습니다.
백열전구가 불량이라고 생각되지만 왜 그런 것인지 알고 싶습니다.

 백열램프가 아니라 미니크립톤 램프가 아닌가 생각됩니다. 미니크립톤 램프와 백열전구의 발열은 상당합니다. 미니크립톤 램프가 백열전구보다 조금 더 문제가 있습니다.
전에 미니크립톤 램프 60W 2개의 식탁등의 램프가 깨지는 않았지만 터져서 램프를 끼우면 며칠 못가 램프가 나가고 램프를 끼우면 또 며칠 못가서 램프가 나갔습니다.
리셉터클 안쪽의 접점을 점검해보니 하트상이 들어오는 접점에 미세하게 크랙이 가 있었던 것이 원인이었습니다. ON/OFF나 점등 시에 미세한 크랙을 뛰어넘는 충격 전압이 계속적으로 램프에 유입되어 전구가 발열되면서 수명이 급격하게 다운된 것이었습니다.
또 다른 경우는 거실에 백열등이 모두 9개 설치되어 있었는데 터진 것이 수십 개도 넘어 삼파장 램프로 교체했었는데 이는 등기구가 모갈이 천장에 딱 붙어 열이 빠져나갈 구멍이 없어서 터진 것이었습니다.

Chapter 4 가정 생활 전기 실전 Q & A

 **센서등이 환풍기의 영향을 받은 것 같은데 어떻게 해야 하나요?**

현관 센서등이 잘 작동되었는데 갑자기 화장실 환풍기 버튼을 켰다가 끄는 순간 자동으로 센서등이 켜집니다. 전선 체크를 다 했는데도 마찬가지입니다.

 화장실의 환풍기 라인이 전등 라인과 같이 연결되어 있는 것으로 생각되는데 센서등을 교체해야 할 것 같습니다. 보통 화장실의 전등 라인에서 환풍기가 연결되어 있는 경우가 많습니다.

화장실 전등 라인 스위치 밑에 환풍기 스위치가 있는지 확인해보십시오.

위와 같은 경우는 아니지만 화장실의 환풍기 스위치를 ON/OFF할 때 거실 전등 라인의 전자 스위치가 오동작하는 경우가 있는데 이는 전자 스위치가 노후화될 때 나타나는 증상입니다. 전등 라인에 미세한 전기적 파장이 전자 스위치를 점등시킵니다.

위의 경우는 센서를 교체한지 오래되었고 전등 라인의 전기적 파장이 노후된 센서에 영향을 미치는 것으로 판단됩니다.

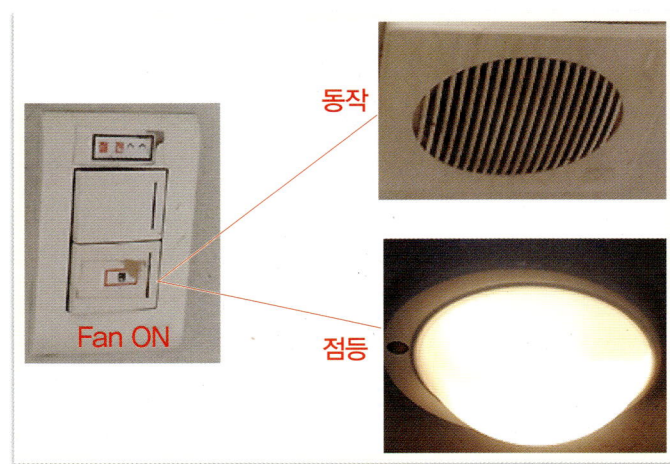

Section 02 전등에 관한 실전 Q&A

 **스위치를 내리고 안정기를 교체하다 감전된 이유를 알고 싶습니다.**

보통 스위치에는 하트상이 오고 천장 전등쪽에는 중성선(N선)이 오는데 스위치를 OFF시켜 놓는다면 천장쪽 전등 라인 2선은 전압이 측정되지 않아야 정상인 것으로 압니다. 그런데 전에 차단기를 내리지 않고 안정기를 그냥 교체했는데 스위치는 꺼져 있었습니다. 하지만 전등쪽 전선을 손으로 잘못 만져서 전기가 통했습니다. 이것은 하트상과 중성선이 바뀐 것인지 아니면 다른 이유가 있는 것인지 궁금합니다.

 피복이 벗겨진 전선을 맨손으로 만진다는 것은 정말 무모한 행동입니다. 무엇보다 안전이 중요합니다. 항상 장갑을 끼고 작업해야 하고 하트상과 중성선이 바뀔 수도 있으니 검전기를 활용하여 하트상에 불이 들어오는지 확인해야 합니다. 그리고 차단기는 내려놓고 작업하고 그렇지 못할 경우 스위치라도 꼭 내려놓고 작업해야 합니다.

안정기를 교체할 때는 천장에서 내려온 2가닥을 연결 소켓에 연결하는데 이 선은 될 수 있으면 건들지 말고 소켓 2차측에서 안정기에 연결한 선을 빼면 됩니다.

그리고 오래전에 지은 아파트나 주택은 아직도 단상 3선(110V/220V)을 사용하는 곳도 있습니다. 110V 사용은 거의 안 하므로 중성선은 사용 안 하고 양단에 하트상(220V)이 흐릅니다. 항상 실측과 활선을 만진다는 생각으로 안전장비 착용과 전원 확인은 필수입니다.

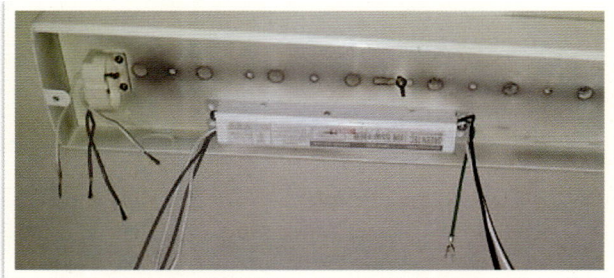

 **백열전구를 통신선(UTP)으로 연결해도 되는지 궁금합니다.**

집을 이사하기 전 주방에 연결된 환풍기를 떼어냈더니 환풍기에 들어가는 선이 UTP 케이블이었습니다. UTP선이 총 8가닥으로, 4가닥씩 묶어서 2묶음을 만든 다음 환풍기만 돌리는 용도로 사용했습니다. 환풍기를 떼어낼 때는 새 전선을 사용 안 하고 남는 UTP 선을 대신 사용했습니다.

이사한 곳 현관앞 계단이 어두워서 백열전구 1개(60W)를 설치할려고 했는데, 회로도는 아래 그림과 같고 UTP 케이블 카테고리 6으로 했습니다(5나 5E가 아님). UTP 케이블을 주황색 2가

Chapter 4 가정 생활 전기 실전 Q & A

닥+녹색 2가닥을 하나로 묶고, 파란색 2가닥+갈색 2가닥을 하나로 묶어서 사용했습니다. 전구를 백열전구말고 삼파장 전구로 써도 괜찮은지 알고 싶습니다.

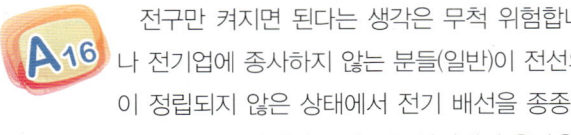

전구만 켜지면 된다는 생각은 무척 위험합니다. 비전문가, 예를 들면 자격 유무를 떠나 전기업에 종사하지 않는 분들(일반)이 전선의 규격과 전압 특성, 전류의 흐름 등 이론이 정립되지 않은 상태에서 전기 배선을 종종 하는데, 대략 연결해서 전등에 불만 들어오고 적당한 전선에 콘센트를 연결해서 용량은 무시한 채 대충 사용하는 분들이 더러 있습니다.

UTP 선은 데이터 통신용이지만 전류를 통할 수 있는 전선은 맞습니다. 4P인 선을 꼬아서 사용하면 전류도 충분히 흘릴 수 있습니다. 그러나 내압이 우리가 흔히 쓰는 내압 600V 이하 전선과는 확연한 차이가 있습니다. 전선 피복도 얇고 20W 형광전구를 쓰는 전류엔 무리가 없겠지만, 전구 소켓이나 안정기 부분에서 합선이 일어나 순간 전류 수십A가 흐를 경우 UTP 선의 피복이 바로 녹아 눌러 붙을 수 있습니다. 무엇이든지 규격과 용도에 맞는 제품을 사용하는 것이 바람직합니다.

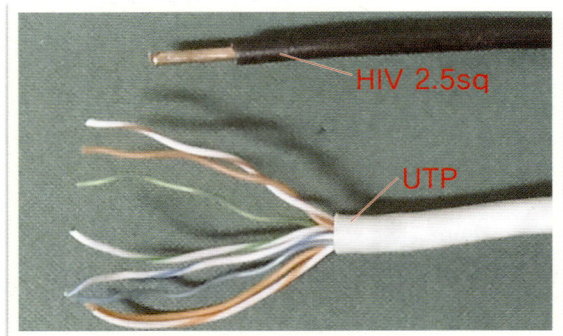

 거실등 4개 중 1개만 점등되는데 무엇이 문제인가요?

거실등 커버를 벗기면 모두 4개의 전등이 들어가는데 그 중 1개만 들어옵니다. 잘못 끼워졌나 싶어 확인하고 위치를 바꾸니 2개가 들어오는데 1개는 약하게, 1개는 강하게 들어옵니다. 전구가 나간 것은 아닌데 무엇이 문제이며 해결책은 무엇인지 궁금합니다.

Section 02 전등에 관한 실전 Q&A

 원인이 여러 가지일 수 있지만 크게 안정기 불량이거나 결선 잘못인 것 같습니다.

① 안정기 불량인 경우 : 4개 전등 중 2개만 들어오고 나머지 2개가 안 들어오는 것은 내장된 전자식 안정기 중 어느 1개가 고장인 것 같습니다. 보통 안정기는 1등용과 2등용이 있습니다. 내부를 보면 긴 안정기가 있는데 1개에 전구 소켓 2등짜리가 있다면 안정기 1개에 2등용입니다. FPL 55W 2등용이나 FPL 36W 2등용이라고 표시되어 있습니다. 거실용이라면 대부분 FPL 55W입니다.

교환 방법은 어렵지 않으나 전선 연결에 신중해야 합니다. 입력과 출력선이 바뀌면 소손 우려가 있습니다. 2선인 흑색 선과 백색 선은 전원에, 녹색 선은 접지 단자에, 나머지는 색깔별로 연결해주면 됩니다. 보통 한쪽 라인에 회색 선 2가닥과 백색 선 2가닥을 소켓선과 연결하면 됩니다. 아니면 소켓까지 연결된 안정기를 구해서 전원선만 연결하고 소켓을 고정시켜도 됩니다.

② 결선 불량인 경우 : 램프가 나간 것이 아니라면 안정기 출력선에서 소켓으로 가는 라인의 결선 불량일 수도 있습니다. FPL- 55W × 4등용에서 자체 결선 불량이 있는 제품이 드물게 있을 수 있습니다.

 **형광등에 깜박임 현상이 있는 이유는 무엇인가요?**

일반 형광등(32W 직부형)의 스위치를 꺼도 미세하게 깜빡임이 있는 이유는 무엇인가요?

 반불 현상의 원인은 여러 가지가 있을 수 있습니다.

① 차단기에서 하트상과 등공통(중성선)이 바뀐 경우입니다. 이때는 차단기에서 선을 바꿔줍니다.
② 램프 내장용 스위치인 경우입니다. 스위치를 껐을 때 스위치에 내장된 LED 램프에 불이 들어오는 경우에는 일반 스위치로 교체합니다.
③ 리모컨 스위치인 경우입니다. 이때는 콘덴서를 부착해줍니다.

 **안정기 교체 시 어느 쪽부터 연결해야 하는지 궁금합니다.**

단자에서 전원선을 뺄 때는 하트상을 먼저 빼고, 끼울 때는 중성선을 먼저 끼우는 것으로 알고 있는데 맞습니까? 그리고 안정기 교체 시 단자에 하트상과 중성선 중에 어느 쪽부터 연결해야 하나요? 안정기를 교체할 때 중성선부터 연결한 다음 다른쪽 안정기 전원선을 연결하기 위해 맨손으로 만지는 순간 전기가 흘렀습니다. 한 선씩 만지면 전기가 안 흐른다고 하는데 왜 전기가 흘렀는지 궁금합니다.

 스위치의 설치 위치에 따라, 차단기에 연결할 때에 따라서 중성선의 위치는 바뀝니다. 작업하는 사람들이 하나 하나 중성선을 맞춰가며 작업하는 것도 아닙니다. 저압에서 감전 사고가 많이 발생하는 이유는 '이것쯤이야' 하는 방심하는 생각 때문입니다. 간단한 교체 작업을 하더라도 차단기를 내리고 작업하는 습관이 필요합니다. 그렇지 못한 상황에서는 안전 장비를 확실히 착용해야 합니다.

그리고 중성선에서도 감전될 수 있으므로 중성선에 전기가 흐르지 않는다는 생각은 착각입니다. 중성선에 전기가 흐르지 않으면 전기는 흐를 수 없습니다.

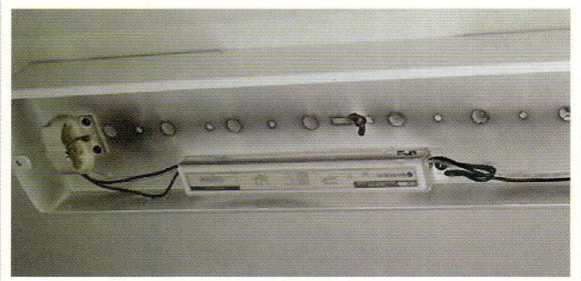

 **메탈할라이드 램프에 대해 궁금합니다.**

주차장 입구·출구쪽에 메탈 램프 175W를 쓰고 있는데 이 메탈 램프가 자주 꺼지고 켜집니다. 그래서 제품 회사에 문의해보니 열이 발생하면 꺼지고 식으면 다시 켜지는 것이라고 합니다. 원래 메탈 램프가 열이 발생하면 자동으로 꺼지고 켜집니까? 아니면 안정기쪽 문제인가요?

 메탈 램프의 반복적인 점·소등의 원인은 크게 2가지입니다.
① 램프의 수명이 다 되었을 때
② 순간 전압 강하가 발생했을 때

Section 02 전등에 관한 실전 Q&A

수명을 다한 램프에 반복적인 점·소등이 지속된다면 안정기에서 램프쪽으로 점등 전압이 가해지므로 안정기 자체의 수명에도 영향을 줍니다. 그러므로 신속하게 램프를 교환하는 것이 좋습니다.

 **등기구에서 '딱딱' 소리가 나는 이유는 무엇인가요?**

간혹 간접등이나 욕실의 등기구에서 '딱딱'(램프와 얇은 쇠가 부딪히는 것 같은 약간 청명한 소리)하는 소리가 나는 경우가 있는데 원인이 무엇인가요? 실제로 현장에서 소음을 들은 적이 있는데 스위치를 끈 상태에서도 소리가 났습니다.

 소리가 나는 것은 어떤 전기적인 변화가 있기 때문에 발생하는 것입니다.
특별히 기계적으로 동작되는 것 같고 움직이는 것이라면 쉽게 찾을 수 있을 것입니다. 하지만 등기구가 움직일만한 것은 없습니다. 그럼 무엇일까요? 우리가 자동차를 운전하고 시동을 끄면 자동차 본넷(엔진룸)에서 소리가 나는 경우가 있는데 그것은 등기구도 마찬가지입니다. 열을 내는 기구들의 각종 금속체들이 열의 변화가 심할 때 그 열에 의해 팽창하고 줄어드는 과정에서 발생하는 것입니다.
또 한 가지는 안정기 불량일 수도 있습니다.

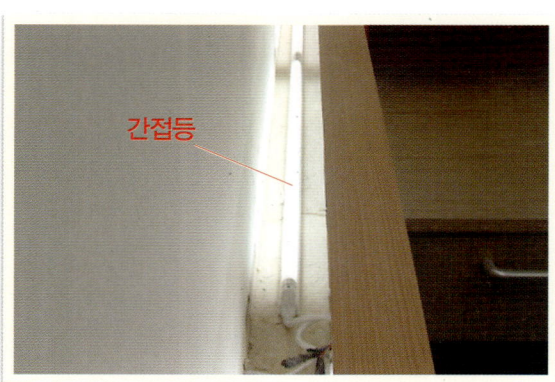

Chapter 4 가정 생활 전기 실전 Q & A

Q22 전구 교환 후 점검 방법에 대해 알고 싶습니다.

백열전구를 새것으로 교환했는데 계단 타임 스위치가 불이 안 들어 올 경우 점검 순서에 대해 알고 싶습니다.

A22

일단 백열전구의 불량 유무를 점검하십시오. 새로 구입한 백열전구가 불량인 경우도 가끔 있습니다(필라멘트가 떨어지는 경우나 베이스 부분의 접촉 불량 등).

그 다음 이상이 없으면 등기구를 분리해서 전압이 정상으로 220V가 나오는지 확인을 하십시오. 이상이 없으면 타임 스위치를 분리한 다음 전선을 바로 연결해서 불이 들어오면 정상입니다.

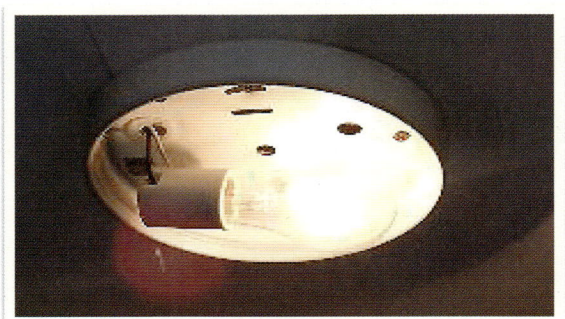

Q23 복도에 있는 센서등에 대해 궁금합니다.

낮엔 작동이 안 되고 어두워지면 작동되는 센서등에 관한 질문입니다.

계단 복도에 설치되어 있는 센서등인데 어느 날부터 평소처럼 잘 켜지다가 갑자기 바로 '깜빡 깜빡'하다가 다시 정상으로 돌아왔습니다. 다른 층에 있는 센서등은 밝게 켜졌다가 바로 흐려졌습니다. 전구도 교체해봤으나 같은 현상이 일어납니다.

A23

현재 실무 현장에도 계단 센서등과 세대 현관 센서등에 불량이 조금씩 발생하는데 증상으로 보아 센서 불량입니다.

원형 센서등 뒤에 센서 모듈이 있는데 그것만 교체하든지 등기구 자체를 교체하든지 하십시오.

Section 02 전등에 관한 실전 Q&A

 **안정기선이 1가닥 부족한데 괜찮은 건가요?**

사진 위쪽에 안정기 흰색 선이 보이는데 원래 그 선이 아래쪽 안정기와 같이 2가닥이 있어야 되는데 왜 1가닥밖에 없는지 모르겠습니다. 다 조립해서 꽂았다가 문제가 생기는 건 아닐지 궁금합니다.

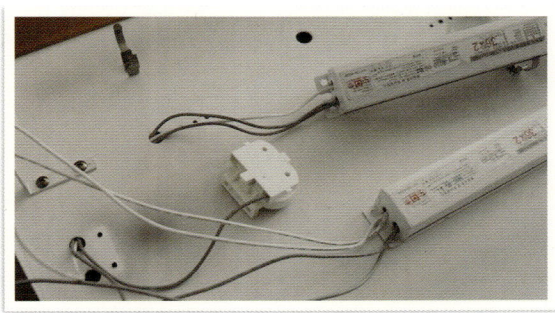

 안정기 제조 시 잘못된 제품이므로 안정기를 교체해야 합니다. 아니면 안정기 관리를 잘못하여 선이 빠졌을 수도 있습니다. 안정기에서 나온 선은 될 수 있으면 힘을 가해 당기면 안 됩니다.

 **할로겐등을 형광등으로 교체하는 방법이 궁금합니다.**

할로겐등 자리에 형광등으로 교체하려고 합니다. 사진에서 안정기 몸체에 백색 선이 2가닥 나와 있는데, (-)선 안정기에 붙어 있는 2가닥을 절단하고 형광등 2가닥에 연결만 하면 되는건지 궁금합니다. 형광등선이 백색 선과 흑색 선 2가닥인데 극에 관계없이 연결해도 되나요? 그리고 안정기에 연결된 선을 1가닥씩 전원을 차단하지 않고 잘라도 감전의 위험이 없는지 알고 싶습니다. 전원은 220V입니다.

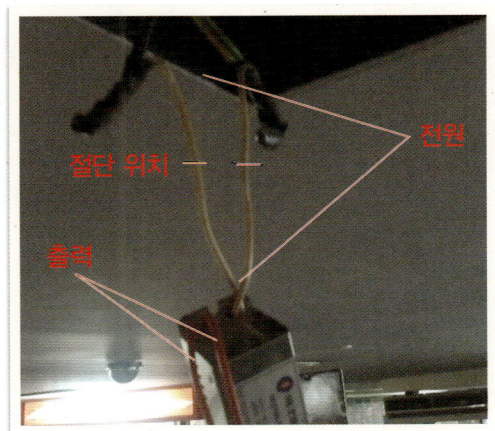

Chapter 4 가정 생활 전기 실전 Q & A

 우선 할로겐등이 벽에 있는 스위치로 ON/OFF 하는 곳이라면 스위치를 OFF 하십시오. 물론 전등 라인의 차단기는 내려야 합니다. 하트상과 중성선이 어떻게 시공되어 있는지 모르니 안전하게 전등 라인 차단기를 내리고 하십시오. 천장에서 두 선이 내려오고, 안정기를 자세히 보면 전원선이라고 표기된 두 선이 천장에 연결되어 있을 것입니다. 그 두 선을 잘라서 분해하십시오.

　작업 순서는 천장에 새로 달려고 하는 등기구의 두 선을 천장에서 내려온 두 선과 연결하여 마감을 잘 하고 등기구를 단단하게 천장에 고정한 다음, 램프 달고, 마지막으로 스위치 테스트를 하고 사용하면 됩니다.

　사진에서 표시한 부분을 절단하겠다는 뜻인가요? 그 부분을 그대로 자르고 결선을 해도 됩니다. 하지만 위의 테이핑되어 있는 부분에서 테이프를 제거하고 안정기를 분해한 후에 연결하고 테이핑하는 것이 좋을 것 같습니다.

 **형광등 교체 시 타버렸는데 무슨 문제인가요?**

　주차장 형광등을 교체했는데 문제가 생겼습니다. 형광등이 새것인데도 양쪽 끝이 까맣게 오래된 형광등처럼 타버리고 불빛도 중간이 희미하게 들어옵니다. 주차장은 센서로 형광등이 켜졌다가 꺼졌다가 하는데 센서 문제인가요? 아니면 안정기 문제인가요?

　그리고 센서 위치로 차가 들어와도 형광등에 불이 안 들어오다가 나무막대기로 치면 불이 들어옵니다. 다수의 형광등에서 이런 현상이 발생합니다.

　이상한 점은 불이 안 들어오던 형광등을 새것으로 교체하고 나서 그 형광등을 다른 곳에 꽂으면 다시 불이 들어온다는 것입니다.

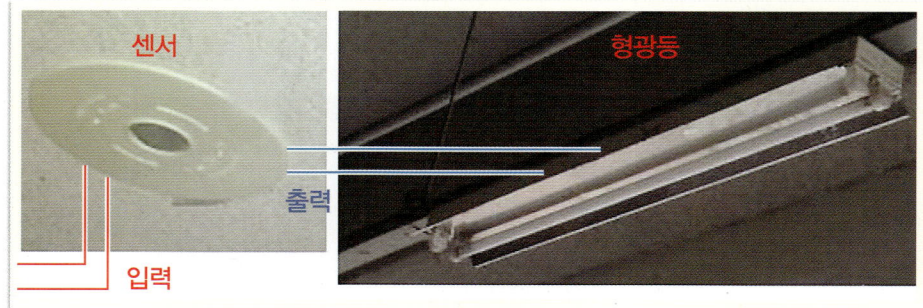

 형광등 램프가 까맣게 변한다는 것은 안정기 교체 시기가 되었다는 의미입니다. 아니면 센서 모듈을 좋은 것으로 바꿔보는 것도 괜찮은 방법입니다.

Section 02 전등에 관한 실전 Q&A

 **20W 할로겐 램프 교체에 대해 궁금합니다.**

50W 할로겐 램프를 교체하려는데 소켓 내부에 전선이 무척 위험해 보입니다(사진 참조). 그래서 문제의 선을 속으로 넣으려고 했는데 들어가지 않아 천장을 열고 위로 보니 안정기 전체를 교체해야 할 것 같습니다. 지금 안정기가 없을 뿐더러 위 천장도 낮고 배기팬이 지나가서 사람이 들어갈 수 없는데 저 선을 소켓 안으로 넣을 방법이 있는지 궁금합니다.

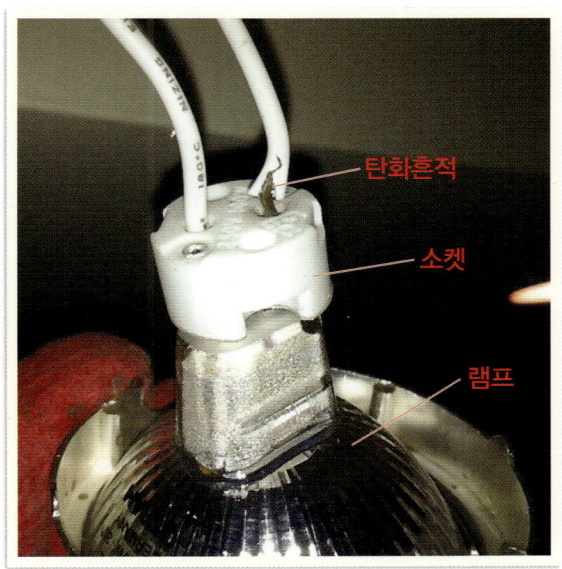

 소켓 뒤쪽 1가닥이 뜨거운 열 때문에 탄화된 것이거나 열의 축적으로 인해 뒤쪽 전선의 경화로 피복이 벗겨진 것으로 보입니다.

사진의 소켓만 별도로 판매되고 있으니 안정기가 정상이라면 소켓만 구입해서 교체하면 재사용이 가능합니다.

그리고 탄화 현상이 일어나지 않게 하는 것도 좋은 방법입니다. 천장 내부에서 열교환이 잘 되고 방열이 잘 된다면 저런 현상이 줄어들 것입니다.

다른 방법은 현장 조건만 허락된다면 할로겐 램프의 와트(W)수를 낮추는 것입니다. 50W 램프가 아닌 30W식으로 아래쪽으로 낮추어 사용하는 것입니다. 위의 할로겐 안정기 형식은 50W인데 조도가 낮은 램프를 끼우는 것이 가능합니다.

 **Chapter 4** 가정 생활 전기 실전 Q & A

 **감지기 단자에서 콘센트를 만들어도 되나요?**

천장에 감지기가 붙어 있는데 여기서 선을 가져와서 콘센트를 만들어도 되는지 궁금합니다. 또한, 그 콘센트에 전자레인지를 사용해도 될까요? 준공된 지 4년도 안 된 집인데 전기 공사가 제대로 안 되어 있습니다.

감지기는 소방으로서 DC 24V의 전압을 사용합니다. 그런데 감지기에서 AC 220V의 전기를 가져올 수도 없고 사용을 해서도 안 됩니다.

질문한 콘센트용은 AC 220V 전압과는 상관없으니 가까운 콘센트에서 연장선을 이용해서 사용하거나 전등 박스에서 220V가 나오는 전선을 이용해 콘센트를 사용해야 합니다.

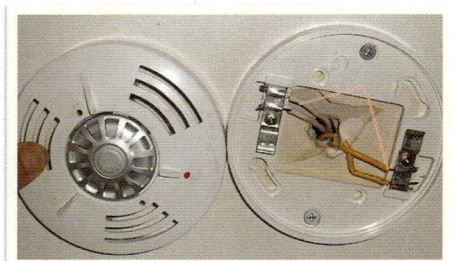

 **32W 2개가 장착되는 형광등기구에 하나만 사용해도 되나요?**

1개만 사용하면 형광등 수명이 짧아지거나 안정기 수명이 짧아지지 않는지 궁금합니다.

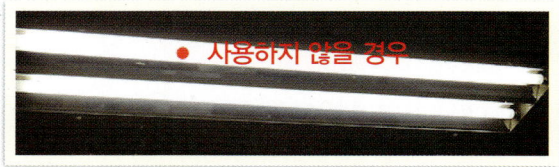

 FPL 32W 2등용 안정기인데 형광등을 하나만 사용한다는 의미인가요? 물론 괜찮습니다. 한쪽만 사용하든 양쪽을 모두 사용하든 상관없습니다. 실제로 현장에서 32W 1등용 안정기를 써야 하는데 2등용 안정기로 설치하는 경우도 있습니다.

Section 02 전등에 관한 실전 Q&A

 **차단기를 스위치로 사용할 수 있는지 궁금합니다.**

차단기가 벽에 붙어 있는데 결선이 이상합니다. 차단기 2차측 단자가 서로 연결되어 있는데 이런 방식으로 결선되면 분명히 합선이 일어나야 하는데 괜찮습니다. 이렇게 해도 괜찮냐고 질문했더니 스위치여서 괜찮다고 하는데 어떻게 차단기를 스위치로 사용하는 것인지 알고 싶습니다.

 원래 정상적인 방법은 아니지만 가능합니다.

① 정상 방법(일반 스위치) : 왼쪽의 2구 일반 스위치를 차단기라고 생각하면 됩니다. 정상적인 경우 전원의 하트상이 일반 스위치 사진의 3번으로 연결되고 반대편 단자의 1번과 2번에서 각각의 전등으로 갑니다. 전선 가닥수도 모두 3가닥이 됩니다(하트상, 출력 1번, 출력 2번).

② 차단기를 이용한 방법 : 2구 스위치를 하나의 1구 스위치로 보면 됩니다. 즉, 1번과 2번을 별도로 ON/OFF하는 게 아니라 동시에 움직이는 것입니다. 하트상이 1번에 연결되고, 출력이 2번에 연결됩니다. 여기서 3번의 역할은 단지 1번과 2번을 연결해주는 것입니다. 그래야 스위치를 ON 시켰을 때 출력이 나갑니다.

차단기의 한쪽 단자만 이용하지 않는 이유는 차단기의 내부에 구성된 회로때문입니다. 결국 차단기의 1차측에 2가닥이 연결됐지만, 같은 상이므로 합선이 아닙니다. 그러나 누전 차단기의 기능은 하지 못하고 스위치라고 생각하면 됩니다.

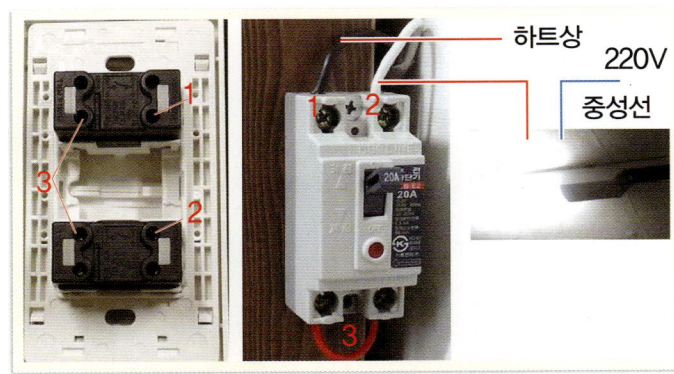

 **스위치 단자에 전압이 발생하나요?**

작은방의 형광등 불이 안 들어와서 벽에 있는 스위치를 분리해 두 선을 점검해보니 전압이 발생하지 않았습니다. 차단기를 점검해도 정상이고, 다른 전등은 다 잘 들어옵니다. 그런데 검전기로 점검해보니 두 선 모두 불이 들어옵니다.

Chapter 4 가정 생활 전기 실전 Q & A

그래서 손으로 만져보니 감전이 안 되고, 두 선을 쇼트시켜 봐도 반응이 없는데 이유가 무엇인지 궁금합니다.

하트상의 개념과 스위치의 구조를 알면 쉽습니다.

① 스위치 OFF일 때 : 스위치에 연결된 두 선을 테스터기로 체크하니 220V가 측정됩니다. 현재 차단기에서 온 전원(하트상)이 1번 단자까지만 연결되고, 출력인 2번으로 연결되지 않은 상태입니다(스위치 OFF 상태이므로). 이 경우 전등으로 간 중성선이 램프의 코일을 통해 2번 출력선이 연결된 단자까지 오게 되고, 이로 인해 전압이 측정되는 것입니다.

② 스위치 ON일 때 : 스위치에 연결된 두 선을 테스터기로 체크하니 0V가 측정됩니다. 스위치를 ON하는 순간 1번 단자까지 흐르고 있던 하트상이 출력선을 타고 전등까지 갑니다. 이 경우 스위치의 양쪽 단자는 하트상(1번)이 되기 때문에 0V가 됩니다.

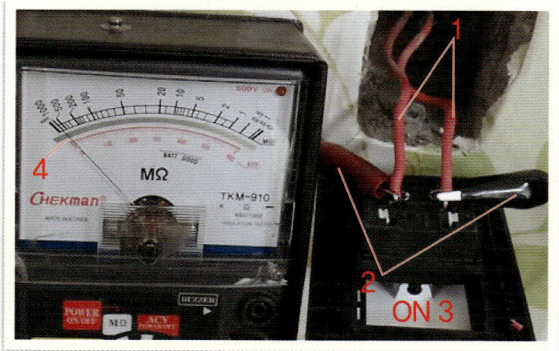

 **나트륨 안정기와 HQI 메탈 안정기의 차이점이 궁금합니다.**

나트륨 150W 안정기와 HQI 메탈 150W 안정기를 같이 사용해도 되는지 궁금합니다. 램프를 보

Section 02 전등에 관한 실전 Q&A

면 달라 보이는데 차이점이 무엇인가요? 둘 다 코일을 감아서 만든 제품같은데 바꿔서 사용하면 어떤 이상이 생기는지 알고 싶습니다.

A32 일단 초기 점등이 될 수도 있어서 된다라고 생각하는 분들도 일부 있습니다. 하지만 나트륨 램프와 메탈 램프의 사양서를 보면 용량이 같더라도 2차 전압과 전류가 다릅니다. 그리고 가장 큰 문제는 방전 램프의 특성상 초기 점등을 위한 이그나이터가 붙는데, 이 이그나이터에서 발생시키는 전압이 두 종류가 다릅니다. 따라서 2가지는 혼용할 수 없습니다. 혼용할 경우 초기 점등은 되더라도 수일 내 고장나며, 최악의 경우 메탈 램프가 폭발할 우려도 있습니다.

| 나트륨 램프 |

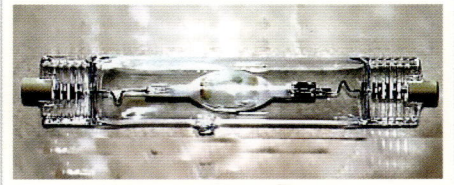
| HQI 램프 |

Q33 HQI 램프가 불안정한데 무슨 문제인가요?

매장의 안정기를 교체하였는데, 일렬로 6개를 사용하고 있고 하나만 이상한 증상이 나타난다고 합니다. 증상은 초기 점등 후 2~3시간 주기로 램프가 나갔다가 깜박거리다 10여분 후 다시 점등되고 이것이 2~3시간 주기로 반복됩니다. 처리는 램프, 안정기 모두 새것으로 교체했지만 이러한 증상이 나타나는데 문제가 무엇인지 알고 싶습니다.

| 안전기 |

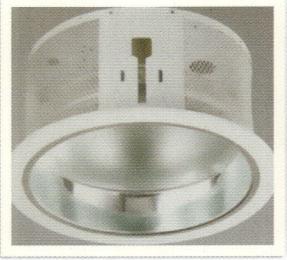
| 등기구 |

| 램프 |

A33 원인은 여러 가지가 있을 수 있는데 이 램프는 기울어졌을 때 수명이 급격히 단축된다는 치명적인 단점이 있습니다. 혹시 램프가 기울어지게 설치되었다면 수평을 유지하도록 바르게 설치해보십시오.

Chapter 4 가정 생활 전기 실전 Q & A

또 다른 원인은 등기구 불량 모갈(배꼽)이 열에 의해 느슨해져 있거나 램프와 안정기가 동일 회사 제품인지 확인해보고 다르면 같은 제품으로 교체하십시오. 안정기와 램프가 동일 회사 제품이 아닌 경우 점등 방식 차이로 인해 위와 같은 현상이 종종 발생합니다.

 **20W 핀타입 할로겐 전구를 50W 안정기에 사용해도 되는지 궁금합니다.**

20W 핀타입 할로겐 전구를 50W 안정기에 사용할 경우 불은 들어오는데 사고 발생 여지가 있나요? 화재, 전구 수명 등 발생 가능한 현상을 알고 싶습니다.

 할로겐 전구는 서로 호환되므로 20W나 50W 둘 다 상관없습니다. 즉, 할로겐 안정기는 20W용과 50W용으로 나누어지지 않습니다. 안정기는 50W로 나오고 그 안정기에 20W이나 50W인 할로겐 램프를 모두 사용할 수 있습니다. 핀타입도 마찬가지입니다. 단지 타입이 핀으로 꽂히는 형식만 다를 뿐입니다.

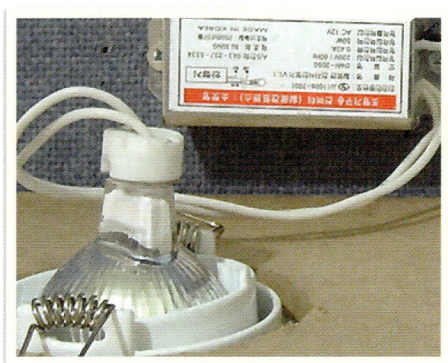

아파트 세대에서 사용하고 있는 할로겐 램프의 주의사항은 다음과 같습니다.
① 소켓 단자가 망가진 경우 : 사진 1은 램프를 소켓에 꽂을 때 구멍을 잘 맞추지 않아 사진처럼 소켓의 접촉 부분이 망가져 점등이 안 된 것입니다.
② 전원선의 탄화 및 단선 : 사진 2는 램프에서 발생된 열이 상부로 올라가서 계속된 열의 축적으로 인해 전선이 탄화 및 단선되어 점등이 안 된 것입니다.

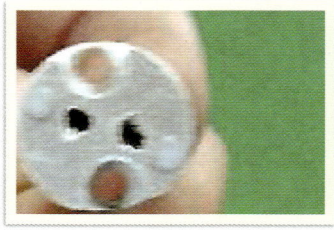
사진 1

사진 2

Section 02 전등에 관한 실전 Q&A

 **욕실 천장 매입등 소음에 관해 궁금합니다.**

욕실 천장 매입등에서 팬 돌아가는 소리는 아닌데 '우~웅' 소리가 납니다. 전등을 켰을 때만 소리가 나고 전등 커버를 살짝 빼면 소리가 좀 작아집니다. 램프를 교체해도 마찬가지입니다. 소리가 나는 이유와 소리를 안 나게 하는 방법이 무엇인지 알고 싶습니다.

 욕실 같은 경우 습기가 많고 차갑고 더운 공기가 항상 있어서 예전 방식인 기계식 안정기를 사용하는 곳이 아직도 많습니다. 코일에 의한 안정기는 장시간 사용할 경우 코일 자체에 절연이 파괴되어 불량이 되고 그로인한 소음은 케이스 자체가 밀폐형이어서 열 자체가 빠져나갈 공간이 없기 때문에 소음이 발생합니다. 그러므로 등을 교체하는 것이 좋겠습니다.

 **3파장 전구가 자주 나가는 이유를 알고 싶습니다.**

6in(150mm) 매입등 전구는 삼파장 30W입니다. 그런데 하루가 안 되서 전구가 나갑니다. 원인이 무엇인지 궁금합니다.

 전구형 삼파장 램프가 자주 나간다는 것으로 원인을 판단할 수는 없습니다.
우선 나간 램프를 아래의 사진과 같이 분해했을 때 안정기 등이 집합된 회로 기판의 부품들이 탔다면 과전압 등의 전력 품질 문제일 것입니다. 아니면 U자형의 점등관 균열 등이 있으면 제품 불량입니다.
보편적으로 전압을 먼저 측정하고 전압의 상태가 정상적이면 램프를 타사 제품으로 교체하는 것이 해결책입니다.

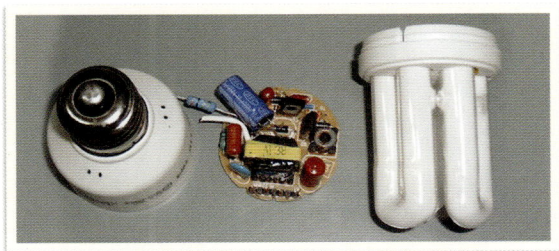

Chapter 4 가정 생활 전기 실전 Q & A

Q37. 실내 거실등(36W 삼파장)에 문제가 발생했는데 무슨 이유인가요?

거실에 36W 삼파장 4개가 있는 등기구가 예전보다 조금 어두워졌습니다. 그리고 4개 중 1개만 어두우면서 빛이 어름거립니다(빛이 흔들림). 전구를 교체해보니 전구는 이상 없는데 안정기 문제인가요? 2개의 램프가 1개의 안정기와 연결되어 있습니다. 만약 안정기 문제라면 2개의 등이 모두 어둡고 어른거려야 되는데 하나만 이런 현상이 나타납니다.

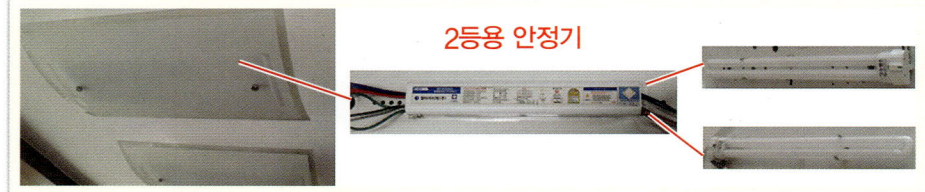

2등용 안정기

 안정기 불량일 확률이 매우 높습니다. 전자식이라 내부에서 별도의 회로가 구성되었을 것입니다. 특별한 점검 방법은 없고 단순히 문제의 안정기에 꽂혀 있던 램프를 이상 없는 안정기에 꽂아서 확인해야 합니다.

Q38. 형광 램프에 잔불이 들어오는데 무슨 문제인가요?

형광 램프와 FPL 36W 등기구의 교체 작업을 했는데 스위치를 끈 상태에서 램프의 양끝, 한쪽에서 잔빛(어른거림 정도)이 발생합니다.
스위치의 N선과 하트상의 문제인지 전압과의 상관 관계인지, 소비 전력에 끼치는 영향은 없는지 궁금합니다.

 우선 새로운 등기구로 교체하였고 램프를 OFF한 상태에서 잔광이 생기는 것으로 보입니다.
① 전등용 콘덴서를 천장에서 내려오는 두 선에 설치해야 합니다. 천장 2가닥, 등기구 2가닥, 연결 부위에 콘덴서를 설치합니다.
② 천장에서 등기구를 분해한 뒤 등기구에 연결된 2가닥을 바꿔보십시오. 다른 방의 등기구에서 잔광이 생기지 않고 새로 설치한 장소에서만 잔광이 생긴다면 이런 방법도 있습니다.
③ 혹시 스위치가 일반 스위치인지, 아니면 일반 스위치에서도 실내가 어두울 때 위치를 표시해주는 LED가 들어가는 스위치인가요? LED가 들어가는 스위치의 경우 잔광이

발생할 수 있으며 역시 콘덴서를 설치해야 합니다. 쉬운 방법은 일반 스위치로 변경하는 것입니다.

 **센서등의 센서가 자주 나가는 원인이 궁금합니다.**

투명 백열등을 쓰면 열이 더 발생해서 센서 수명에 지장을 주는지 알고 싶습니다.

 센서 수명에 지장을 주는 몇 가지 원인은 다음과 같습니다.
① 센서 모듈이 작동하여 순간 돌입 전류가 센서에 충격을 가해 수명에 지장을 줍니다. 그리고 순간 돌입 전류는 최소 2배에서 15배까지 발생합니다.
② 습기가 많은 장소에서 센서등을 사용해 센서 안으로 습기가 들어가서 내부 회로가 망가지기도 합니다.
③ 센서등이 있는 곳의 장소가 사람이 많이 출입하는 곳일수록 수명은 단축됩니다.
④ 똑같은 시기에 센서등을 설치했다고 가정하면(현장마다 조건은 다름) 아파트 1층의 엘리베이터 앞은 정상적인 가동으로 봤을 때 수명은 2.5~3년으로 보입니다. 왜냐하면 한 층에 2세대만 사는 각 층의 센서등은 4년째 가동 중이기 때문입니다. 센서의 수명은 ON/OFF 횟수와 관계가 있습니다.

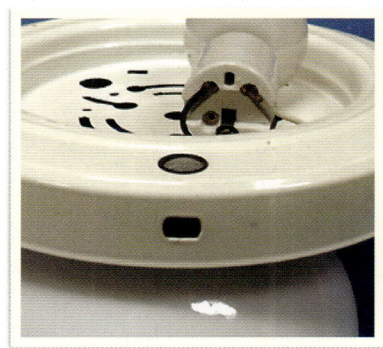 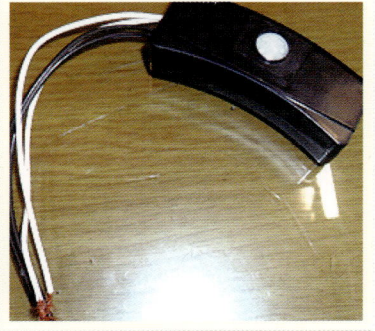

 **거실 전등을 켠 후 시간이 지나면 '다다닥' 소리가 연달아 나는데요?**

주택입니다. 몇 달 전부터 불을 켜고 조금 지나면 천장에서 '다다닥' 튀는 소리가 나는데, 불을 켰을 때만 소리가 납니다. 이것이 안정기 문제인지 모르겠습니다. 또 오래 두면 합선 같은 현상이 발생하지 않을지 걱정됩니다. 덮개를 열어보니 제조일은 2007년이고 램프는 FPL 55W 삼파장입니다.

Chapter 4 가정 생활 전기 실전 Q & A

 안정기 불량인 것 같습니다. 전자식 안정기 내부에도 콘덴서나 다이오드 저항 사이리스터가 있는데 그중에 1개가 나간 것 같습니다.

 **메탈 램프가 점등이 됐다 안 됐다 하는데 무슨 문제인가요?**

메탈 램프가 들어오다가 안 들어오기를 반복해서 혹시 연결 커넥터가 불량인 것 같아 직접 연결했습니다. 그런데 이번에는 다른 곳에서 램프가 안 들어옵니다. 개인적 생각으로는 전압이 떨어져서 그러거나 안정기 불량이라고 판단는데 맞나요? 메탈 램프는 등기구가 18개입니다.

 메탈 램프의 경우 접촉 불량 상태면 안정기에서 매미가 우는 것 같은 소리가 심하게 납니다. 램프에 불이 들어오다가 안 들어오다가 하는 경우는 일단 램프를 교체해보고 그것이 아니면 안정기를 교체해보면 될 것 같습니다.

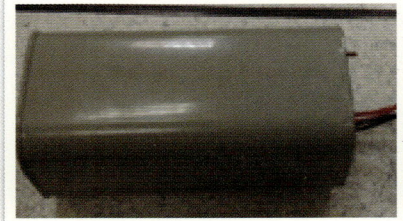

 **가로등 전선 피복이 갈라져 있는데 어떻게 처리할까요?**

잔디밭에 가로등이 2개 설치돼 있었는데 가로등을 철거하면서 문주등 8개를 잔디밭 주변에 설치했습니다. 그리고 문주등 전원을 가로등 선로에 연결하고 전선이 햇볕 때문에 피복이 많이 갈라져 있어서 꼼꼼히 테이핑 처리한 다음 음료수 PT병으로 덮었는데 처리를 잘 한 것인지 궁금합니다.

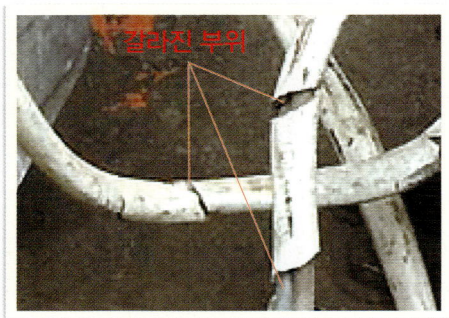

Section 02 전등에 관한 실전 Q&A

 피복이 벗겨진 부분에서 조금 길게 겉피복을 벗기고, 고무 테이프로 한 번 감아준 다음 다시금 절연 테이프로 감아주십시오. 마지막에 그 케이블보다 더 큰 케이블의 피복을 반으로 갈라 테이핑 처리한 부분에 덮어씌운 다음 다시 절연 테이프로 감아주면 될 것입니다.

 **창고 형광등의 한쪽만 안 들어오는데 무슨 문제인가요?**

창고로 쓰는 방이 1구 스위치로 되어 있는데 형광등을 교체하면 며칠은 잘 들어오다가 4~5일 후에 한쪽이 안 들어오거나 사진처럼 한쪽만 들어오거나 합니다. 등기구 자체에 문제가 있는 건지, 형광등 위에 있는 안정기가 문제인 건지 모르겠습니다.

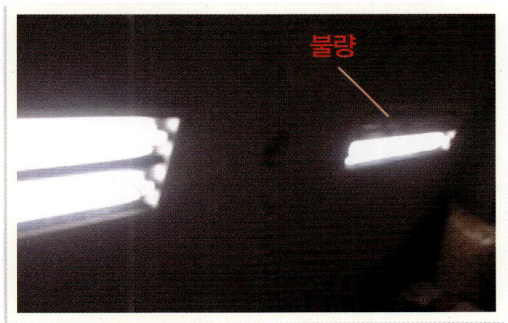

 우측에 있는 형광등만 그런 증상이 나타나면 우측 안정기 불량입니다.
FLR 40W×2등용이거나 32W×2등용 안정기를 사용하면 됩니다. 현재 판매하는 등기구는 32W입니다.

 **전등의 전선 2가닥에서 중성선과 스위치 라인을 구분하는 방법에 대해 알고 싶습니다.**

램프 라인 2가닥에서 1가닥은 전원 차단기에서 들어오는 라인이고 다른 1가닥은 스위치로 가는 라인입니다. 그런데 올라가서 2가닥을 어떻게 확인합니까? 어느 선이 스위치로 가고, 차단기로 갔는지를 스위치가 가까이 있으면 선을 따라가 보지만 멀리 떨어져 있거나 그럴 상황이 안 될 때 어떻게 구분하는지 궁금합니다.

Chapter 4 가정 생활 전기 실전 Q & A

　　차단기에서 바로 전등으로 온 중성선(N선, 흔히 등공통이라 부름)과 스위치에서 나와 전등으로 온 선(스위치 출력선)을 구분할 수 있는 방법은 다음과 같습니다.

　　일단 스위치를 켜 놓습니다. 대부분 중성선(등공통)은 백색을 많이 사용하지만 사진처럼 전원(1·2번)의 색깔이 똑같을 경우 구별하기는 더욱 어렵습니다.

① 검전기로 접촉시킵니다(반응하는 것이 스위치선).

② 일반 테스터기로 전압을 체크합니다. 테스터기의 리드선 1개를 주변 금속에 접촉시킨 뒤 전압이 체크되는 것이 스위치선이고, 무반응이 중성선입니다.

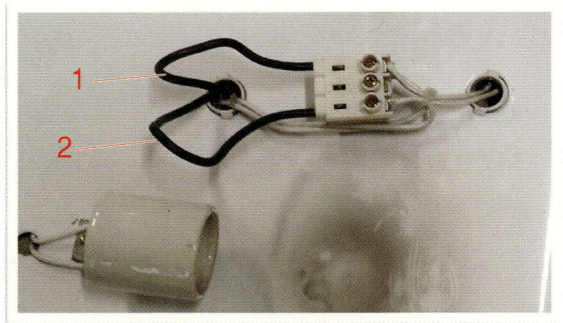

스위치 교체 후 전등의 일부만 들어오는데 무슨 문제인가요?

　　사진처럼 1구 스위치를 사용하고 있는데 얼마 전 리모콘 스위치를 설치했다가 사용하기 불편해서 다시 1구 스위치로 교체했습니다. 그런데 결선이 잘못된 건지, 아니면 안정기가 안 좋은 건지 스위치를 ON 시키면 4개의 램프 중 1~2개만 들어옵니다. 사용하고 있는 램프는 13W 2등용 핀타입이고 아직 안정기쪽은 확인하지 못했습니다.

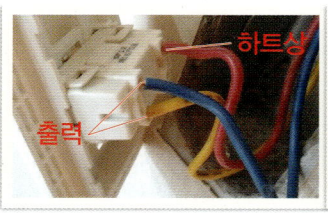

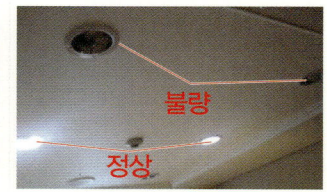

　　사진을 보니 13W×2 U램프이고 등기구는 옆형입니다. 이 경우 크게 2가지 정도를 생각해볼 수 있습니다.

① 안정기 불량일 수 있습니다. 13W×2는 안정기 1개로 램프 2개를 점등시킵니다. 이 때 만약 안정기가 불량이면 램프는 2개 모두 점등되지 않습니다.

② 램프 불량일 수 있습니다. 역시나 3W×2는 2개의 램프 중 1개만 불량이어도 나머지

1개도 점등되지 않습니다. 3W×2 U램프보다 6인치 EL 20W 매입등이 나중에 램프만 갈아주면 되므로 훨씬 나은 것 같습니다.

 **전등 라인 절연이 제로(0)이고 차단기는 이상없는데 괜찮은 건가요?**

전등 라인 절연 저항을 측정했는데 0Ω이었습니다. 그런데 누전 차단기는 떨어지지 않고 작동되고 있습니다. 전등 라인은 절연 저항이 0Ω이어도 사용해도 괜찮은 것인가요?

 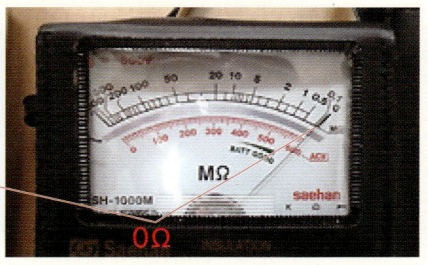

 가정 내의 스위치를 모두 내린 뒤 전등 라인의 차단기를 내리고 측정하십시오. 가정 내의 스위치가 혹시 일반 스위치인지 확인해주세요. 이 경우 스위치를 모두 내렸다면 2차측 후단에서 한 선을 연결하고 접지를 연결해 체크할 때 절연 저항이 좋게 나와야 됩니다. 절연 저항을 측정할 때 지침을 속이는 스위치가 있습니다.

일반 스위치에 LED가 달린 스위치의 경우 차단기 2차측에서 나간 두 선을 체크하면 테스터기의 값이 정상값 이하로 나오는 경우가 있습니다. 이는 LED 스위치의 점등되는 원리 때문입니다. LED 스위치를 제거한 후에 절연 저항을 체크해주십시오. 전자 스위치가 연결되어 있는 곳은 메거 테스터기를 측정할 때 주의해야 합니다.

 **메인 차단기를 내려도 비상등이 켜지는 이유가 무엇인가요?**

아파트 초소 통로에 있는 전등에 백열등이 2개 꽂혀 있습니다. 비상등이 추가로 설치되고 정전 시 발전기의 동작으로 켜지는 것으로 아는데 점검 중 전등용 차단기를 내렸는데도 비상등이 켜지는 이유가 무엇인가요? 점검을 하려면 어떻게 하는지 궁금합니다.

Chapter 4 가정 생활 전기 실전 Q & A

① 한 등기구에 램프가 2개 있을 경우 1개는 일반 상시로 점등되는 것이고, 나머지 1개는 평상시에는 점등이 안 되고 비상시(정전 또는 비상 화재) 점등되는 비상등이 맞습니다.

② 전에는 3가닥을 입선해서 COM-1가닥, 상시-1가닥, 비상-1가닥 방식으로 입선하여 제어하기도 하였으나 근래에는 상시-2가닥, 비상-2가닥(접지는 생략)으로 별도로 라인을 구축합니다.

할로겐 안정기의 출력 전압이 궁금합니다.

할로겐 램프(핀 형식) 12V 20W, 12V 50W를 연결하는 할로겐 안정기의 출력 전압이 DC인지 AC인지 궁금합니다.

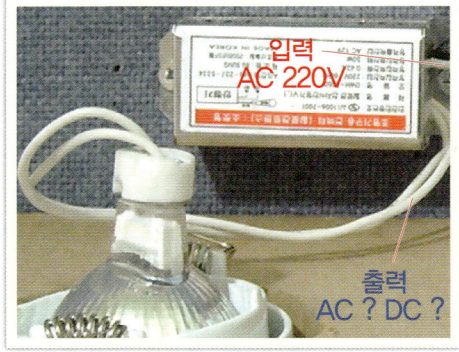

AC(교류)입니다. 참고로 할로겐 12V 50W의 안정기 의미는 핀 타입이나 할로겐 갓램프가 있는 것으로 50W 이내에서 램프 1개를 사용할 수 있다는 뜻입니다. 아파트에서 50W의 할로겐 2핀이 달려 있던 곳이 너무 밝아서 조도를 낮추고 싶다면 20W 할로겐 램프로 교체하면 됩니다.

Section 02 전등에 관한 실전 Q&A

 **아파트 계단 전등에 대해 궁금합니다.**

계단 전등 라인의 구조는 경비실에서 스위치를 올리면 마그네트에 전원이 흐르고 마그네트 접점이 붙어 계단 전등 라인에 전원을 공급하게 되어 있는데 경비실에 스위치를 설치하지 않고 굳이 마그네트를 이용한 이유가 무엇인지 궁금합니다.

계단 전등은 4층부터 15층까지 연결되어 있고 전원 220V, 30W 백열등을 사용하고 있습니다.

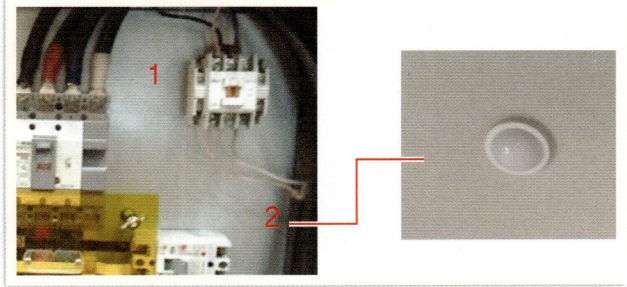

📷 **전등의 전원 공급**
① 1번 : 전원 입력
② 2번 : 전원 출력

 마그네트의 주용도는 양옆에 붙어 있는 보조 접점보다는 가운데에 있는 주접점을 이용해 제어하는 것입니다. 이때 주접점은 통상 보조 접점보다 더 높은 부하를 걸 수 있습니다(마그네트의 용량에 따라). 이런 이유로 모터나 간판 등에 많이 사용합니다.

① 마그네트를 동작시키는 자체 코일이나 보조 접점에 사용되는 전원은 용량이 아주 작으므로 전선도 가늡니다.
② 위 상황에서 주접점에 걸어주는 전원은 부하의 크기와 마그네트의 용량에 따라 달라집니다.
③ 계단 전등 부하의 합이 일반적으로 스위치에 걸리는 (대략) 15A 이상이라면 마그네트의 주접점을 통해 위 현장처럼 작업해줍니다(이 경우 전선 굵기도 용량에 맞게 더 굵어짐. 그러나 스위치는 단순히 마그네트 1개만 동작시켜 주므로 스위치를 통한 전선은 굵을 필요 없음).
④ 스위치로도 충분한 용량이라면 굳이 마그네트를 사용할 필요가 없습니다.

Chapter 4 가정 생활 전기 실전 Q & A

 **베란다 전등에 불이 안 들어오는데 문제점이 무엇인가요?**

아파트 베란다 전등(백열전구 220V, 60W)인데 전구는 저항값이 나타나고 소켓의 전압을 체크하면 0.4V 정도입니다. 얼마 전부터 전등 차단기는 내려가지 않은 상태이고 불이 안 들어온다고 하는데 문제점이 무엇인지 궁금합니다.

점검하는 요령을 잘 파악하여 체크해보십시오.
① 등기구를 분리하고 천장에서 내려오는 2가닥 선로의 전압을 체크합니다(스위치 ON 상태 체크 후 OFF).
② 만약 전압이 측정되지 않는다면 스위치를 분해하여 결선이 잘 되었는지, 하트상으로 전압이 오는지 확인합니다.
③ 등기구로 가는 스위치 출력선을 빼서 다른 곳의 스위치로 연결해본 다음 전압이 발생하는지 확인합니다.
④ 등기구를 조립하기 전에 전기가 연결안 된 상태에서 혀붙이 접점을 살짝 드라이버로 올려줍니다. 등기구 조립 후 백열전구를 연결한 다음 확인하고, 안 되면 새로운 백열전구로 확인해봅니다.

 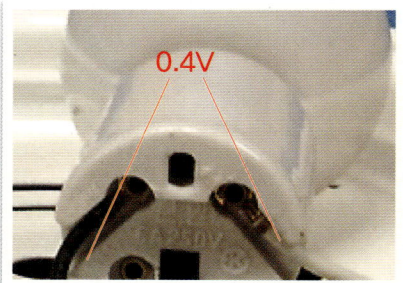

 **36W 삼파장등 불이 안 들어오는데 무엇이 문제인가요?**

안방 욕실 36W U모양의 램프가 안 켜져서 새 램프로 갈아 끼웠으나 마찬가지입니다. 스위치를 올린 상태에서 램프를 뺐을 때 램프 소켓에 뚫려있는 구멍 4개에 테스터기로 전압을 확인했을 때 얼마가 측정되어야 정상인가요?

Section 02 전등에 관한 실전 Q&A

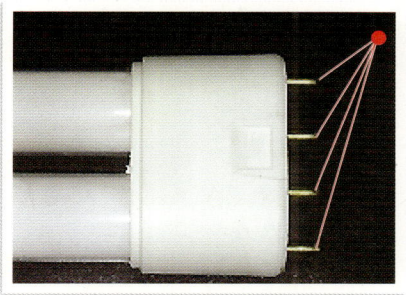
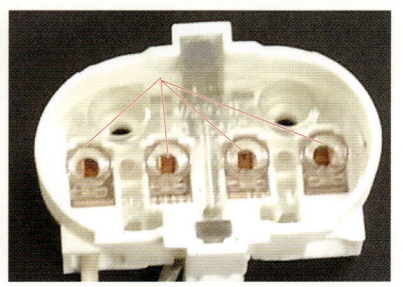

 위 경우는 전자식 안정기 불량이 맞습니다. 전등 내부 커넥터 전원 입력측을 실측해서 전압이 검출되면 안정기 불량입니다. 그리고 FPL을 의미하는 것 같은데 형광등의 램프를 빼고 전압을 체크하는 것보다 형광등을 분리한 후에 전원 라인에서 전압을 체크해야 바로 알 수 있습니다.

 **지하 주차장 전등 차단기가 계속 내려가는데 그 원인과 조치 요령은?**

외관상 분전반에 누전될 만한 상황(물기)은 없었는데 분전반 차단기를 올리면 1~2초 정도 있다가 내려갑니다. 일단 전등 스위치쪽에 물기가 있나 열어 봤으나 깨끗합니다. 지하 주차장이 PL등인데 물기도 없었고 전등을 하나씩 빼면서 차단기를 올렸는데도 계속 내려갑니다. 그 원인과 조치 요령에 대해 알고 싶습니다.

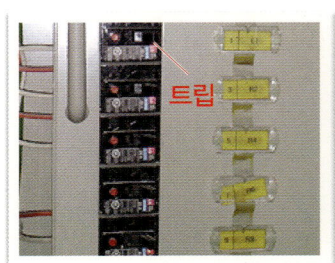
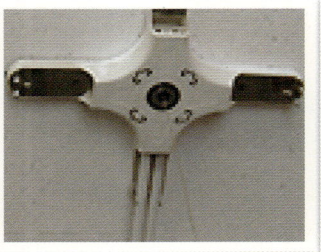
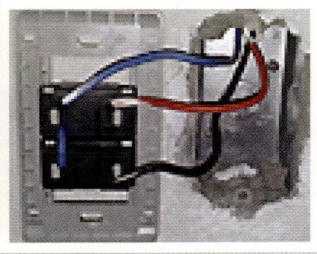

누전은 우선 실측이 중요합니다. 분전반의 누전 차단기 2차측 전선을 뺀 뒤에 메거 테스터기로 절연 저항을 측정하고 저항값이 제로(0)점에 가깝다면 전선이 철박스에 접촉되거나 안정기 쇼트일 가능성도 있습니다. 절연 저항이 수 kΩ 정도면 어느 부분에 습기나 물이 스며들어 그러는 경우도 있습니다. 일단 어느 부분에서 물이나 습기가 보이는지 전등마다 육안으로 확인한 뒤 특이 사항이 없으면 단계별로 나눠서 박스를 오픈하고 전선을 분리시킵니다.

또 36W PL 전등의 기구가 철제라면 안정기 누전일 가능성이 높습니다. 반면 기구 재질이 PVC라면 안정기보다는 다른 부위가 누전일 가능성이 많습니다. 밀폐된 부위의 누전은 난감한 경우가 많지만 오픈할 수 있는 공간이면 수월합니다. 누전은 실측하지 않은 이상 정확한 예측은 어렵고 전등 이외 배선도 같이 돼 있는지 확인해봐야 합니다. 때론 누전 차단기 불량도 있으니 절연 저항 수치가 안 나오면 차단기 불량일 수 있습니다.

 **2선식 센서등 결선 방법에 대해 궁금합니다.**

보통 현관에 있는 센서등의 센서를 보면 4선식(입력선 2가닥, 출력선 2가닥)으로 되어 있는데, 2선식(입력 1가닥, 출력 1가닥)으로 된 센서의 결선 방법에 대해 알고 싶습니다. 센서에 IN/OUT 표시와 결선도도 없고 단지 센서에 백색 선과 흑색 선만 1개씩 있습니다.

 입·출력 표시가 돼 있는 4선식 센서등은 필히 입력은 AC 220V, 출력은 전구 소켓으로 가야 합니다. 입·출력 표시가 없는 2선식 센서등은 2선식 전자 스위치 방식이기 때문에 흑색 선과 백색 선이 바뀌어도 관계없습니다. 아래 그림을 참조하기 바랍니다.

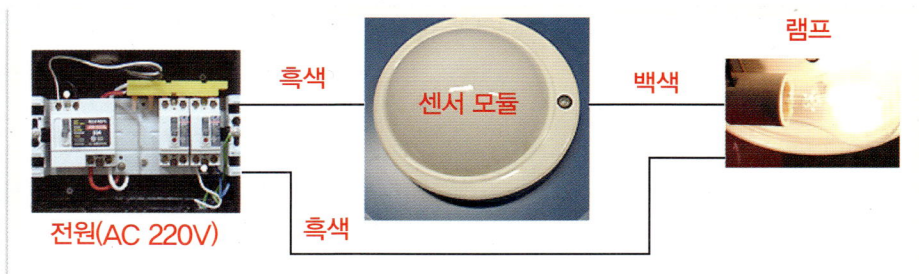

① 2선식 센서등의 결선
  ㉠ 전원의 2가닥 중 1가닥(중성선)은 바로 램프에 연결합니다. 전원의 다른 1가닥(하트상)은 센서 모듈의 입력측으로 갑니다. 센서 모듈의 출력측은 램프로 갑니다.
  ㉡ 전선 색깔은 각 회사 제품마다 조금씩 다르므로 입·출력 표기를 잘 살펴야 합니다.
  ㉢ 하트상과 중성선은 되도록 구분해서 결선하는 것이 좋지만, 부득이할 경우 구분 없이 결선해도 상관없습니다.

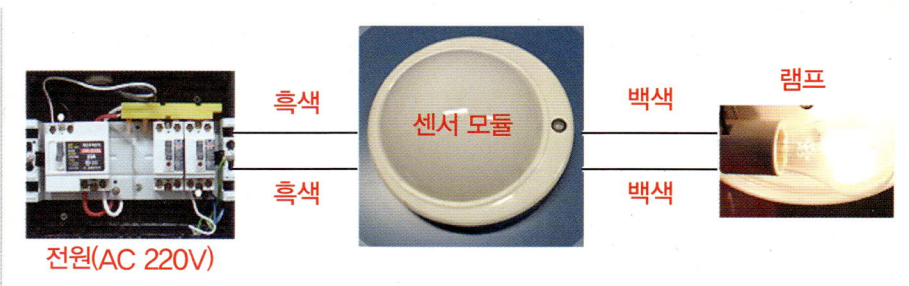

Section 02 전등에 관한 실전 Q&A

② 4선식 센서등의 결선
  ㉠ 전원의 2가닥은 센서 모듈의 입력측 2가닥에 상 구분 없이 바로 연결합니다.
  ㉡ 센서 모듈의 출력측 2가닥을 바로 램프와 연결합니다.
  ㉢ 전선 색깔은 각 회사 제품마다 조금씩 다르므로 입·출력 표기를 잘 살펴야 합니다.

 **스위치와 콘센트가 같이 달린 제품도 있나요?**

방에 스위치만 있고 콘센트가 없어서 멀티탭을 연결해 사용하고 있습니다. 혹시 스위치에서 사용할 수 있는 방법이나 스위치와 콘센트가 붙어 있는 제품이 있는지 궁금합니다.

 아래 사진은 스위치와 콘센트의 결합 제품입니다. 실제 대용량의 부하 기기를 사용하기에는 어려움이 있으며, 가급적 권하지 않는 방법이므로 참고만 하시기 바랍니다. 동작 조건은 반드시 스위치를 켤 때만 콘센트를 사용할 수 있습니다.

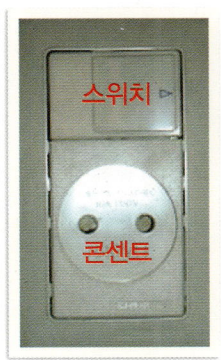
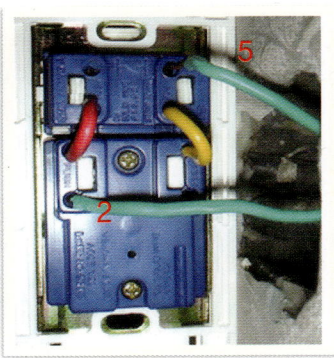
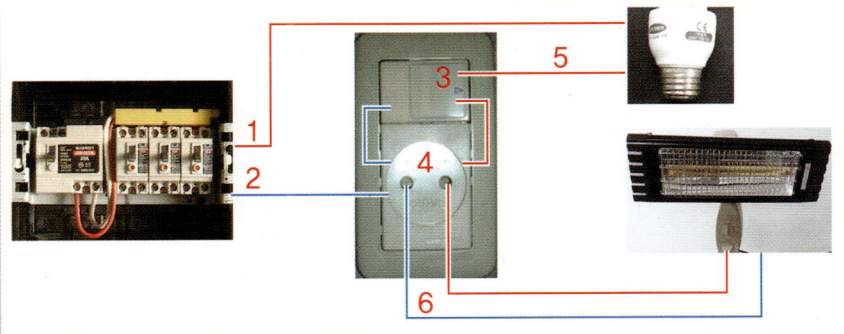

① 1번 : 차단기의 중성선(1번)은 바로 전등으로 갑니다.
② 2번 : 차단기의 하트상(2번)은 콘센트 단자에 연결합니다.
③ 3번 : 스위치입니다.

185

④ 4번 : 콘센트입니다.
⑤ 5번 : 스위치 출력선이 전등으로 갑니다.
⑥ 6번 : 콘센트를 이용해 부하 기기를 사용합니다.

 **노출형 텀블러 스위치에 대해 궁금합니다.**

노출형 텀블러 스위치를 열면 안에 십자형 나사가 위쪽 2개, 아래쪽 2개 있는데, 단상으로 연결할 때 입력측 2개, 출력측 2개를 연결하면 되는지 궁금합니다.

 원형(펜던트형)이든, 사각형이든 결선 방법은 같습니다. 단상 차단기의 2가닥 중 1가닥이 스위치의 한쪽 단자에 연결되고 반대편 단자에서 전등으로 갑니다. 위에서 언급한 위쪽 2개, 아래쪽 2개라는 것은 전선을 연결하는 단자 외에 그 단자를 케이스에 고정한 것까지 합친 것 같습니다.

 스위치 OFF
① 1번 : 가동 접점
② 2번 : 접점 고정 볼트

스위치 ON
① 1번 : 고정 접점
② 2번 : 고정 접점
③ 3번 : 가동 접점

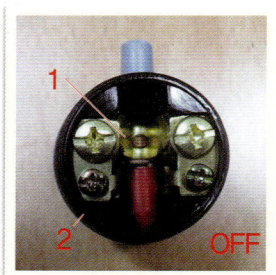
| 스위치 OFF |

| 스위치 ON |

 **화장실 라인의 전기가 들어왔다 안 들어왔다 하는데 이유가 무엇인가요?**

화장실 전구가 '퍽' 하고 나가더니 화장실쪽 전기(환풍기, 전등 1, 전등 2)가 스위치를 켰다 껐다 해도 전혀 안 들어옵니다. 세대 분전함을 열어봤지만 트립된 것이 없습니다. 차단기를 차례로 내리고 메거 테스터기로 측정했는데 정상 수치였습니다. 화장실에 들어가서 전등 1의 등기구를 벗겨내니 백열전구가 완전 분리되어 있고 전등 2의 전구들은 정상이었습니다.

등기구들을 분리해 검전 드라이버로 체크해 봤는데 둘 다 전기가 안 들어오고 안정기는 없습니다. 스위치를 뜯고 검전기로 점검해 봐도 역시 마찬가지였습니다. 그러다 등기구를 조립하기 위해

Section 02 전등에 관한 실전 Q&A

한번 검전 드라이버로 체크하니 다시 전기가 들어와 환풍기를 켜보니 돌아갔습니다. 왜 이런 현상이 나타나는지 궁금합니다.

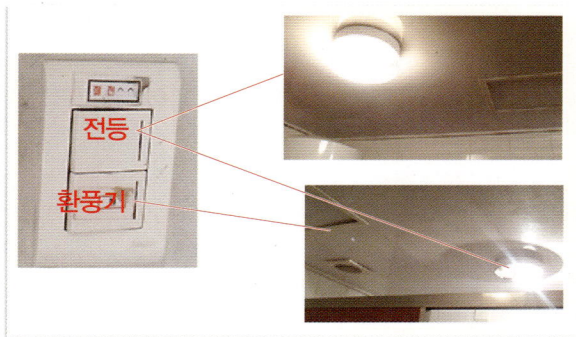

 형광등은 안정기가 필요하지만 백열전구는 안정기를 사용하지 않습니다. 천장 박스에서의 결선 불량으로 생각됩니다. 제대로 연결하지 않고 엉성하게 한 것에 점검을 하기 위해 선을 잡아당기면서 접촉 불량이 일어나 전압이 안 뜨는 현상같습니다.

 **4구 스위치의 접촉 불량 여부에 대해 궁금합니다.**

준공된 지 15년 된 아파트로, 4구 스위치가 거실 2, 식탁, 주방으로 연결됩니다. 그런데 주방쪽 형광등이 스위치를 누르면 한번에 켜질 때도 있지만 몇 번을 껐다 켰다 해야 켜질 때가 있습니다. 문제의 현상이 스위치 자체의 접촉 불량인지, 안정기 문제인지, 아니면 글로스타터(구형)인지 점검 요령 및 원인을 추정할 수 있는지 궁금합니다.

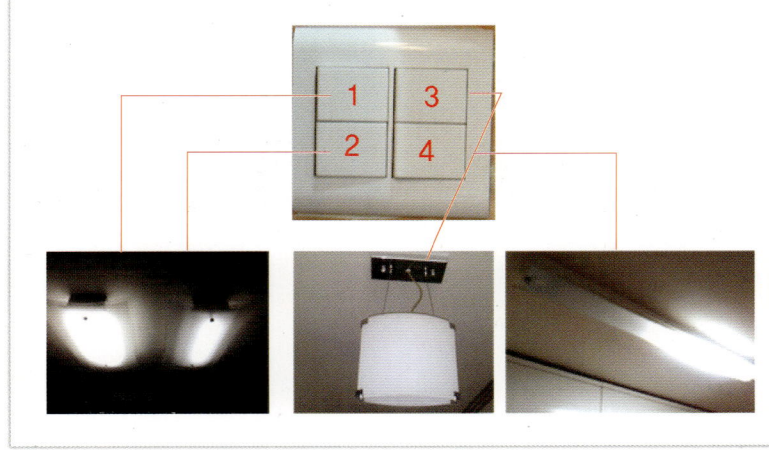

① 스위치 불량 의심일 경우 : 스위치 자체의 내부 접촉 불량일 수 있습니다. 준공된 지 15년 정도 되었으면 누적된 스위치 작동 횟수가 많아서 접촉 불량이 나올 수 있습니다. 스위치를 뜯고 선을 분리한 후 한 선씩 접촉해보십시오. 접촉해보고 한번에 안 들어오면 형광등을 교체하십시오.

② 안정기 불량 의심일 경우 : 스위치를 몇 번 켰다 껐다했을 때 켜지는 것은 스위치보다는 안정기의 수명이 오래되어 그럴 수 있습니다. 먼저 스위치를 점검한 후 이상 없으면 안정기를 교체하십시오.

 **CDM 램프 점등 불량인 것 같은데 어디부터 체크해야 하나요?**

일반 의류매장 CDM 램프입니다. 교체한 지 2달 정도 되었는데 며칠 전부터 점등과 소등을 반복합니다. 점등 2~3시간, 소등 30분(일정하진 않음) 정도 반복됩니다. 안정기 불량인지 램프 불량인지 궁금합니다. 안정기는 메탈할라이드 램프용 안정기(코일식)이고, 램프는 CDM-R111 타입입니다. 한 라인 10개 중 1개만 이런 현상이 나타납니다. 보통 램프가 몇 시간 들어오고 꺼졌다가 다시 들어오면 어디부터 체크해야 하나요? 램프를 연결해 켜지 않고 안정기 고장 여부를 확인하는 방법이 있는지 궁금합니다.

안정기와 램프의 정격 용량이 맞는지 확인해보십시오. 안정기와 램프의 용량(와트)이 다르면 그런 현상이 나타날 수 있습니다. 이때에는 안정기와 같은 램프로 교체하면 됩니다.

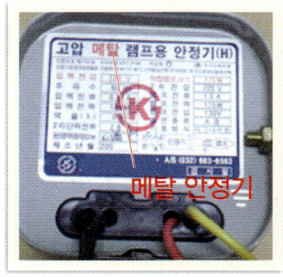 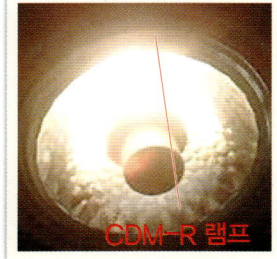

| 메탈 안정기와 CDM-R 램프의 연결 |

Section 02 전등에 관한 실전 Q&A

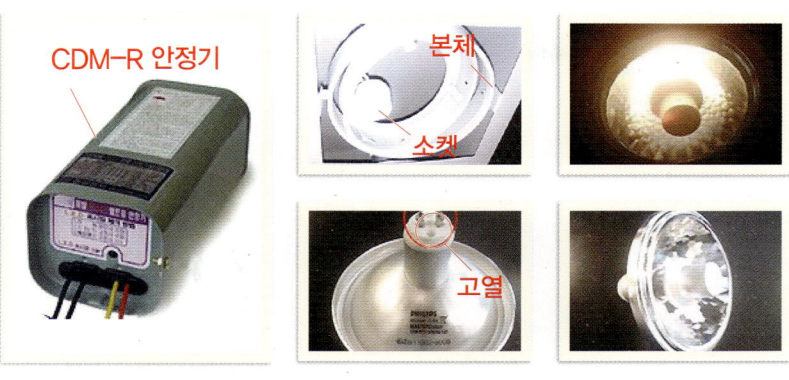

| CDM-R 안정기와 CDM-R 램프의 연결 |

 **도배하면서 등을 분리했는데 다시 조립하는 방법이 궁금합니다.**

도배를 하기 위해 등을 다 뗀 상태에서 거실등을 달려고 보니 선 3가닥이 있습니다. 공통선을 쉽게 찾는 방법은 무엇인가요? 사진처럼 3가닥(청색, 백색, 흑색) 중 공통선을 못 찾아 스위치를 뜯었는데 조명은 가지로 된 8등이었고, 4개씩 켤 수 있도록 2가닥으로 분리된 상태였습니다.

스위치 뒤를 보니 왼쪽 공통이 점프가 되어 있었고, 맨 아래 적색 선이 꽂혀 있었습니다. 오른쪽에는 청색 선, 흑색 선, 황색 선이 꽂혀 있었습니다. 황색 선은 베란다 전등입니다. 스위치의 왼쪽 부분이 공통선을 점프해 놓은 부분이라면 백색 선이 공통선이라고 생각됩니다. 그럼 백색 선이 꽂혀 있어야 했는데 왜 적색 선인지 이해가 되지 않습니다.

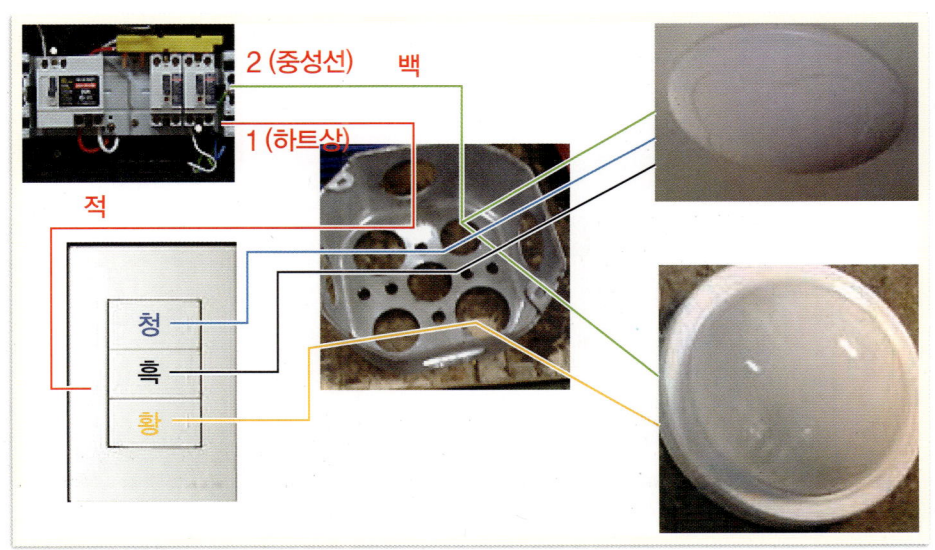

| 현재 결선 상태 |

 Chapter 4 가정 생활 전기 실전 Q & A

 일단 스위치를 분리해서 살펴보십시오. 일반적으로 적색 선이 스위치 공통이고 나머지 선들이 스위치 출력선이니 색상을 비교해보십시오.

천장에 나온 선과 스위치에 꽂혀 있는 선의 색깔이 같으면 그것이 스위치선입니다. 선 색이 같으면 중성선에 검정색 테이프로 표시를 해두면 됩니다. 스위치는 ON 시키지만 않으면 전기는 흐르지 않습니다.

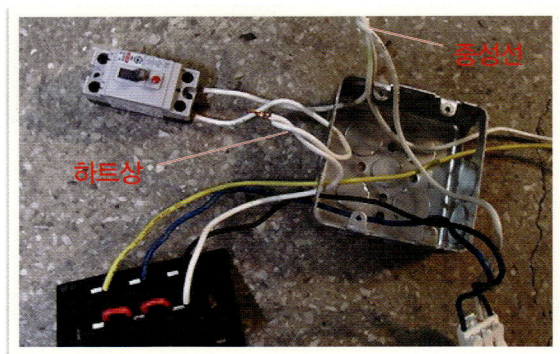

Q60 백열등을 형광등으로 교체하려고 하는데 방법이 궁금합니다.

백열전구를 형광등으로 그대로 교체 가능한가요? 아파트 베란다와 다용도실이 백열등으로 되어 있는데, 너무 어두워서 더 밝은 형광등으로 교체하려고 합니다. 용량이나 전압 등을 신경쓰지 않아도 되나요?

 등기구 자체를 교체하기 때문에 2가닥 그대로 연결하면 됩니다. 베란다등이라면 동그란 직부등일 텐데 삼파장 램프도 백열전구와 크기가 비슷한 게 있으므로, 그것을 사용하는 것도 좋습니다.

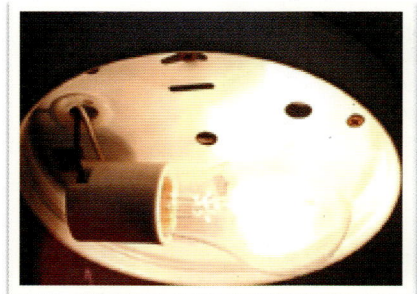
| 백열등 |

| 형광등 |

Section 02 전등에 관한 실전 Q&A

 **전원을 연결하는 부분이 잭(소켓)도 괜찮은지 궁금합니다.**

아래 사진처럼 전원을 연결하는 부분이 대부분 소켓으로 되어 있는데 전기 테이프보다 더 안전한가요?

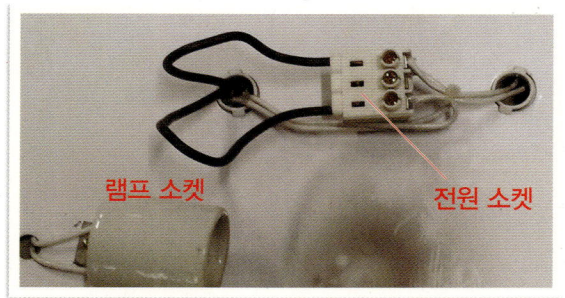

 어느 것이 더 안전하다고 말할 수는 없습니다. 그보다 작업을 어떻게 해 놓느냐가 중요하다고 하겠습니다. 아파트는 모든 등기구의 천장 결선이 대부분 소켓으로 되어 있는데 장시간 사용하다 보면 열에 노출되어 소켓이 삭아서 만질 때 부서지는 경우가 있습니다. 소켓이 있다면 소켓을 사용해도 되지만 소켓보다는 테이프가 수명이 깁니다.

 **차단기와 안정기의 결선 순서를 바꾸면 어떻게 되는지 궁금합니다.**

전날 HQI 150W 안정기를 교체했는데 교체해야 될 안정기가 너무 먼 거리에 있어서 작업을 쉽게 하려고 합니다.

일단 그림으로 하면 현재 '램프 → 기존 안정기 → 제1전원' 순서로 결선되어 있습니다. 이것을 '램프(이 위치에서 단선시킨 후) → 새 안정기 결선 → 제2전원' 으로 연결했습니다. 그런데 이렇게 하면 기존 안정기는 계속 제1전원에 연결되어 있는데 괜찮은지 궁금합니다. 자른 부분은 테이핑해 뒀습니다.

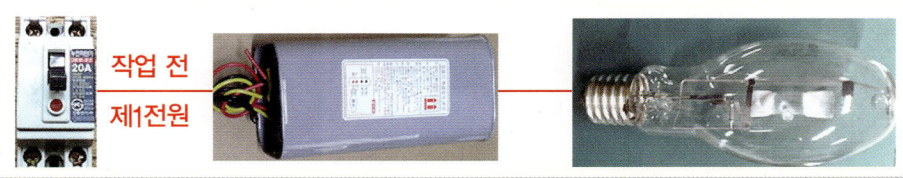

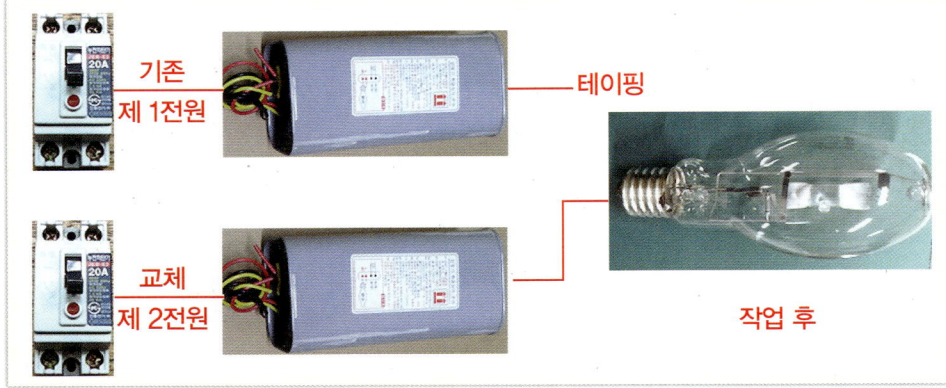

 기존 안정기의 2차측을 차단해서 별 문제는 없지만, 계속 전원이 투입된 상태에서는 나중에 유지 보수 때 혹시라도 사고(전기가 흐르지 않는 전원으로 착각했을 때 발생하기 쉬운 사고) 위험이 있습니다.

가능하면 해당 전원의 차단기 2차측 선을 분리하는 것이 좋습니다. 그런데 차단기에서 다른 전등도 함께 연결되었다면 부득이 위와 같이 작업을 해 놓을 수밖에 없는 대신, 라벨을 붙여서 경고를 해주면 좋습니다.

 **FPL 13W 등기구 교체에 대해 궁금합니다.**

램프를 새 제품으로 교체했는데 불이 안 들어와서 FPL 13W 삼파장 매입 등기구를 교체하려고 합니다. 전에 다른 제품으로 교체할 땐 안정기가 있었는데 지금 교체하려는 제품엔 없습니다. 등기구를 뜯어보니 전원선이 바로 등기구에 있는 선으로 연결되었습니다. 이런 제품은 교체하면 바로 불이 들어오는 것인지 궁금합니다.

 FPL 등기구는 자체에 안정기가 있어야 합니다. 안정기가 달린 등기구를 구매하던지 안정기를 달아서 사용하십시오. 돌려 끼우는 삼파장 20W급 제품 같은 것은 램프에 안정기를 내장하고 있습니다. 램프가 켜지지 않을 때 등기구에서 리셉터클로 220V가 입력되고 있다면 램프만 교체하면 됩니다.

위의 제품이 계속 가동되다가 갑자기 불이 안 들어오는 건가요? 아니면 계속 안 들어오는 것을 눈여겨 봤다가 램프를 끼웠는데 불이 안 들어오는 것인가요? 똑같은 램프의 등기구가 인접해 있다면 그것과 비교를 해보는 것이 빠릅니다.

Section 02 전등에 관한 실전 Q & A

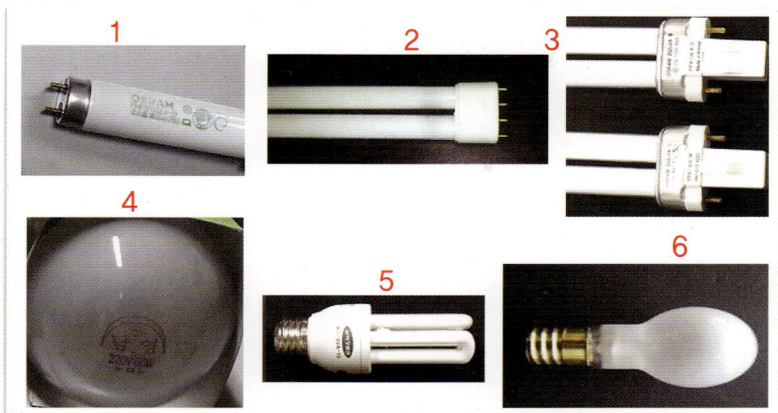

 여러 등기구

① 1~3번 : 안정기 필요
② 4~6번 : 안정기 필요하지 않음

 **1등용 안정기 고장인데 2등용 안정기로 교체가 가능한가요?**

　FPL 삼파장 U자형 36W인 등이 하나 나갔습니다. 그 등이 등기구 속에 3개씩 들어 있는데 1개의 등이 안 들어왔습니다. 안정기 불량같은데 안정기는 2등용 1개와 1등용 1개입니다. 그런데 1등용 안정기가 나갔는데 2등용 안정기밖에 없습니다. 이론적으로는 2등용 안정기를 써도 될 것 같은데 괜찮은지 알고 싶습니다.

 　2등용 안정기를 1등용 안정기로 사용할 경우 한쪽만 사용하고 나머지 한쪽은 테이프로 마감해주면 됩니다. 반대로 2등용 안정기를 써야 하는 곳에 1등용 안정기를 사용하는 경우도 전원만 연결해주고 각각의 소켓으로 연결해서 사용하면 됩니다.

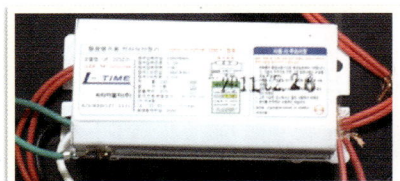
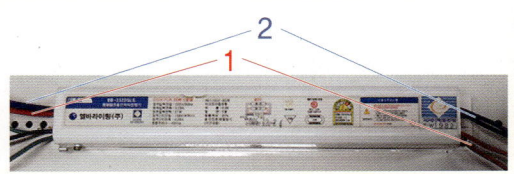

📷 **1등용과 2등용 안정기**

① 1번 : 제1전등
② 2번 : 제2전등

Chapter 4 가정 생활 전기 실전 Q & A

Q65 메탈등 불량 유무에 관해 궁금합니다.

오늘 메탈할라이드 램프(175W)가 들어오지 않아 확인했는데 메탈등을 눈으로 확인해도 이상이 없었고 램프를 교체하고 확인하니 불이 잠깐 들어왔다가 꺼졌습니다. 안정기를 확인하니 입력 전압은 220V인데 출력 전압이 145V 정도밖에 안 되는 점이 이상합니다. 원래 입·출력 전압이 220V 정도로 측정되지 않나요?

그래서 안정기도 교체한 후 출력 전압을 확인하니 이번에는 165V 정도 측정됐습니다. 또 다른 메탈 안정기를 확인해보니 220V 측정되는 것도 있고 145V 정도 측정되는 것도 있었습니다.

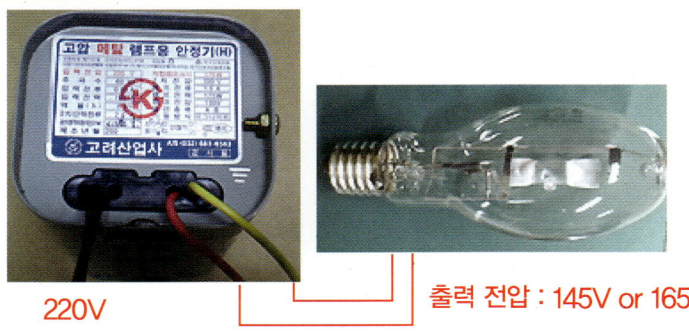

A65
원인은 안정기 코일의 불량으로 판단됩니다.

기존 안정기에 새 램프를 끼우고 나서 잠깐 불이 들어왔다 나가는 것은 안정기 코일이 소손되면 많은 전류와 높은 전압이 램프로 들어가게 되어 램프의 점등관 내의 저항이나 다른 부품들을 태워버리기 때문입니다. 따라서 램프를 바꿀 때는 기존의 램프를 유심히 보아 내부 회로가 단선되어 있으면 안정기 불량으로 판단하고 안정기와 램프를 같이 교환해야 합니다.

Q66 삼파장 형광등을 교체했는데 깜박거림이 발생합니다. 왜 그런가요?

3~4일 전에 주방이 어두워서 3파장 형광등 36W 2개를 55W 2개로 교체했습니다. 그런데 가끔 2개의 형광등이 깜박거리는데 계속 그러지는 않고 어떤 때는 정상입니다. 왜그런지 궁금합니다. 일단 안정기 문제란 생각이 듭니다. 형광등 전력을 35W에서 55W로 올렸는데 안정기는 그대로 사용해서 안정기에 무리가 간 것이 아닌가요? 그러면 안정기도 용량이 큰 것으로 사용해야 하는지, 아니면 형광등을 예전대로 36W로 사용해야 하는지 궁금합니다.

Section 02 전등에 관한 실전 Q&A

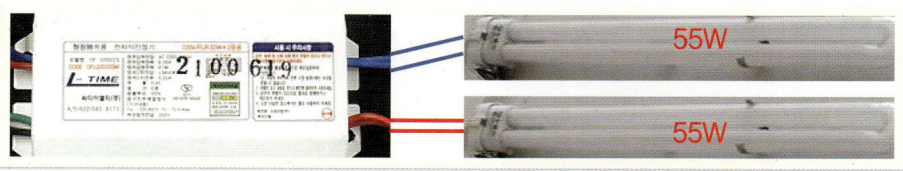

안정기에 무리가 가진 않습니다. 단지 35W에서 55W로 변경한 램프가 제 기능을 발휘하지 못하는 것입니다.

램프는 55W의 용량을 받아야 하는데 35W의 용량만 공급받다보니 내부의 수은이 활동을 못해 빛이 줄어든다거나 가끔씩 깜박거리는 것입니다. 지속적으로 사용할 경우 램프에 흑화 현상이나 수명이 단축될 수 있으므로 램프는 꼭 규격에 맞는 제품을 사용해야 합니다.

반대로 55W 전자식 안정기에 36W 램프를 사용하면 과열로 인한 화재 위험이 발생할 수 있으니 절대로 사용하면 안 됩니다. 따라서 안정기를 교체하든지 램프를 다시 35W로 바꾸든지 하십시오.

 안정기 교체 순서를 알고 싶습니다.

등기구의 안정기를 교체하려는데 순서를 어떻게 해야 될지 모르겠습니다. 차례대로 알고 싶습니다.

전기, 스위치, 전등에 대해 알고 있으면 어렵지 않습니다.
① 차단기를 내립니다.
② 스위치를 끕니다(그래야 확실히 해당 라인의 차단기인지 알 수 있음).
③ 등기구 커버를 분리한 후 안정기를 교체합니다.
④ 다시 차단기를 올립니다.
⑤ 스위치를 올립니다.

자세히 보면 1·2번과 4·5번의 순서가 조금 다르지만 대부분 실무에서는 거의 활선 상태에서 합니다.

등기구 커버를 분리하면 흑색 선과 백색 선이 단자대에 꽂혀 있습니다. 단자대에서 이 선을 분리한 다음 교체할 안정기를 설치하십시오. 안정기에서 흑색 선, 백색(보통) 선은 전원부입니다. 녹색 선은 접지선(전등은 거의 사용하지 않고 잘라버림), 나머지 선들은 베이스와 연결합니다. 베이스를 먼저 연결하고, 전원부를 연결(같은 색끼리)한 다음 단자대에 꽂으면 됩니다.

Chapter 4 가정 생활 전기 실전 Q & A

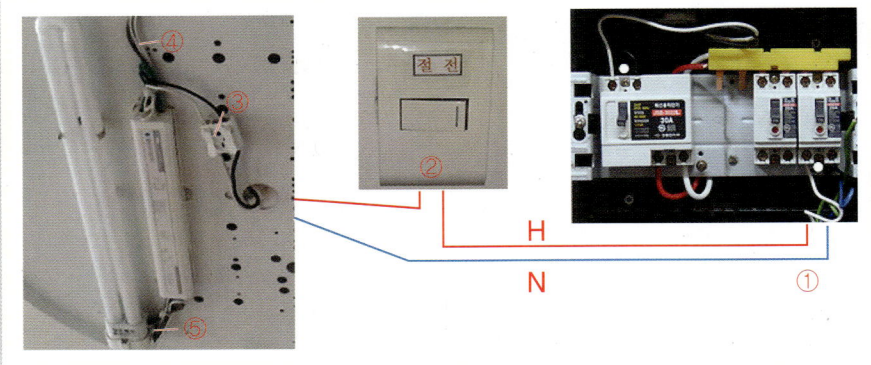

 안정기 구조

① 1번 : 차단기 전원
② 2번 : 스위치
③ 3번 : 입력 전원과 안정기 전원선을 연결해주는 소켓
④ 4~5번 : 안정기 출력선

Q68 400W 수은등 2개를 추가하려고 하는데 적당한 전선이 무엇인지 알고 싶습니다.

사무실 차단기 1개에 수은등 400W가 3개씩 천장에 부착되어 있습니다(안정기도 있음). 이번에 조도 문제로 2개를 추가하려고 합니다.

용량은 부하 < 차단기 용량 < 전선 순서로 정해야 하는데 220V이고 1,200W니까 전류는 약 6A 이고, 차단기는 30A가 취부되어 있습니다. 전선을 VCT 1.5sq나 VCTF 2.5sq로 사용하면 되는지 궁금합니다.

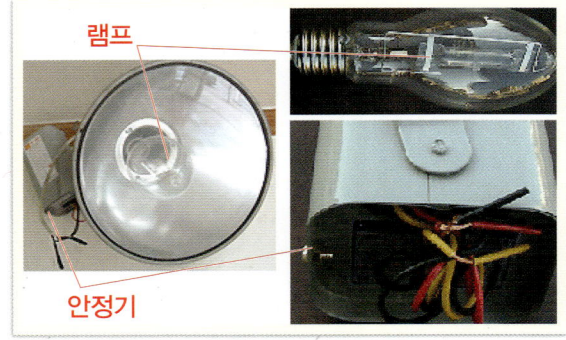

 CD 파이프를 이용해 배관할 경우 HIV 2.5sq를 사용하고 배관 없이 그냥 노출 작업이라면 2.5sq VCTF 3P(접지 포함)를 사용하면 별 문제없을 것입니다.

대부분 전등은 접지를 하지 않지만 고압이기 때문에 반드시 접지를 해주어야 합니다.

 **조명 기구의 수명이 짧은데 그 원인과 대책에 대해 알고 싶습니다.**

다운라이트 삼파장 26W×2등용이 여러 개 설치되어 있습니다. 조명 기구를 설치한 지 8개월 정도 되었는데 안정기쪽에 그을음이 나있고 도색된 페인트가 일어나 있습니다. 그리고 등과 등기구가 열로 완전히 붙어 있어서 어쩔 수 없이 다 교체해야 됩니다. 다른 곳에서는 몇 년이 지나도 교체할까 말까하는데 교체 시기가 너무 빠릅니다. 그 원인과 대책에 대해 알고 싶습니다.

 다운라이트 형식이라면 구경이 수직으로 되어 있는 기구일 것입니다. 램프를 소켓에 수직으로 꽂는 타입인지, 옆으로 꽂는 타입인지 정확하게 설명해주셨으면 좋았을 것입니다.

다운라이트 형식의 등기구 중에 열간섭에 대한 대책을 세우지 않은 제품들이 있습니다. 램프의 소켓과 소켓의 간격이 너무 좁아 열이 방출될 곳이 마땅치 않게 됩니다. 결국 위로 누적이 되고 누적된 열은 소켓부로 집중될 것이며 그 상태가 오래 지속되면 소켓 부위가 삭아버립니다. 나중에 등기구에서 램프를 빼면 소켓 고정부가 분리됩니다.

또한, 램프와 램프 사이의 간격이 너무 좁습니다. 이렇게 붙여 놓으면 램프의 필라멘트부에서 발열이 가장 많이 발생합니다. 이 부분은 손으로 만져도 뜨겁습니다. 이것이 인접 램프와 가까우니 열이 축적되고 부작용이 나타나는 것입니다. 더불어 램프의 수명도 감소하게 됩니다.

이에 따른 대책은 다음과 같습니다.

① 램프 종류의 교체 방법 : 가장 좋은 방법은 천장등을 LED로 교체하는 것이지만 초기 교체 비용이 부담될 수도 있습니다.

② 램프 개수를 줄이는 방법 : 램프 교체를 하지 않겠다면 열에 의한 위험성에 대해 사무실에 충분한 설명을 한 다음 램프를 하나씩만 꽂으십시오. 현재 등기구 1개에 52W를 쓰는 것이지만 26W 하나만 쓴다면 열 때문에 문제될 일은 없습니다.

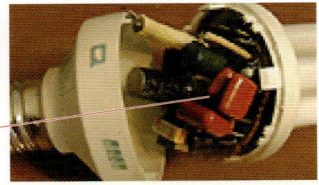

내부 안정기

Chapter 4 가정 생활 전기 실전 Q & A

Q70 4구 스위치에서 2개가 열이 많이 나는데 원인이 무엇인가요?

사진에서 보면 적색 포인트로 표시한 부분에서 열이 많이 발생합니다. 원인이 무엇이며 조치를 어떻게 해야 하는지 알고 싶습니다.

스위치를 뜯어보니 하트상의 피복이 조금 녹아 있었고 피복이 타는 냄새가 나서 급한대로 26W 전구 2개가 들어가는 매입등을 하나씩 빼놓았습니다. 빼놓은 등 개수는 35개 정도 됩니다(26W× 35 = 910W). 램프를 빼고 하트상의 전류를 측정하니 19A에서 10A 이하로 내려갔습니다. 전선은 테이핑하고 다시 꽂아놨는데 스위치에서 OFF에서 ON으로 넘어갈 때 스파크가 일어나 스위치도 새것으로 교체했습니다.

열 발생

19A라면 거의 4kW에 가깝습니다. 스위치 문제가 아니고 부하 용량의 문제입니다. 회로 분리를 해야 한다는 뜻입니다. 바로 전등 회로를 나눠서 부하를 분산시켜야 합니다. 스위치만 바꾼다고 해결되는 것이 아닙니다. 그럴 경우 또 타게 됩니다.

스위치 뒷면에 1구 커버에 보면 사용 용량이 표시되어 있습니다. 보통 1구 스위치는 15A로 표기가 되어 있습니다. 스위치가 견딜 수 있는 용량이 최대 15A라는 의미인데 약 19A가 사용되고 있으니 열이 발생할 수밖에 없습니다. 회로 분리를 한다는 뜻은 전원 1 라인을 더 사용한다는 것입니다. 즉, 전등을 절반 정도로 나눈 뒤 반은 기존 전원으로, 나머지 반은 새 전원으로 사용하는 것입니다. 이렇게 되면 스위치에 새로운 하트상이 추가로 오는데, 이때 기존 하트상과 합선되면 안 됩니다. 전원이 다르므로 반드시 충돌이 일어나지 않도록 주의하십시오.

참고로 26W 안정기는 저효율 안정기라 실제로는 훨씬 많은 전류가 흐릅니다.

 **삼파장 등기구 전선에 탄화된 흔적이 있는데 괜찮은 건가요?**

    램프를 교체하던 중 사진처럼 전선의 색깔이 변하고 탄화된 흔적을 발견했습니다. 이것을 무시해도 상관없을까요?

    사진에서 보면 등기구 자체도 변색되어, 갈색으로 보이는 부분이 열을 받아서 변한 부분입니다. FPL 36W 램프와 인접한 천장에서 내려온 선입니다. 피복의 색상 자체부터 열에 노출되어 흰색 선이 누렇게 되고 갈라져 있는 모습을 볼 수 있습니다.

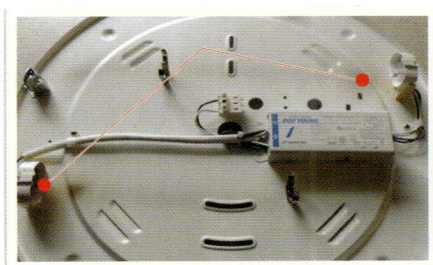 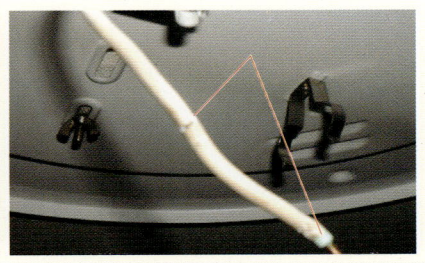

   전선이 열에 계속 노출되면 탄화가 되면서 전선 껍질이 갈라지거나 부스러집니다. 그래서 전선에 합선이 일어나 화재가 나는 경우도 있습니다.
    탄화된 부분을 테이프로 마무리해주면 좋습니다.

 **스위치 작동이 안 되는데 처리 방법에 대해 알고 싶습니다.**

    욕실 입구에 있는 스위치입니다. 사진 아래쪽 스위치가 욕실 환풍기를 작동시키는 것인데 안 들어온 지 오래됐습니다. 청색 선이 형광등으로, 소켓에 전선을 다시 연결한 뒤부터 스위치 작동에 상관없이 항상 켜져 있는데 합선인지 의문입니다. 스위치만 교환하면 되는지 궁금합니다. 전등 스위치를 켜면 형광등이 바로 들어오지 않고 스위치를 끝까지 눌러주어야 들어옵니다.

    아래 스위치는 환풍기인데 동작이 됐다 안 됐다를 반복하더니 이제는 아예 돌지 않습니다. 이것도 스위치만 교환하면 되는지 알려주시기 바랍니다.

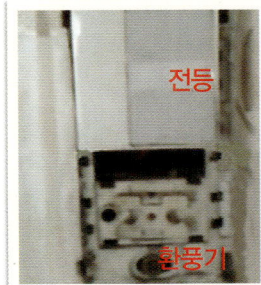 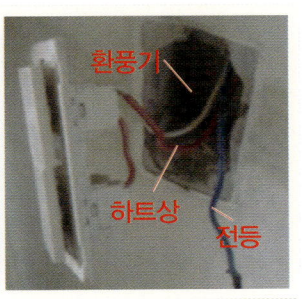

Chapter 4 가정 생활 전기 실전 Q & A

① 욕실 환풍기는 스위치를 켠 상태에서 욕실의 환풍기가 돌아가지 않는다는 뜻인 것 같은데 혹시 스위치가 ON일 때 환풍기에 '웅'하는 소리가 난다면 전기는 들어가고 있으나 팬이 가동 안 될 때 나는 소음입니다. 이런 소음이 나지 않는다면 우선 스위치를 켠 상태에서 천장에 있는 환풍기 전원 콘센트를 찾아 테스터기로 전원이 들어오는지 확인해보십시오. 전원은 들어오는데 환풍기가 가동이 안 되면 환풍기의 수명이 다 된 것입니다.

② 형광등이 항상 켜져 있는 것은(전등 기구 내의 배선을 만지지 않았다는 가정) 먼저 스위치가 제 기능을 하지 못하는 것으로 보이니 스위치를 교환해보십시오. 스위치를 끝까지 눌러 주어야 켜지는 것 역시 수명이 다 되어 간다는 의미입니다. 이것도 스위치를 교환해주십시오.

③ 환풍기는 욕실 환풍기 점검과 같은 방법으로 점검해주십시오.

 **아크릴 타입 주방 전등의 교체에 대해 궁금합니다.**

주방 천장에 설치되어 있는 조명입니다. 아래 사진의 램프 중 1개가 깜박거려 교체하려 합니다. 그런데 전구를 교체하려고 할 때 아크릴판을 위로 올려 옆으로 밀고서 아크릴판을 내리고 교체하는 것으로 알고 있는데 문제는 아크릴판을 위로 살짝 들어 올리면서 좌우, 앞뒤로 움직여 봐도 움직이지 않는다는 것입니다. 혹시라도 파손될까봐 무리하게 힘을 주지 않았습니다.

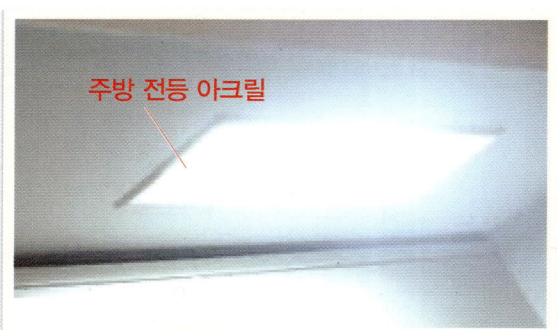

주방 전등 아크릴

 나사로 고정되어 있는 것이 아닙니다. 커버가 고정되어 있는 것은 커버를 열어 보면 일정 간격으로 배열되어 있는 강한 동그란 자석으로 천장 등기구의 철판에 고정이 되어 있습니다.

우선 왼손으로 커버를 고정하듯 잡아주고, 오른손으로 가장 오른쪽의 커버를 잡아줍니다. 어느 손이든 상관없지만 오른손으로 잡은 것을 자석의 힘보다 강하게 아래로 잡아당기면 등기구 커버가 분리됩니다. 이때 위의 커버를 잘 잡고 분리해야 합니다.

Section 02 전등에 관한 실전 Q&A

 **전원 연결 소켓 구멍이 정해져 있나요?**

안정기가 불량이어서 교체하려 하는데 소켓에 전원이 연결되어 있었습니다. 소켓에서 안정기 선을 빼다 보니 양쪽 구멍이 달랐습니다. 전원선과 안정기선을 연결하는 구멍이 정해져 있는지, 바뀌면 안 되는지 궁금합니다.

 특별히 정해져 있는 것은 아니지만 제품이 출하될 때 사진처럼 구분되어 나옵니다. 사진에서 안정기와 전원의 단자 부위 모양이 조금 다른 것을 볼 수 있습니다. 전선의 결속력이 아무래도 안정기보다는 전원 단자가 더 강해보입니다. 만약 전원선이 1가닥이라면 상관없겠지만 다른 전등으로 연결하기 위해서 2가닥을 안정기 단자에 꽂는다면 자칫 접촉 불량을 일으킬 수도 있습니다.

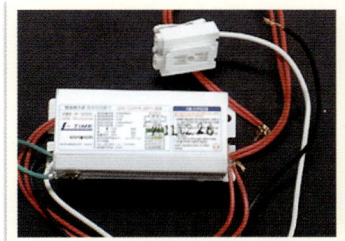 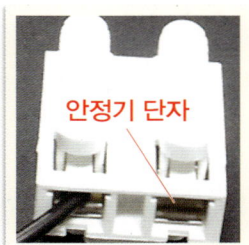 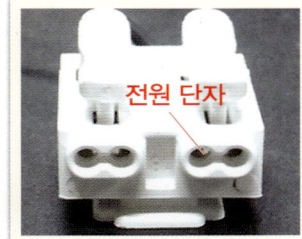

 **FPL 36W 소켓에 램프선을 끼우는 방법에 대해 알고 싶습니다.**

안정기를 교체하다 실수로 램프를 꽂는 소켓에 있던 선을 뺐습니다. 그런데 선 색깔이 2가닥씩 달랐는데 혹시 순서가 틀려도 상관없는지 궁금합니다. 구멍은 별다른 표시가 안 되어 있습니다. 그리고 선이 잘 안 빠졌는데 쉽게 빼는 방법이 있나요?

 같은 색깔끼리는 순서가 상관없으나 반드시 왼쪽이든 오른쪽이든 같은 쪽에 꽂아야 합니다. 그리고 선을 뺄 때는 가느다란 (−)자 드라이버로 선을 꽂는 단자 위에 있는 구멍을 밀면 쉽게 빠집니다.
① 램프의 핀을 꽂는 소켓 구멍입니다. 램프를 꽂을 때 핀의 방향은 정해져 있지 않습니다.
② 선을 연결하는 단자 구멍입니다. 사진처럼 왼쪽 두 곳과 오른쪽 두 곳의 단자에 각각 백색 선과 흑색 선을 꽂으면 안 되고 백색 선이나 흑색 선 2가닥을 꽂아야 합니다.
③ 각각의 구멍에 드라이버를 넣어 밀면서 선을 빼면 잘 빠집니다.

④ 단자대 구멍
⑤ 단자대 구멍에 백색 선이 꽂혀 있으니 옆에도 백색 선을 꽂아야 합니다.
⑥ 선이 잘 연결될 수 있도록 납땜이 되어 있습니다.

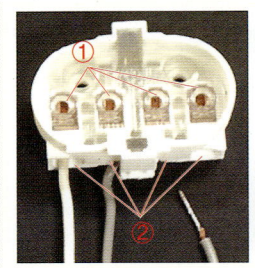 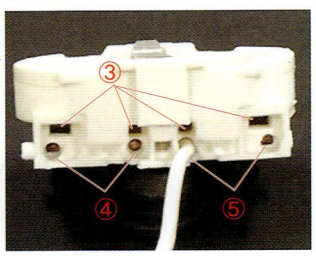 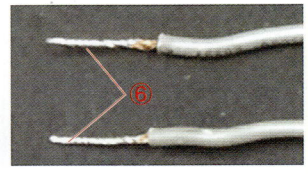

 **Q76** 욕실 클립톤 램프가 파손된 이유가 궁금합니다.

　욕실 전등이 안 들어와서 램프를 교체해보려 하는데 뚜껑을 열 수 없습니다. 등기구 자체를 떼어 바닥에서 뚜껑을 열어보니 사진처럼 속에 끼워져 있던 클립톤 전구가 깨져 있었습니다. 커버로 보호되어 있는데 왜 깨진 것인지 궁금합니다. 그리고 커버를 쉽게 여는 방법은 무엇인지 알려주십시오.

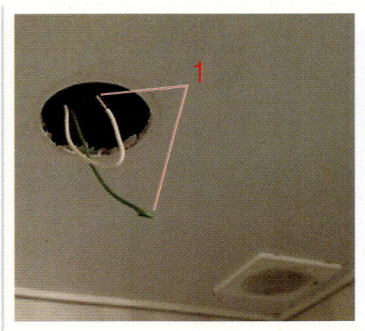 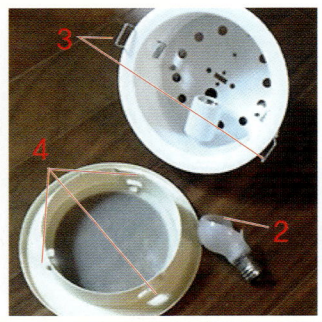 

📷 **욕실 등기구의 모습**
① 1번 : 전원선
② 1번 : 깨진 클립톤 전구
③ 1번 : 등기구 고정핀
④ 1번 : 등기구 지지대

A76 　램프가 파손된 이유는 정확하게 판단하기가 어렵습니다. 점등된 상태에서 욕실 내부를 청소하는 도중 찬물이 닿아 온도 차이 때문에 파손될 수도 있으나 커버로 보호되어 있었기

Section 02 전등에 관한 실전 Q&A

때문에 그것도 아닙니다. 간혹 완전한 제품이 아닐 경우 사용 시간이 오래되면 경미한 전압 변동에 의해 내부 필라멘트가 끊어지는 경우가 있습니다. 아무래도 인지도가 떨어지는 제품일 수 있으며, 이 경우 유리 재질의 품질 저하로 인해 장시간 열에 노출되어 파손된 것 같습니다.

다음은 등기구나 커버를 분리하는 방법에 대해 알아보겠습니다.

① 등기구 분리하기 : 상기 제품의 등기구는 비스로 고정하는 것이 아니라 할로겐처럼 등기구 양쪽에 날개 모양의 스프링 핀(3번)으로 고정하는 것입니다. 등기구를 천장에서 분리할 때는 등기구를 잡고 그냥 잡아당기면 날개가 접히면서 분리됩니다.

② 전원선 처리하기 : 등기구에서 분리한 전원선은 2가닥이 서로 합선되지 않도록 미리 스위치를 OFF 시켜 하트상이 오지 않도록 하며 별도로 전선 끝에 테이핑을 하거나 사진 1번처럼 확실하게 떨어뜨려 놓아야 합니다.

③ 커버 분리하기 : 커버는 센서등처럼 나사산이 되어 있어서 시계 방향(끼울 때)이나 반시계 방향(분리할 때)으로 돌리는 것이 아닙니다. 사진의 4번처럼 3군데에 약간 홈이 나와 있으므로 등기구 몸체를 천장에서 분리할 때처럼 커버를 당기면 자연스럽게 빠집니다. 간혹 오래된 경우 뻑뻑해서 잘 빠지지 않을 때도 있습니다.

 **텀블러 스위치 결선에 대해 궁금합니다.**

창고에 있는 스위치가 좀 다르게 생겼는데 이름을 모르겠습니다. 거실이나 방에 있는 스위치하고 모양이 다릅니다. 선이 왜 천장으로도 가고 밑으로도 갔는지 궁금합니다. 불을 켠다면 위로만 선이 가면 될 것 같은데 말입니다. 밑으로 내려간 선을 따라가 보니 물건이 적재된 곳 뒤로 지나가고 보이지 않는데 그냥 잘라도 되는지 궁금합니다.

 텀블러 스위치라고 하는데, 모양만 다를 뿐 동작은 일반 스위치와 같습니다. 사진을 보니 전선이 위로 2가닥, 밑으로 2가닥이 갔는데 이것은 밑에서 전원이 왔다는 의미입니다. 아마 스위치 밑으로 간 선은 콘센트로 갔을 것입니다. 즉, 콘센트에서 전원이 와서 스

위치를 거쳐 전등으로 간 것입니다. 아래 사진을 보면서 설명하겠습니다.

① 세대 분전함의 차단기 2차측에서 콘센트로 옵니다. 콘센트의 단자에서 다시 2가닥(하트상, N선)이 텀블러 스위치로 옵니다.
② N선은 텀블러 스위치에 연결되지 않고 바로 전등으로 갑니다.
③ 콘센트에서 온 하트상이 텀블러 스위치의 양쪽 단자 중 아무 곳에나 연결됩니다(사진에서는 왼쪽 단자).
④ 스위치의 다른 단자에서(사진에서는 오른쪽 단자) 나온 하트 출력선이 전등으로 갑니다.

간혹 일반 스위치 박스 속에서도 스위치 단자에 연결되지 않고 그냥 통과한 선이 있는데, 바로 위와 같은 경우처럼 N선일 확률이 높습니다. 때문에 스위치에는 하트상만 있을 것이라는 생각을 하고 같이 자르면 합선을 일으킬 우려가 있으니 조심해야 합니다.

 **베란다 전등에서 나온 선이 무엇인가요?**

집의 창고형 베란다 천장에 달려 있는 전등에 사진에서 보는 것 처럼 전기 테이프로 감아진 선이 있는데 무엇인지 궁금합니다. 전등이 있는데 옆에 또 전등이 있었던 것은 아닌 것 같습니다.

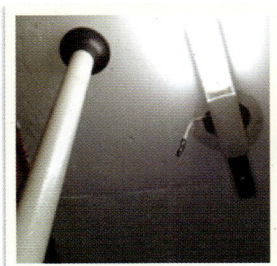 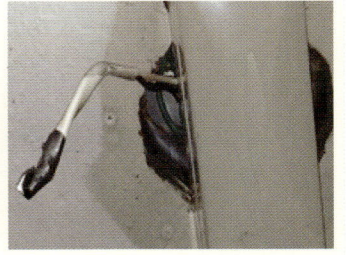

Section 02 전등에 관한 실전 Q&A

 가장 확실한 것은 등기구를 떼고 박스 속에 있는 배선을 살펴보는 것입니다. 테이핑 된 2가닥이 모두 등기구에 연결된 선과 같이 연결되었다면 다른 전등에 연결되었던 선 이고, 2가닥 중 1가닥만 연결되었다면 테이핑된 선은 전원선(220V)입니다. 실제로 박스 를 볼 수 없으니 그림으로 가정해 보겠습니다.

① 먼저 창고의 스위치를 끄면 전등의 불이 꺼질 것입니다.
② 스위치를 끈 상태에서 테스터기로 테이핑된 전선의 전압을 체크합니다. 이때 전압이 측정되지 않으면(0V) 다른 전등을 켰던 선이고, 전압이 측정되면(220V) 콘센트의 전 원이나 다른 공간에 있는 전등의 전원선입니다.

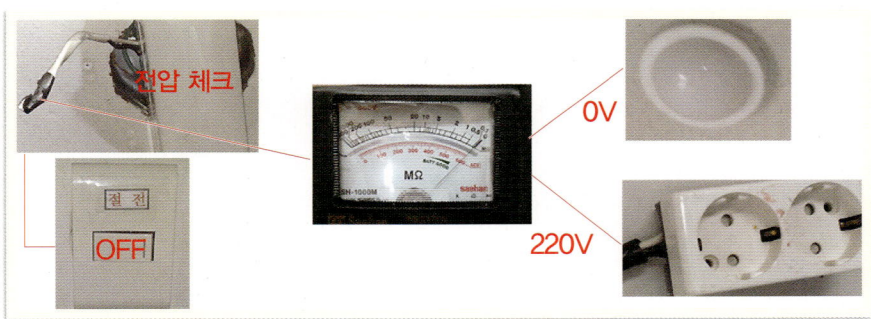

 감전 우려가 있는 소켓이 있는데 괜찮은 건가요?

램프의 불량 유무를 체크하는데 사용하기 위해 소켓에 플러그를 연결해서 만들어 보았습니다. 그런데 사진을 보면 알 수 있듯이 소켓 뒤쪽에 전원선이 노출되어 연결되었습니다. 납땜이 되어 있는데 보호 커버 없이 전선이 나왔습니다. 테스트하다 자칫 감전당할 염려도 있고 코드선을 자주 움직이면 납땜이 떨어질 것도 같은데 원래 이렇게 나오는 것인지 궁금합니다.

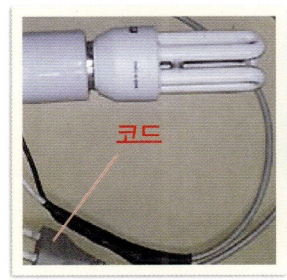 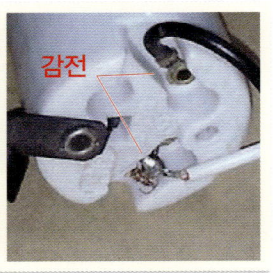

 사용하는 데 지장은 없으나 아무래도 안전은 좀 미흡한 것 같습니다. 질문처럼 오래 사용하다 보면 납땜 부위의 선이 떨어질 우려가 있고 감전의 위험도 높습니다. 만약 계 속 사용하겠다면 코드선을 소켓의 사기 부분과 함께 전기 테이프로 감아주는 것이 최선 일 것입니다.

Chapter 4 가정 생활 전기 실전 Q & A

Q80 전등 스위치 결선 시 보통 차단기를 내리지 않는다고 하는데 맞나요?

지금까지 전등 스위치를 교체할 때 기존 스위치에서 1가닥을 빼고 새 스위치에 끼우는 방식으로 차단기를 내리지 않고 작업했었는데 이번에 작업할 때는 한 선을 만지던 중 손에 전기가 통했습니다. 알고 있기로는 차단기 하트상과 중성선 2가닥을 동시에 만지지 않고 1가닥만 만졌을 경우 전기가 통하지 않는다고 하는데 틀린 건가요? 그리고 스위치를 교체할 때 보통 차단기를 내리지 않는지 아니면 차단기를 내리고 작업하는 것이 맞는지 궁금합니다.

정확히 모르는 상태에서는 메인 차단기나 해당 분기 차단기를 내리고 작업하는 것이 좋습니다. 전기는 보이지 않는 무기와 같습니다. 전선 1가닥만 만지면 안 통한다는 이론은 생명을 운에 맡기는 논리와 같습니다.

중성선은 전류가 흐르지만 전주에 있는 변압기에서 지면으로 2종 접지가 되어 있습니다. 접지된 중성선은 전위차가 거의 없기 때문에 인체에 접촉해도 전기 흐름을 느끼지 못하는 것입니다. 전위차가 거의 없다 해도 수 V 이상은 흐르기 때문에 습기가 있는 장소나 사람에 따라서 약한 전류를 느끼기도 합니다. 물높이가 같으면 흐르지 않는 원리와 같다고 생각하면 됩니다.

반면 하트상은 전등선일 경우 스위치 라인에 연결되는데 지면과 전위차가 200V 이상이 되므로, 설사 중성선과 같이 접촉을 안 한다 해도 지면과 완전 절연이 안 된 습기 있는 장소나 물기 있는 손으로 잡았을 경우 감전되어 생명이 위험해질 수도 있습니다.

감전

Q81 조광기를 환풍기에 사용할 수 있나요?

현재 집 욕실에 있는 환풍기는 전등을 켜면 같이 돌아갑니다. 그런데 환풍기만 별도로 속도를 조절하고 싶은데, 조광기로 200mm 욕실용 환풍기를 연결하면 환풍기의 회전력을 조절할 수 있나요?

Section 02 전등에 관한 실전 Q&A

 먼저 적법한 방법은 아니라는 점을 알려드립니다. 일단 사용은 가능합니다. 전에 실험을 위해 실사용으로 조광기를 이용한 단상 모터의 속도 제어를 한 적이 있습니다. 보통 조광기의 용량은 500~1,000W입니다. 단상 모터는 기동 전류를 감안한다면 500W까지는 가능하리라 봅니다. 그리고 조광기의 특성은 전류를 제어하는 것이 아니고 전압을 제어하는 것이기 때문에 약 50V 이하에서는 속도 제어가 잘 안 됩니다. 또 모터에서 소음과 열이 많이 발생합니다. 가정에서 사용하는 욕실용 환풍기라면 300~500W의 조광기를 사용하면 될 것입니다. 그리고 요즘에는 조광용 스위치와 일반 스위치가 결합된 제품도 나옵니다.

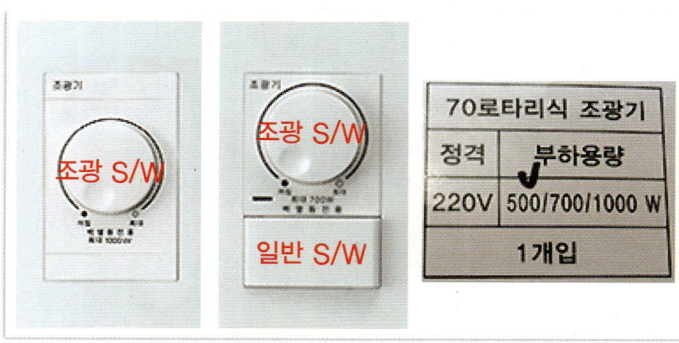

 **1개의 버튼에 형광등 2개소인데 버튼 2개로 분리하는 방법을 알고 싶습니다.**

경비실에 일반 형광등 2개소가 하나의 버튼에 설치되어 있는데 그것을 버튼 하나 더 몰딩으로 끌어내려서 각각 ON/OFF 할 때의 작업 요령과 주의할 점 등에 대해 알고 싶습니다.

 신설된 전등을 점등하는 방법에 따라 2가지로 나눌 수 있습니다.

1. 기존 스위치를 ON시켜야 점등

① 검전기를 이용해 하트상(스위치 출력선)과 N선(중성선)을 찾아냅니다(1번 N선, 2번 하트상).
② 중성선은 연결된 그대로 둡니다.
③ 전등(A)과 전등(B) 사이의 스위치 출력(하트상)을 잘라 스위치를 신설합니다. 이렇게 되면 하트상이 차단기에서 온 것이 아니라 기존 스위치를 거쳐 나온 출력선이기 때문에 반드시 기존 스위치를 ON 시켜야 A전등의 제어가 가능합니다. 즉, 기존 스위치를 OFF 시키면 신설 스위치를 ON 시켜도 A전등은 점등되지 않습니다.

Chapter 4 가정 생활 전기 실전 Q & A

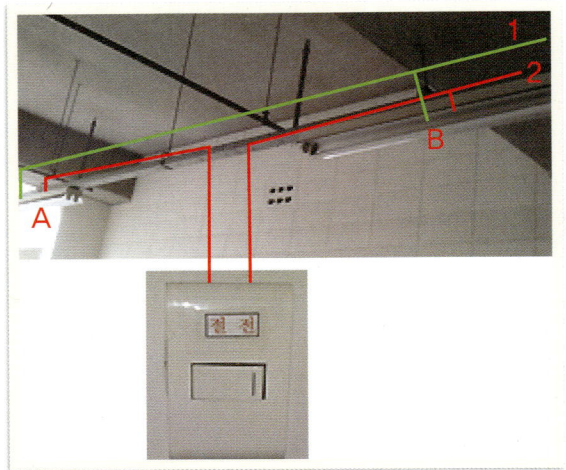

2. 기존 스위치와 별개로 점등

신설 스위치의 하트상을 기존 스위치의 출력선이 아닌 전원선(하트상)을 이용하여 기존 스위치와 별개로 자유롭게 제어하는 것입니다.

① 검전기를 이용해 하트상(스위치 출력선)과 N선(중성선)을 찾아냅니다(1번 N선, 2번 하트상).
② 중성선은 연결된 그대로 둡니다.
③ B전등에서 A전등으로 간 하트상(스위치 출력선)을 중간에서 잘라 제거합니다.
④ 기존 스위치의 스위치 공통(전원 하트상) 단자와 신설 스위치를 연결합니다.
⑤ 신설 스위치의 출력선이 A전등으로 갑니다.

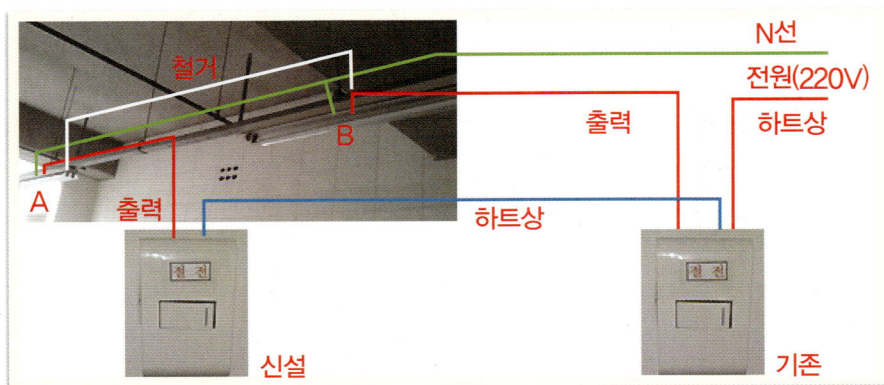

Section 02 전등에 관한 실전 Q&A

 **욕실 비닐 천장등 자리가 검게 그을렸는데 괜찮나요?**

욕실에 불이 안 들어와서 램프를 교체했는데 등기구가 있는 자리가 검게 그을려 있는 것이 보입니다. 화재가 발생할 위험은 없는지 궁금합니다.

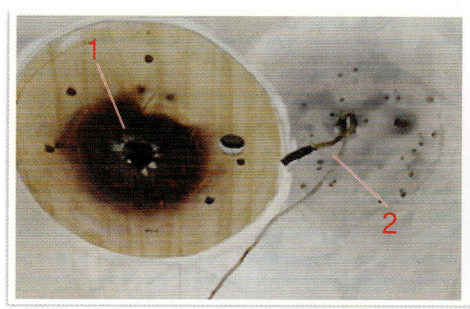 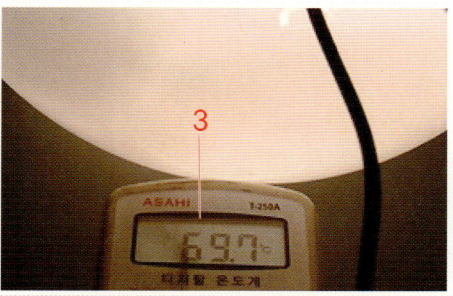

 그을린 천장등

① 1번 : 그을린 자리
② 2번 : 전원선
③ 3번 : 측정된 온도

A83 주택 욕실 천장에 사용하는 직부등입니다. 대부분 욕실의 천장 마감재는 '리빙우드'라는 비닐 계통의 마감재로 처리하는데, 직부등을 뜯어보면 등기구 자리가 열을 받아 타거나 눌어붙은 사례가 있고 실제로 밤새도록 욕실 전등을 켜 놓아서 새벽에 직부등에서 불이 난 적이 있었습니다. 그래서 직접 실험을 해본 결과 전구는 백열전구 60W이고 리빙우드의 표면 온도 70도일 때 장시간 켜 놓을 경우 불이 날 수 있다는 것을 알 수 있었으므로 욕실의 전등 기구는 개방형 직부등에 삼파장 전구를 사용하는 것이 바람직합니다. 그리고 별도로 직부등 내의 리빙우드에 방열구를 뚫어주는 것이 좋습니다.

 **화장실 전등이 1개만 들어오는데 이유가 무엇인가요?**

매입등 2개, 환풍기 1개가 있는 세대 화장실입니다. 그런데 2번 전등과 3번 환풍기는 정상인데 1번 전등이 안 들어옵니다. 그래서 등 상단에 연결 박스부터 전등까지 오는 선의 절연 저항을 측정하기 위해 접지선 1개, 전원선 2개를 테스터기로 측정했더니 전원선 중 1개가 안 들어왔습니다.

Chapter 4 가정 생활 전기 실전 Q & A

 위 내용에서 절연 저항은 의미가 없습니다. 전원 입력이 안 된 선로는 도통 테스트를 하고, 전원이 인가된 선로는 전압을 측정해야 합니다. 전등은 전원이 입력된 상태이니 전압을 측정해야 알 수 있습니다. 접지선을 제외하고 등선로에 220V가 검출이 안 된다는 것은 어딘가 단선이나 스위치 접촉이 안 됐다는 의미입니다. 1번 스위치 고장이거나 전등 공통선이 단선일 때 또는 스위치선이 단선일 때의 증상입니다.

스위치 박스에서 스위치를 분리한 후 1번 스위치선을 빼내 스위치 공통선에 접촉해서 점등이 되면 스위치 불량입니다. 그래도 점등이 안 되면 선로 어딘가가 단선이니 전문 기술자에게 의뢰해야 합니다. 찾는 방법은 여러 가지겠지만 대부분 스위치나 전등 고장이 많습니다.

 **리모컨 스위치 가닥수에 관련해 궁금합니다.**

리모컨 스위치를 교체하려는데 전선 가닥수가 3가닥(적, 흑, 청)입니다. 이 중 2가닥은 전원이 들어오고 1가닥은 안 들어오는데 이유가 궁금합니다.

 안방에서 주로 리모컨 스위치를 사용하는데 보통 리모컨 스위치는 2구입니다. 적색 선이 전원이고 흑색 선이 전등 1번, 청색 선이 전등 2번으로 생각됩니다. 적색 선과 흑색 선은 전원이 들어오고 청색 선은 전원이 안 들어옵니다. 리모컨 스위치는 보통 1번 전등 위주입니다. 2번 전등은 전압이 220V가 안 나오는 경우가 종종 있습니다. 그리고 작업은 검전 드라이버를 사용하여 확인하면 편리합니다. 벽면에 3선을 분리한 상태에서 차단기를 올린 후 검전 드라이버로 찍어서 불이 들어오는 선이 하트상입니다. 나머지 두 선은 형광등기구로 가는 출력선입니다. 천장의 등기구 커버를 열고서 천장에서 내려온 선 색깔을 봅니다.

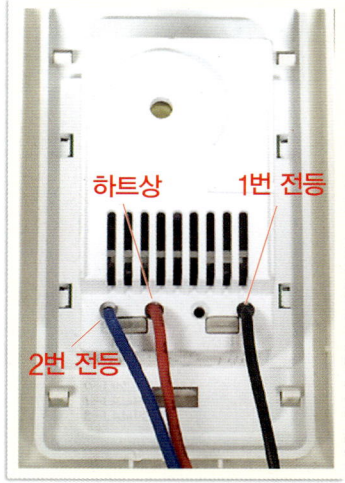

위의 상황은 2회로이기 때문에 총 3선이 결선되어 있을 것입니다. 천장에서 내려온 선 색깔과 스위치쪽의 선 색깔을 확인해보십시오. 거의 대부분 천장 2선의 색깔과 스위치쪽 2선의 색깔이 동일하고, 나머지 한 선이 하트상입니다.

Section 02 전등에 관한 실전 Q&A

 **텀블러 스위치와 콘센트의 합선에 대해 궁금합니다.**

식당에서 이상한 전기 배선을 보았습니다. 스위치에서 나온 플러그와 콘센트에서 나온 플러그가 연결되어 있었습니다. 스위치를 켜면 분명히 쇼트가 발생할 텐데, 왜 이렇게 결선했는지 궁금합니다.

 텀블러 스위치
플러그를 꽂아야 텀블러 S/W로 전류가 흐른다.

착각하기 쉽지만 큰 이상은 없습니다. 하지만 권장할만한 방식은 아닙니다. 연결된 모습이 정확히 보이지 않아 확실한 결정은 못 내리지만, 텀블러 스위치의 용도는 실내 전등이나 환풍기를 켜는 것일 것입니다.

콘센트에서 전원을 받는 방법이 조금 다른 것입니다. 콘센트 내부 단자에서 연결한 것이 아니라 플러그를 이용했습니다. 플러그의 2가닥을 모두 텀블러 스위치와 연결한 것이 아니고 1가닥만 연결한 것입니다. 때문에 전등(혹은 환풍기)은 스위치로 제어할 수도 있고 플러그를 빼거나 꽂음으로써 제어할 수도 있습니다.

 **전등이 켜지지 않는데 무슨 이유인가요?**

기존에 ON/OFF를 하던 스위치를 없애고 다른 곳에 텀블러 스위치를 만들었는데 텀블러 스위치를 켜도 불이 안 들어옵니다. 세대 분전함의 전등 차단기도 정상입니다. 그러다 우연히 기존의 전등 스위치를 켜니까 불이 들어옵니다. 분명히 천장에서 선을 잘라 새로 연결했는데 이상합니다.

Chapter 4 가정 생활 전기 실전 Q & A

 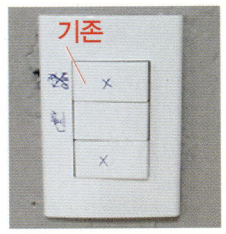 

　　천장에서 연결이 잘못된 것 같습니다. 기존 스위치로 내려간 선 중에 하트상을 연결해야 하는데, 스위치 출력선과 연결할 경우 이런 현상이 나타납니다. 현재 상태는 사진처럼 하트 출력선과 연결된 것입니다.
　① 천장에서의 해결 방법 : 천장에서 연결된 황색 선을 절단하고 하트상(적색 선)과 연결하면 됩니다.
　② 스위치에서의 해결 방법 : 천장은 연결된 그대로 두고 스위치에 꽂힌 하트상(적색 선)과 전등 출력선(황색 선)을 빼서 서로 연결하면 됩니다.

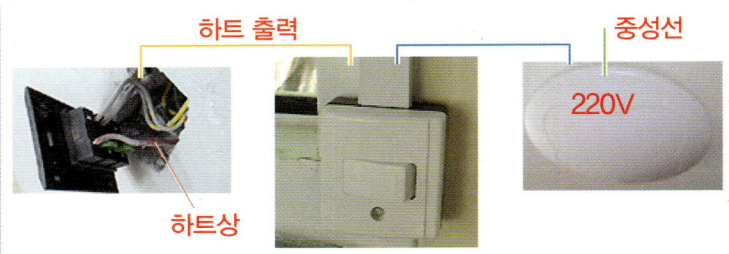

 형광등기구를 코드선으로 ON/OFF 하고 싶은데 설치 방법은?

　　전등은 천장에서 전원을 받아 일반 벽 스위치로 사용하는데 이 제품을 220V 콘센트에 코드를 꽂는 방식으로 사용할 수 있나요? 만일 전용 코드선이 있다면 구입해서 사용해야 하는지, 아니면 일반 코드선도 상관없는지 궁금합니다.

　　상관없습니다. 전용 코드선은 별도로 없으며 노출일 경우 VCTF 케이블을 이용해서 플러그를 만들어 사용하면 됩니다. 이 경우 전등을 ON/OFF 할 때마다 플러그를 빼고 끼우는 번거로움이 있습니다. 따라서 원하는 위치에서 케이블의 하트상을 잘라 스위치를 설치하면 됩니다.

Section 02 전등에 관한 실전 Q&A

 **센서등 교체 시 차단기가 트립되었는데 검전기에 불이 들어온 이유는?**

현관앞 센서등을 교체하려고 선을 분리하다가 차단기가 트립되었습니다. 점검 결과 계량기가 소손되어 전문가가 교체했습니다. 그런데 계량기 교체 전에 검전기로 분전함 메인 차단기 1차측을 체크해보니 불이 들어왔고(2선 모두) 메인 차단기 및 분기 차단기를 모두 올리고 1차측과 2차측을 체크해보니 모든 선에서 불이 들어왔으며 전압을 측정하니(계량기가 소손되어) 전압은 측정되지 않았습니다. 검전기에 불이 들어온 이유가 무엇 때문인지 원인이 궁금합니다.

 메인 차단기를 내려도 차단기 1차측 양단에 검전기에 불이 들어왔다면 계량기의 1차측 N선이 단선됐을 경우입니다(사진 1). 기계식 계량기는 유도형 코일이 부하로 연결돼 있으며(계량기 1차측 N단자에 조그만 고리 연결 시), 전자식 계량기는 회로를 구동시키기 위한 부하가 연결되어 있기 때문에 양 선에 Hot 전압이 검출되는 것입니다.

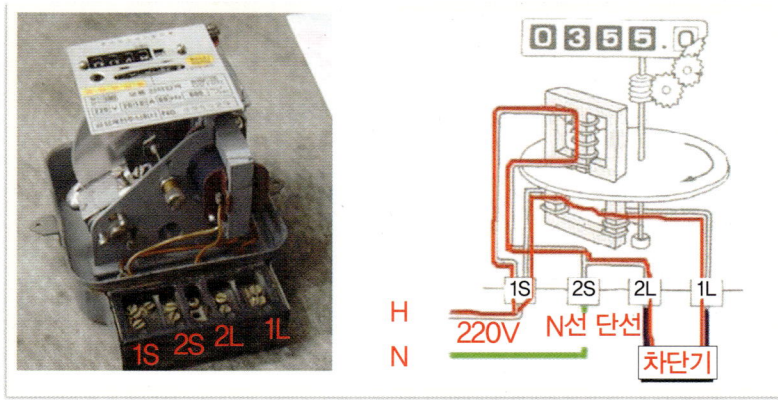

| 사진 1 |

계량기 2차측이 단선일 경우(사진 2) 메인 차단기를 내리면 검출이 안 되고 메인 차단기를 올리면 부하가 걸리기 때문에 검전기에 불이 들어온 것입니다.

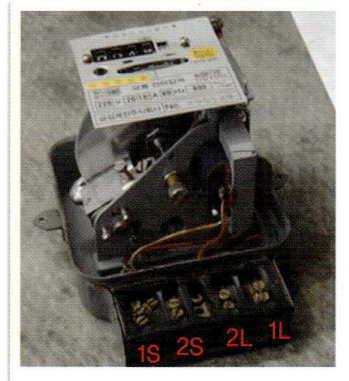 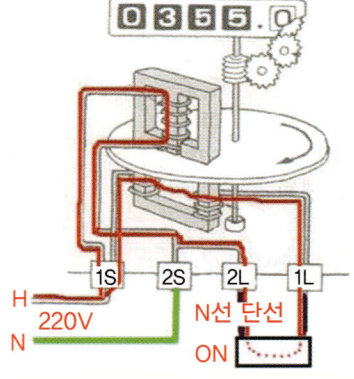

| 사진 2 |

Chapter 4 가정 생활 전기 실전 Q & A

 **아파트 가로등의 차단기가 자주 떨어지는데 이유가 무엇인가요?**

전에도 가끔씩 차단기가 떨어졌었는데 시간이 좀 흐른 뒤 올리면 다시 올라갔었습니다. 그런데 이번에 비가 많이 온 뒤로는 올라가지 않습니다. 이유가 무엇인지 알고 싶습니다.

비가 온 뒤에 그런 현상이 나타난다면 누수에 의한 누전으로 생각됩니다. 그 전에는 상태가 심하지 않아 시간이 어느 정도 흐르면 물기가 말라 작동했던 것입니다. 물이 침투할 가능성이 많은 곳은 램프가 들어 있는 등기구 커버와 안정기가 들어 있는 부분입니다.

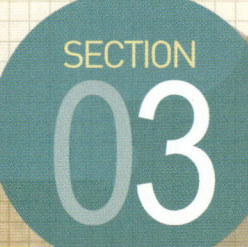

SECTION 03
전열에 관한 실전 Q&A

 **110/220V 사용하는 분전반 누전 차단기에 대해 궁금합니다.**

20년이 조금 넘은 아파트인데 아직 110/220V를 사용하고 있어서 누전 차단기 시험 버튼을 점검하다 보면 트립이 안 되는 누전 차단기가 있습니다. 교체를 해야 하는데 110/220V 누전 차단기가 현재 판매 안 되고 110V, 220V 누전 차단기를 따로 설치해야 된다는데 어떻게 해야 되는지 잘 모르겠습니다.

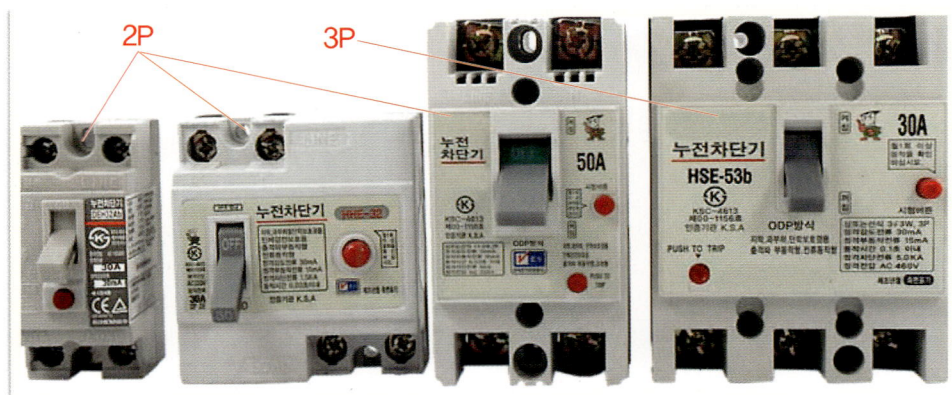

단상 3선식 누전 차단기는 생산되지 않으나 제조사에 메일이나 유선상으로 문의하면 재고 유무를 확인할 수 있습니다. 단상 3선식의 누전 차단기를 구할 수 없다면 3상 3선식 누전 차단기를 사용해도 됩니다. 그러나 위 사진처럼 크기 차이로 매입 분전함에 넣기가 어렵기 때문에 분전함 프레임을 개조해야 되고 좌측부터 R, N, T로 결선해야 합니다.

참고로 방화셔터용 차단기가 3상인데 그것을 사용해도 무방합니다. 단지 프레임 사이즈가 크다는 것만 다릅니다.

소방업체나 방화셔터 업체에 문의하면 됩니다.

Chapter 4 가정 생활 전기 실전 Q & A

 **전기 히터 고장 시 테스터 방법에 대해 알고 싶습니다.**

거의 사용하지 않고 있는 전기 히터인데 고장났을 경우 테스터하는 방법을 알고 싶습니다.

전기 히터 동작이 저항 부하 방식이므로 히터선에 저항을 측정하면 히터선의 고장 유무를 알 수 있습니다.

간단하게 설명하면, 220V에 콘센트를 연결하지 말고 꺼진 상태에서 기기에 겉커버를 분해하고 정상적인 사용 상태로 전원 스위치를 ON 위치에 둔 후(전원 플러그 콘센트에 연결하지 않은 상태에 스위치만 ON) 테스터기를 저항을 선택하고 플러그에서부터 선을 따라가며 단선된 곳을 찾아가면 고장 부위를 쉽게 찾을 수 있습니다. 정상적인 전기 히터라면 플러그 양단에 저항을 측정할 때 히터 용량에 맞는 저항값이 측정됩니다.

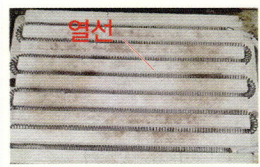 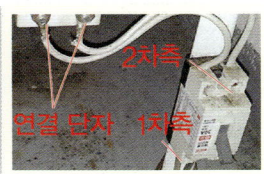 

 **컴퓨터를 만지면 전기가 흐르는데 원인이 무엇인가요?**

컴퓨터 3대 중 1대만 유독 PC 케이스에 피부가 접촉할 때 '찌릿찌릿' 전류가 흐릅니다. 원인이 무엇인지 궁금합니다.

 원인은 컴퓨터마다 접지의 완벽성이 조금씩 차이가 나기 때문입니다. 접지가 잘 되어 있는 콘센트에 연결된 PC라면 누설 전류는 아주 미약합니다. 콘센트는 접지용 콘센트지만 종종 접지선이 없는 연결 코드선에 PC가 연결됐을 경우에 찌릿한 누설 전류를 피부로 느낄 수 있습니다. 접지용 연결선으로 바꿔주고 대지와(접지) PC 케이스 양단의 전압을 측정했을 때 전압이 어느 정도 검출되면 접지가 제대로 안 된 것입니다.

Section 03 전열에 관한 실전 Q&A

 **천장 박스의 어떤 선으로 콘센트를 만들어야 하는지 궁금합니다.**

　두꺼비집 차단기는 그대로 있고 부엌과 작은방에 있는 콘센트들이 모두 제 기능을 못하고 있습니다. 그래서 부엌쪽에 있는 형광등 위 천장에서 선을 뽑아 콘센트를 만들려고 하는데 어떻게 해야 할지 모르겠습니다. 스위치가 꺼진 상태에서도 콘센트를 사용할 수 있는 방법을 알려주시기 바랍니다.

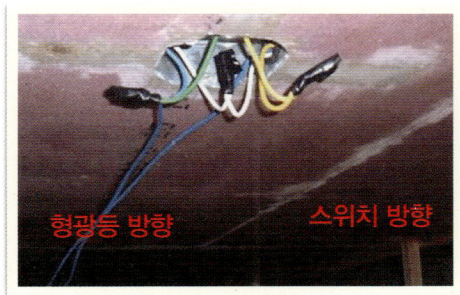 

 박스에서 먼저 살펴보겠습니다.
① 황색 선 : 하트상입니다. 물론 직접 보아야 정확하지만 일단 스위치에 내려 온 사진으로 판단하는 것입니다.
② 녹색 선 : 중성선입니다. 녹색이라 접지라고 생각할 수 있으나 형광등으로 직접 이동한 중성선(등공통)입니다.
이제 박스의 선과 스위치의 선을 비교하겠습니다.
① 스위치의 왼쪽에 있는 황색 선과 오른쪽에 있는 청색 선과 백색 선의 3가닥이 파이프를 통해 천장의 박스로 나왔습니다.
② 현재 2구 스위치입니다. 박스를 보면 청색선은 형광등으로 갔고, 백색 선은 연결되어 중성선(녹색)과 함께 파이프를 통해 다른 전등으로 갔습니다. 박스에서 스위치의 제어를 받지 않고 직접 220V를 사용하기 위해서는 황색 선과 녹색 선을 이용해야 합니다.

 **전등으로부터 화장실 비데용 콘센트를 만들어도 되는지 궁금합니다.**

　건물 화장실에 비데를 설치하려는데 단독으로 전원을 새로 끌고 올 수가 없어서 전열이 하나도 없습니다. 아무래도 천장의 전등으로부터 가져와야 될 것 같습니다. 작업 시 주의 사항이 무엇인지 궁금합니다. 비데에 이상이 없을지 걱정되는데 다른 방법은 없을까요? 화장실 내에 전등 말고는 아무것도 없습니다(환풍기도 없음).

Chapter 4 가정 생활 전기 실전 Q & A

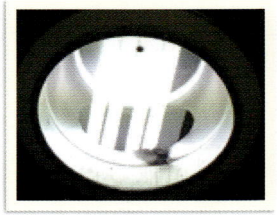  

화장실이 전등 말단(끝)인지 불확실한데 천장을 잘 확인해보면 220V 전원이 지나가기도 합니다. 그곳으로부터 전원을 가져오면 됩니다. 화장실 전등에서 콘센트를 만들면 전등을 켜야만 전원이 투입되어 사용하는 데는 크게 무리는 없지만 자주 켰다 껐다 하는 것은 안 좋을 것 같습니다.

콘센트 설치는 노출 박스에 매입 콘센트를 설치하면 됩니다. 콘센트 박스의 높이는 800~900mm 정도에 설치하면 됩니다. 하지만 천장 내에 있는 전선에서 중성선과 하트상을 구별할 수 있는지가 문제입니다. 검전기를 이용하면 편리합니다. 그리고 비데에는 과부하가 안 걸리므로 고감도 15mA 누전 차단기 내장형 콘센트를 취부하면 걱정없습니다.

콘센트 1개의 전압이 이상한데 어떻게 해야 할까요?

콘센트 하나만 전압이 낮게 나옵니다. 그곳에 TV를 꽂으면 몇 초있다가 분전반에서 '지지직' 소리가 나고 TV가 켜집니다.

간혹 차단기의 1차측이나 2차측 단자에서 접촉 불량을 일으키는 경우도 있으며, 이때 접촉 불량으로 '지지직' 거리는 미세한 소리가 납니다. 시간이 지나면 비스가 서서히 풀리므로 비스를 드라이버로 조여 보십시오.

전압이 정상적으로 나오지 않는데 이유가 무엇인가요?

작은방 콘센트에 전원이 안 들어와서 테스터기로 체크해보니 접지(E)와 R상은 220V, N선과 R상은 154V, N선과 접지는 38V가 체크됩니다. V상이 결상되서 전원이 안 들어온 것은 알겠으나 N선과 접지에 걸리는 전압이 궁금합니다. 결상되면 전압이 안 걸리는 거 아닌지 확인해 주십시오.

Section 03 전열에 관한 실전 Q & A

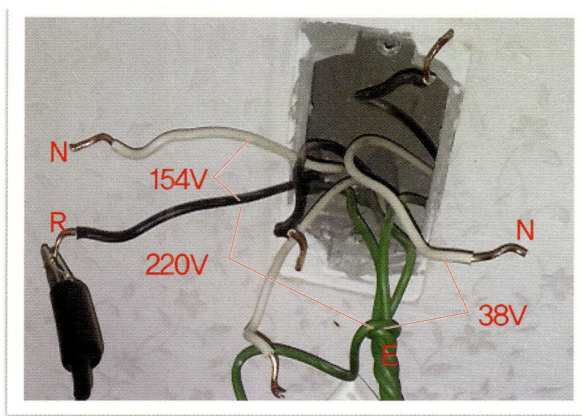

 콘센트가 몇 개씩 연결될 경우 테이프가 아닌 콘센트끼리 점퍼로 작업한 방식입니다. 중간 지점에 있는 콘센트에서 N선이 탈락되어 접지와 접촉되어 있는 상태이며, 분전반 접지선까지 역전압이 걸릴 것입니다. 중성선(N선)을 보수하십시오.

 가정집 벽면 콘센트에 접지가 없는데 괜찮은 건가요?

오래된 집에 도배를 새로 하기 위해 콘센트를 뜯었습니다. 그런데 벽에 있는 콘센트들이 모두 접지가 없는데 원래 그런 것인지 궁금합니다. 접지가 있는 멀티 콘센트를 꽂으면 되는지 알고싶습니다.

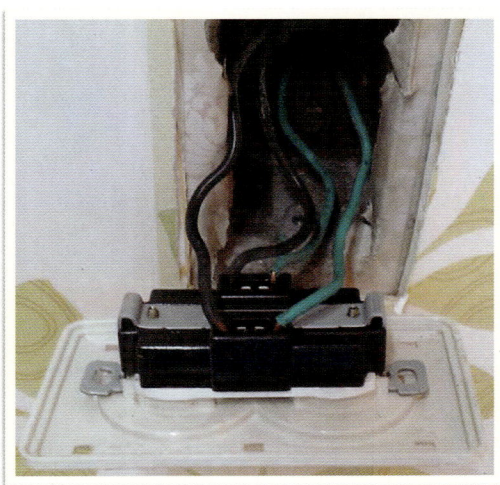

 사진을 보니 접지선이 없습니다. 이는 흑색 선으로 왔다가 녹색 선으로 벽 뒤쪽 콘센트로 간 것입니다. 예전에 시공한 주택은 거의 접지가 없었습니다. 또 전등과 전열의 구분 없이 차단기 1개에 연결되어 있었습니다.

접지 유무 확인 방법은 세대 분전함을 보면 알 수 있는데 녹색 선의 접지가 없을 것입니다. 접지가 없으니 요즘에 나오는 접지형 멀티 콘센트를 사용해도 소용없고 이런 집의 경우 접지 해결은 다음과 같습니다.
① 세탁기 : 접지선을 수도꼭지(요즘의 PVC 재질은 안 됨)에 연결합니다.
② 심야 전기보일러 라인 : 1층 화단에 접지봉을 박습니다.
③ 심야 온수기 라인 : 벽체 골조에 접지선을 연결합니다.
　만약 접지 라인을 반드시 만들려고 한다면 새로 신설해야 합니다.

 **감전이 되어도 차단기가 왜 안 떨어지는지 궁금합니다.**

가끔 작업하다 감전이 될 수 있는데 감전이 되어도 왜 누전 차단기는 떨어지지 않는지 궁금합니다.

 두 가지 정도 원인이 있습니다.
첫째, 차단기에 표시된 동작 전류와 부동작 전류를 알아두면 이해가 빠릅니다. 일반적으로 누전 차단기의 감도 전류가 30mA에 동작 시간이 0.03초입니다. 그리고 부동작 전류는 15mA입니다. 즉, 15mA 이하일 때는 누전 차단기가 아예 동작하려 하지도 않고 30mA를 넘었을 때도 0.03초 정도 흘렀을 때 동작합니다. 기기에 이상이 없다면 아마 이 범위 이내이기 때문에 동작하지 않았다고 봐야 합니다.
둘째, 단상 전원에서 감전 사고는 크게 두 가지로 나눌 수 있습니다.
① 하트상과 E(접지 & 대지)의 감전
② 하트상과 N선(중성선)과의 감전
　여기서 중요한 것은 하트상과 E(접지)의 감전은 누설 전류의 흐름 경로가 하트상에서 시작하여 인체를 거쳐 E(접지 & 대지)로 흐르므로 누전 차단기 내부의 홀센서는 누전으로 인식하며 누전 차단기의 누전 동작 전류인 30mA의 누설 전류에 도달하면 0.03초 내에 차단 동작을 합니다.
　그러나 하트상과 N선(중성선)과의 감전에서는 1A에 감전되나, 10A에 감전되나 누전 차단기는 절대로 동작하지 않습니다. 감전 전류는 하트상에서 인체를 거쳐 다시 N선(중성선)으로 흐름 경로가 이어지기 때문에 누전 차단기의 홀센서는 누설 전류로 인식하는 것이 아니라 부하 전류로 인식해서 누전 차단기는 동작하지 않습니다.
　참고로 어린아이가 방안 장판 위에서 양손으로 쇠젓가락 2개를 가지고 콘센트 구멍 하나에 하나씩 쇠젓가락으로 쑤셔서 감전이 된다면 감전 전류로 치명적인 부상을 입지만 누전 차단기는 절대 동작하지 않습니다. 이는 하트상과 N선(중성선)과의 감전이기 때문입니다.

Section 03 전열에 관한 실전 Q & A

 **콘센트에 연결되는 두 선이 모두 하트상인데 괜찮은 건가요?**

집의 콘센트를 교체할 때 당연히 한 선은 하트상이고, 다른 한 선은 중성선이라고 생각했습니다. 그래서 어떤 선이 하트상이고 중성선인지 확인하기 위해 검전기로 측정해보니 둘 다 하트상이었습니다. 이상이 없던 콘센트라 일단 교체는 했는데, 두 선 모두 하트상이면 전원이 어떻게 들어오고 가전제품에는 이상이 없을지 궁금합니다. 아파트 전기가 110V를 쓰다가 220V로 승압한 것입니다. 그리고 전등 라인이 하트상과 중성선으로 구분되어 있는 이유는 무엇인가요?

 예전 가정집은 단상 3선식을 사용했는데, 그 당시 3가닥인 것 같습니다. 편의상 순서대로 왼쪽부터 R, N, T 라고 하겠습니다.
① R, N : 110V(예전에 많이 사용함)
② T, N : 110V(예전에 많이 사용함)
③ R, T : 220V(지금 사용하고 있음)

즉, 승압할 때 가운데의 중성선(N선)을 없애고 R상과 T상만을 이용하여 220V를 사용하는 것입니다. 따라서 검전기를 댔을 때 하트상으로 나오는 것입니다. 그리고 전등은 220V 전용이었을 것이고 옛날 단상 3선식 방식은 콘센트를 쓰기 위해, 즉 110/220V 제품을 쓰기 위해 시공상 그렇게 되어 있을 것입니다. 따라서 전등은 220V만 공급되었습니다.

 **세탁기 등 가전제품을 수도관에 접지해도 되는지 궁금합니다.**

가전제품은 전원 연결 코드에 접지선이 있어서 콘센트에 꽂으면 자동으로 접지가 되고 접지 단자를 통해서 지하에 매설된 접지봉으로 누설 전류가 흘러 감전이 방지되는 것으로 알고 있습니다.

Chapter 4 가정 생활 전기 실전 Q & A

그런데 보통 수도관에 접지한다고 하는데 콘센트에 가전제품 코드를 꽂지 않은 상태에선 누전될 염려가 없기 때문에 접지가 문제되지는 않지만 왜 수도관에 접지하는지 궁금합니다. 2중으로 접지하는 의미인가요?

 의무적으로 누전 차단기로 교체했던 시기가 있었습니다. 예전 접지의 개념이 희미했을 때 시공했던 개인주택이나 다가구주택의 경우 접지가 없어서 누전 차단기를 달아도 누설 전류가 흐를 수 없었기 때문에 누전 차단기의 동작을 위한 접지가 필요했습니다. 이를 위해 접지 동봉을 대신할 것으로 스틸관(백관)으로 배관된 수도관을 많이 이용했습니다. 하지만 녹물 문제로 스틸관을 거의 사용하지 않고 요즘 대부분의 옥내 수도관은 엑셀관을 사용하기 때문에 접지로 이용할 수 없습니다. 대신 접지 시공이 의무적으로 다 되어 있고 수도관에 접지를 대신하는 사례도 거의 없어졌습니다.

Q12 110V 콘센트 3개를 220V로 바꾸고 싶은데 어떻게 해야 하나요?

오래된 집이어서 110V와 220V가 함께 들어오는데 이번 내부 공사 때 110V용 콘센트가 있었던 곳 중 꼭 사용해야 할 곳 3군데의 콘센트가 110V용으로 되어 있습니다. 관리사무소에서 콘센트 2곳 전압이 110V용이라고 하면서 220V 전원이 안 들어와 220V로 교체를 못한다고 합니다.

두꺼비집은 앞에서 순서대로 첫 번째 메인 차단기, 두 번째 전등용 차단기, 세 번째 220V 콘센트이고, 네 번째와 다섯 번째 차단기의 용도는 파악하지 못했습니다.

Section 03 전열에 관한 실전 Q & A

다음 사진을 참고해서 설명하도록 하겠습니다.

① 메인 차단기(3P)의 1차측 : 가운데 백색 전선이 110V를 만드는 중성선(N선)이고 왼쪽의 적색 선과 오른쪽의 녹색 선이 하트상(R · S · T 상 중 아무거나)입니다. 중성선과 임의의 하트상 1가닥을 사용하면 110V가 되고, 임의의 하트상 2가닥을 사용하면 220V가 되는 것입니다.

② 메인 차단기(3P)의 2차측 : 사진에서 메인 차단기의 하트상(적, 흑)이 위로 가서 부스바를 이용해 각 분기 차단기의 1차로 갔습니다. 때문에 모든 분기 차단기는 220V입니다.

③ 분기 차단기(1번) : 전등용 차단기입니다. 분기 차단기 2차측에서 흑색 선, 적색 선 2가닥이 세대 분전함의 상단 가운데 배관을 통해 천장으로 갔습니다.

④ 분기 차단기(2번) : 사진으로는 잘 안 보이지만 순수하게 하트상만 입선되어 220V를 만들어내는 것으로 보입니다.

⑤ 분기 차단기(3번) : 100V를 만들기 위한 차단기로 보입니다. 그 이유는 차단기의 2차측 전선(백, 흑)이 메인 차단기에서 온 중성선과 함께 들어갔기 때문입니다. 즉, 차단기의 하트상 2가닥, 중성선 1가닥이 배관을 타고 벽으로 가서 필요한 곳에 110V 콘센트를 만든 것입니다.

⑥ 분기 차단기(4번) : 2차측에 연결되어 있는 2가닥이 좀 굵은 것 같고 백색 선이 연결 안 되고 흑색 선이 있는 것으로 보아 에어컨이라 생각됩니다.

어쨌든 메인 차단기의 가운데 백색 선만 라인을 확인해서 좌 · 우측의 하트상으로 분리해주면 기존 110V가 220V로 될 것입니다. 중요한 것은 3상 3선식의 기본에 대해 이해를 먼저 해야 합니다. 사진으로는 완전히 파악하기가 어렵습니다. 직접 확인해서 백색 선(중성선)을 다른 하트상에 연결해주면 기존의 하트상과 결합해 220V가 됩니다. 만약 기존 백색 선과 결합된 하트가 T상이라면 백색 선을 R상에 연결해주어야 220V(R · T상)가 나올 것입니다.

Chapter 4 가정 생활 전기 실전 Q & A

Q13 칸막이 방에서의 콘센트 신설에 대해 궁금합니다.

세 가지 의문점이 있습니다.

① 칸막이를 해서 작은방을 만들었는데 전기 시설이 하나도 없어서 HIV 1.5sq로 선을 깔고 형광등을 달았습니다. 문제는 콘센트인데 HIV 1.5sq에 콘센트 2.5sq를 내서 쓸 경우 어떤 문제가 발생할 지 궁금합니다. 만일 콘세트를 내서 쓰지 못한다면 멀리 있는 분전반으로부터 끌고 와야 되나요?

② 누전 차단기 설치 여부에 관해서도 궁금합니다. 지금 배선용 차단기 30A에 연결되어 있습니다. '배선용 차단기 → 누전 차단기 → 지연 스위치' 순서가 되어야 하는데 누전 차단기 설치 여부에 따른 차이점이 무엇인가요? 단지 안전상의 이유뿐인가요?

③ 만약 콘센트 라인을 분전반에서부터 끌고 온다면 HIV 전선 2가닥을 분전반의 차단기에 연결하고 끌고 와서 콘센트에 취부하면 되나요? VCTF 전선 사용 시 접지가 있는데 이 접지는 분전반 어느 곳에 연결해야 되는지 알고 싶습니다.

 먼저 1.5sq는 소방 감지기용으로만 사용하십시오. 창고가 가정집, 사무실, 공장인 경우에 따라 달라집니다(사용하는 용량에 차이가 있음).

① 무조건 2.5sq입니다. 1.5sq는 이제 없습니다. 있는 그대로 예를 들면, 만약 기존 1.5sq에서 2.5sq로 새롭게 낸다면 어떤 전기를 초과해서 사용할 때 후순위인 2.5sq까지는 견딘다해도 우선 순위인 1.5sq가 못견뎌서 문제가 생깁니다.

② 배선용 차단기는 단락(쇼트) 및 과부하 전용이며, 누전 차단기는 말 그대로 누전 전용입니다(제품에 따라 배선용 차단기의 용도도 겸하는 것도 있음).
위의 특성을 살려 순서를 배선용 → 누전으로 하는 것과 누전 → 배선용으로 하는 것은 현장 상황에 따라 달라집니다.

③ 작은 현장에서는 VCTF도 그냥 사용합니다. 접지는 분전반에 접지선을 연결하는 곳(대부분 접지 부스바)에 있습니다.

Section 03 전열에 관한 실전 Q & A

 **차단기 용량에 대해 알고 싶습니다.**

사진을 보면 왼쪽부터 메인(50A), 30A, 20A, 20A입니다. 받는 전기량은 약 7~8kW, 단상 220V입니다. 여기서 1·2·3번에 있는 차단기 중 1번이 30A이고 나머진 20A입니다. 그런데 30A를 사용하면 안 된다고 하던데 그 말이 사실인지 궁금합니다. 무조건 사용하면 안 된다는 것인지 아니면 특별한 이유가 있는 것인지 궁금합니다.

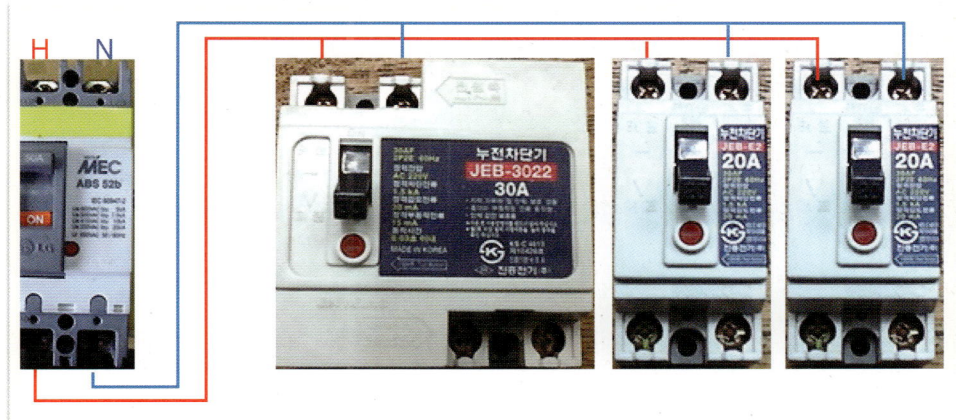

 전선의 굵기 때문입니다. 보통 2.5sq가 입선되는데 이때 20A를 사용해야 합니다. 30A라면 적어도 4~6sq 정도로 전선의 허용 전류가 차단기보다 높아야 합니다. 1번이 30A라면 에어컨 전용으로 해서 전선은 6sq를 사용할 것입니다.

추가로, 가정집의 경우 에어컨도 2.5sq로 하는 대신 단독으로 사용하는 경우가 대부분입니다. 가정집의 대부분은 메인(6sq), 분기(2.5sq)로 입선할 것입니다. 에어컨도 용량에 따라 2.5sq 단독으로 사용합니다.

 **용량성 누설 전류에 대해 궁금합니다.**

ELB가 트립되는데 과부하 측정 시 과부하는 아닙니다(후크메터로 측정함).
메거 테스터기로 측정했는데 절연 상태도 좋은 편이고 누전이 아닙니다.
ELB에 연결되어 있는 부하를 분리한 후 순서를 정하고 ELB를 ON 시키고 순서대로 부하를 연결시킵니다. 어느 특정 자리에 PC 전원을 연결하자 트립되어 버립니다. 다시 부하 분리 후 트립된 ELB를 ON 시키고 분리한 PC 전원을 다른 ELB에 연결시키니 양쪽간에 ELB가 트립되지 않습니다. 알아본 결과 용량성 누설 전류라고 합니다. 이러한 현상이 발생하는 원천적인 문제를 해결

Chapter 4 가정 생활 전기 실전 Q & A

하고 싶은데 어떤 방법들이 있는지 궁금합니다. 단지 연결된 회로를 변경하여 누설 전류를 분산시키는 방법말고 다른 방법은 무엇이 있는 것인지 알고 싶습니다.

현재 용량성 누설 전류는 By pass하고 저항성 누설 전류에만 동작하는 IGR 누전 차단기가 있습니다. 컴퓨터나 LED 조명, 고조파 기기를 많이 사용하는 곳은 IGR 누전 차단기로 바꿔주는 것이 좋을 듯합니다. 컴퓨터 전원부인 Switching power supply에서 발생하는 노이즈나 고조파가 접지에 영향을 미치기 때문에 일반 누전 차단기는 트립되는 일이 많습니다.

전기 라디에이터만 꽂으면 차단기가 계속 떨어지는데 그 이유는?

전기 라디에이터만 꽂으면 차단기가 계속 떨어집니다. 220V를 사용하는 제품으로, 절연 저항을 체크해보니 한쪽은 오른쪽 위 사진처럼 무한대(1번)이고 다른 한쪽은 아래처럼 거의 제로(2번)에 가깝게 측정됐습니다. 메거 테스터기의 어스선을 금속 케이스에 접촉한 후 리드선을 전원 코드에 차례로 접촉하니 무한대로 절연 저항은 잘 나옵니다. 그런데 이것만 꽂으면 10초 정도 후에 또 떨어집니다. 전원코드에 있는 접지 부분에 접촉한 후 리드선을 각각 재어보니 기본 절연 저항값 이상으로 나옵니다. 마찬가지로 그 제품을 다른 곳에 꽂아도 10초 후에 차단기가 떨어집니다.

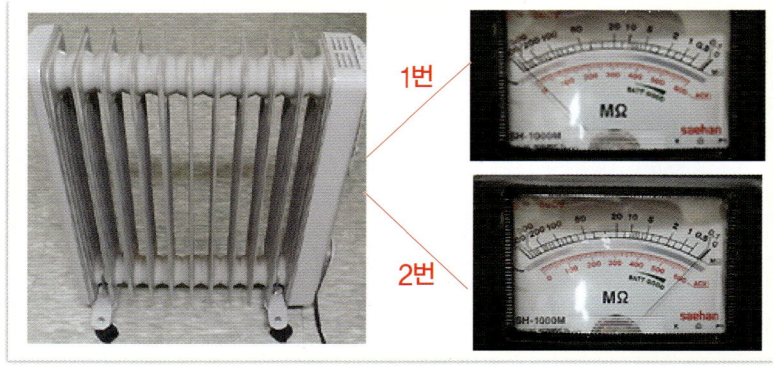

메거 테스터기의 리드선 2가닥을 전원 코드 2곳에 접촉시키면 라디에이터의 코일 때문에 단락처럼 체크됩니다. 메거 테스터기의 리드선 2가닥 중 1가닥을 라디에이터의 금속 케이스에 접촉시키고, 나머지 리드선 1가닥으로 전원 코드를 차례로 접촉시켰을 때 2번 사진과 같이 체크되었다면 절연 불량입니다.

Section 03 전열에 관한 실전 Q&A

 **장마 이후 차단기가 계속 떨어지는데 이유가 무엇인가요?**

장마가 끝나고 콘센트에 전기가 들어오지 않아 배전반의 차단기들을 살펴보니 'R-2'라고 되어 있는 누전 차단기가 자꾸 떨어집니다. 그래서 몇 달 후 습기가 제거되었을 것이라고 생각하고, 다시 올려보았는데 똑같습니다. 그쪽으로 연결된 전열 기구의 플러그도 모두 뽑고 시험해보고, 문제 있는 콘센트를 제거한 후 테스트도 해보았으며 차단기 2차측 배선을 빼고 시험해도 마찬가지입니다. 차단기의 부하선 2차측을 빼면 차단기가 트립되지는 않습니다. 선로 저항이 안 좋은 거 같아 콘센트를 분해한 후 직접 메거링해보니 0.1MΩ이 측정되었습니다. 선로 저항에 이상이 있는 것 같으므로 하자 보수를 해야 할 것 같습니다.

 ① 차단기 불량 유무 : 문제의 차단기 2차측 선을 빼서 옆의 정상 차단기에 연결시켰을 때 정상인 차단기도 떨어지면 선로 이상으로 판단하고, 떨어지지 않으면 차단기 불량으로 판단됩니다.
② 선로 이상일 경우 : 메거 테스터기의 리드선 2가닥 중 아무거나 1가닥을 분전함의 접지들이 연결되어 있는 곳에 접촉시키고, 나머지 1가닥을 문제의 선로(2가닥)에 1가닥씩 차례로 접촉시켜 저항값을 측정합니다.

 **메인 차단기 정격과 전체 분기 차단기 정격의 관계에 대해 알고 싶습니다.**

메인 차단기 밑으로 분기 차단기가 많이 달려 있습니다. 어떤 학교의 메인 차단기가 125A이고 밑으로 50A, 30A 식으로 많이 이어져 있는데 125A 1개로 그것들을 모두 감당할 수 있나요? 3상 4선식에 좌우 차단기가 10~13개 정도 설치된 것 같았습니다.

Chapter 4 가정 생활 전기 실전 Q & A

메인 차단기 밑으로 분기 차단기의 합이 메인 차단기를 초과할 수 있는지, 아니면 무조건 125A 안에서 사용하는 것인지 궁금합니다. 125A 안에서 사용하는 것이 일반적이겠지만 많이 설치한 이유가 무엇인가요?

3상 4선식에서 전류 평행을 이뤄야 하는데 정확히 맞출 수 있는 방법은 무엇입니까? 각 상마다, 예를 들어 125A를 넘으면 안 되거나 아니면 3개를 합친 합이 125A인가요? 후크메터로 상 전류를 찾아서 많은 상의 부하를 적은 상으로 연결하여 전류 불평형을 맞춰야 하는 것인지 알고 싶습니다.

A18 메인 차단기(MCCB)는 아래에 각각 분기되어 있는 회로가 동시에 흐르는 전류를 의미하기 때문에 그 부분은 이미 계산되어 있을 것입니다. 그리고 간선에서(3상 4선식) A상–R, B상–S, C상–T는 반드시 부하가 평형이 되도록 결선해야 합니다(최대한 평형에 가깝도록). 흔히 중성선을 중심으로 각각 평형을 맞춰서 설비하는데 가끔은 한 상으로 편중해서 결선을 하는 경우도 있습니다.

나중에 클램프메터(전류계)로 측정을 하면 알 수 있는데 이때 평형을 맞춘다고 무턱대고 상만 바꾸게 되면 문제가 발생할 수도 있습니다.

모터인 경우엔 한 상의 접속을 바꾸면 회전 방향이 반대가 되므로 주의해야 합니다.

 **전압의 종류와 관련해 궁금합니다.**

① 220/380V 겸용 제품은, 즉 난방기는 따로 무엇을 설치하지 않고 두 전압에 결선해도 무방한가요?
② 3상 3선식은 380V만 사용할 수 있는 것으로 아는데, 220V 전압은 얻을 수 없나요? 전압을 높

Section 03 전열에 관한 실전 Q&A

이고 낮추는 기계가 따로 있는지 궁금합니다.
③ 승압이 무슨 의미인가요? 3상 3선식은 380V만, 3상 4선식은 220V만 얻을 수 있는 건가요?

① 두 가지 전압에 따라 난방기의 전원 입력 부분에서 결선을 다르게 해야 할 것이며, 난방기가 히터라면 히터의 정격 전압에 맞는 결선을 해야 됩니다. 부득이하게 난방기의 난방 능력이 부족하다면 Y결선에서 델타 결선으로 변경하기도 합니다.
② 380V에서 220V로 낮게 변압하는 것을 강압 트랜스(다운트랜스)라 하며, 220V에서 380V로 높게 변압하는 것을 승압 트랜스(업트랜스)라고 합니다. 트랜스는 건식과 유입식 두 가지가 있으며 단권과 복권이 있습니다.
③ 승압은 말 그대로 전압을 높이는 것입니다. 3상 4선식도 3상 380V와 단상 220V의 두 가지 전압을 사용할 수 있습니다.

 **콘센트가 타는 현상에 대해 궁금합니다.**

콘센트의 전선을 꽂는 부위에 검게 탄 흔적이 있으면 의심되는 원인들에는 어떤 것들이 있는지 궁금합니다. 원인 중에 과부하도 해당되나요?
그리고 콘센트가 타기 전에 ELB가 먼저 동작하여 타는 현상을 방지해주는 것은 아닌가요?

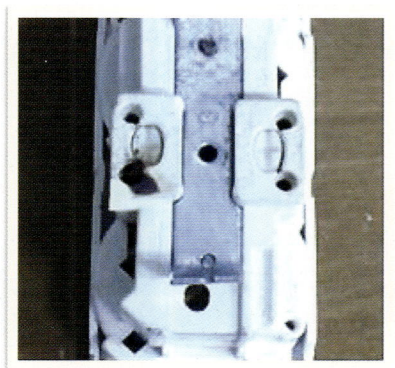

콘센트가 검게 탄 흔적이 정확히 어떤 상태인지 알기 힘들지만 콘센트를 오래 사용하다보면 접점 부위가 헐거워지게 됩니다. 사용하는 부하 용량에 따라 열이 발생하기도 하고 플러그를 자주 접속하는 콘센트인 경우 접점 시에 스파크로 인해 검게 그을리게 됩니다(과부하도 이에 해당됨).
또한, 사용하는 기기의 플러그에 이물질이 있거나 녹이 슬어도 콘센트와 접점 시 저항이 형성되어 열이 발생하게 되며 콘센트가 눌러붙거나 타게 됩니다.

Chapter 4 가정 생활 전기 실전 Q & A

일반적으로 많은 분들이 위의 질문과 동일한 생각을 가지고 있습니다. 합선이 아니라 해도 열이 나거나 전선이 타는 경우에 차단기가 떨어지는 것으로 알고 있습니다.

물론 정격 전선에 맞는 차단기 선로에 전선 이탈 정도의 과전류라면 차단기가 내려가야 되지만 일반적인 전자제품이나 코드류가 열이 나거나 탄다고 해서 단락되지 않는 이상 차단기는 쉽게 내려가지 않습니다. 콘센트 상태를 대충 알 수 있는 방법은 사용하는 기기를 콘센트에 연결하고 동작 이후 10분에서 20분 사이에 콘센트 연결부위가 뜨겁게 느껴지면 과전류나 접점 불량으로 봐야 합니다. 개방된 장소는 위험이 작지만 밀폐된 공간이나 인화성 물질이 있는 곳이면 위험할 수도 있습니다.

 **S/W 박스에서 220V를 가설할 때 부하측 용량을 보고 판단해야 하나요?**

창고로 쓰던 곳을 사무실로 쓰려고 하는데 그곳에 벽 콘센트 1개가 있지만 전열 라인을 1곳 더 만들어 달라는 요청입니다. 천장 텍스 위로 S/W 박스가 있는 상태이고, 그 구간에서 전열 라인을 연결하여 콘센트를 만들려고 합니다.

스위치 박스에서 기존에 연결된 하트상과 중선선 라인을 풀어서 2가닥을 연결해 콘센트를 만들면 되는지 궁금합니다. 기존 회로에 차단기는 30A ELB가 부착되어 있는데 컴퓨터와 선풍기 정도만 사용하는 것이라면 기존 회로에서 연결해 콘센트를 만들려고 합니다.

 ① 기존 전원이 전등 라인일 경우 : 만약 전등 라인에서 누전이 생기면 차단기가 트립되어 새로 만든 콘센트를 사용하는 전열 부하도 차단되므로 피해를 입게 됩니다.

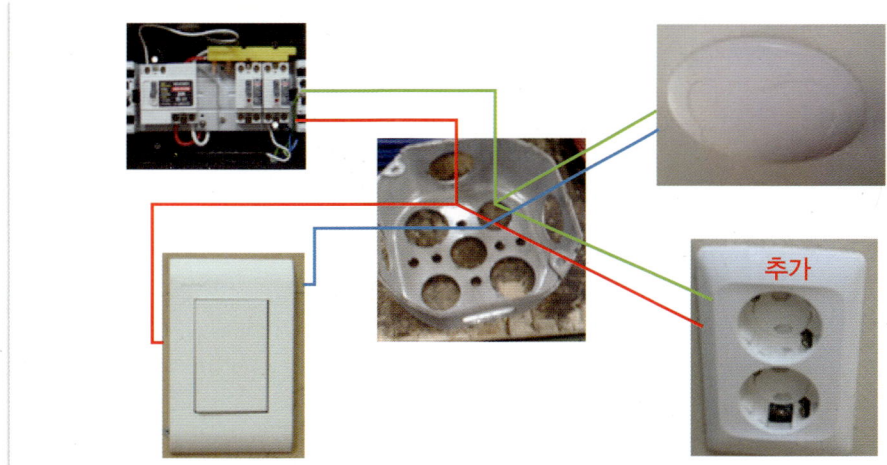

Section 03 전열에 관한 실전 Q&A

② 기존 박스가 전열 라인일 경우 : 부하가 선풍기와 컴퓨터 정도라면 전혀 문제될 것이 없어 보입니다. 특별히 주의해야 할 것은 전체 부하를 전선이 견딜 수 있는 굵기로 해야 되며, 차단기는 30A를 사용하니 전체 부하를 계산해서 30A가 넘지 않도록 하면 될 것 입니다.

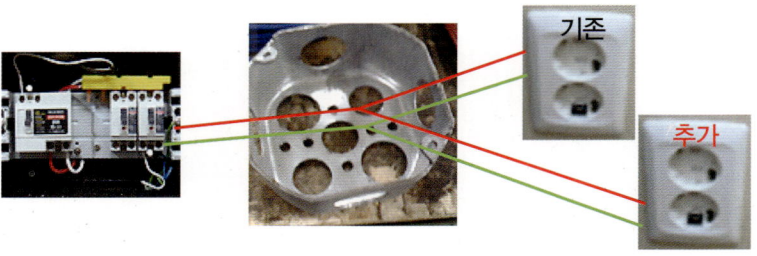

 **전열 콘센트를 결선하는 방법에 대해 알고 싶습니다.**

차단기에서 1번 콘센트로 전선을 보내고 1번 콘센트에서 2번 콘센트로 전선을 보냈는데 연결을 해서 기구에 부착하는 것이 나을지, 기구에 직접 꽂는 것이 나을지 궁금합니다.

 대부분 작업하는 데 편해서 콘센트에 직접 꽂아서 다음 콘센트로 넘어가는데, 이것은 좋지 않은 방법입니다. 연결한 후 같은 굵기의 전선으로 콘센트를 접속해야 합니다.

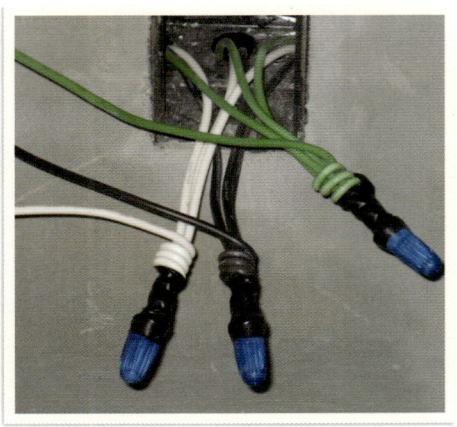

Chapter 4 가정 생활 전기 실전 Q & A

Q23 콘센트 결선에 관해 알고 싶습니다.

콘센트를 결선할 때 전선을 넣는 구멍이 위와 아래 각각 2개씩 모두 4개 있는데, 1번 콘센트 위에 전원 2가닥, 접지 밑의 구멍에 전선 2가닥과 접지를 2번 콘센트에 설치하는 것으로 알고 있는데 이것이 옳은 방법인지 궁금합니다.

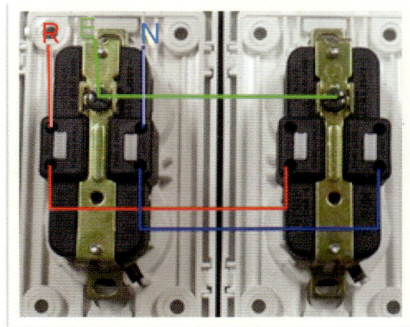

| 2구용 2개 |

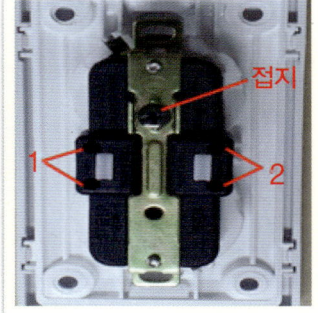

| 2구용 1개 |

① 한쪽 구멍 2개가 서로 연결되어 있습니다. 그러니까 위 2구용 1개 콘센트의 1번 구멍 2개가 내부에서 서로 연결되었고, 2번도 마찬가지입니다. 2개인 이유는 다른 곳의 콘센트와 서로 연결하기 위해서 입니다. 만약 구멍이 1개라면 다른 콘센트로 점퍼를 할 수가 없습니다.

② 차단기에서 오는 전선의 굵기가 허용하는 범위 안에서 위의 사진과 같은 방법으로 콘센트를 연결합니다. 보통 차단기 1개에서 온 전원으로 5~7개의 콘센트를 서로 연결합니다.

Q24 안전 잠금식 콘센트에 대해 궁금합니다.

일반 콘센트와 안전 잠금식 콘센트의 차이점을 알고 싶습니다. 일반 콘센트는 콘센트 구멍 1개에 젓가락 등을 넣었을 때 들어가고, 안전 잠금식 콘센트는 안 들어가는 것으로 아는데, 직접 해 보니 구멍 하나에만 넣었을 때는 일반 콘센트나 안전 잠금식 콘센트 둘 다 안 들어갔는데 차이점이 무엇인가요? 일반 콘센트는 젓가락이 들어갔는데 요즘 제품에는 안 들어갔습니다.

Section 03 전열에 관한 실전 Q&A

| 일반 콘센트 | | 안전 잠금식 콘센트 |

전원 플러그의 정적 규격(굵기 – 지름 4.8mm, 단부의 형상–둥근형 또는 면취)이 아니면 4개의 돌기가 동시에 열리지 않으며, 2개의 접점 구멍에 이물질을 삽입하여도 개폐구가 개방되지 않습니다.

 **콘센트가 터지는 현상에 대해 궁금합니다.**

차단기를 내리지 않고 작업할 때 콘센트가 '퍽'하고 터지는 현상이 무엇인지 궁금합니다.
안전하게 차단기를 내려야 되지만, 부득이하게 내리지 않고 작업할 때가 많습니다. 문제는 3가지 정도가 있는데, 첫째 콘센트 피스를 푸는데 터지는 경우이고 둘째 비스를 다 풀고 콘센트를 벽에서 빼내는 데 터지는 경우이며, 셋째 새것으로 교체할 때 터지는 경우입니다. 이런 경우 단락이 주원인이지만 다른 이유도 있을지 궁금합니다. 가령 콘센트 노후화나 접지선의 문제 등이 있을 수 있을 것입니다.

가능성 있는 사항을 모두 열거해 보겠습니다.
① 간혹 접지나 박스에 비스가 살짝 닿아 있는 경우가 있습니다.
② 콘센트를 벽에서 빼다가 종종 피복이 벗겨지기도 합니다.
③ 새것으로 교체할 때 하트상하고 접지가 닿아서 그런 현상이 발생하기도 합니다.
현장에서 부득이하게 정전 작업을 못할 경우 조심해도 어느 한순간 발생하는 현상들입니다.

 **Chapter 4** 가정 생활 전기 실전 Q & A

Q26 콘센트를 꽂으면 모든 차단기가 단락되는데 이유가 무엇인가요?

방에 콘센트가 2개 있는데 하나는 이상 없고, 나머지 하나에 TV플러그를 꽂으면 차단기가 전부 단락됩니다. 얼마 전 배선용 차단기에서 누전 차단기로 2개 교체한 후 증상이 나타나기 시작했는데 교체 전에는 정상이었는지 모릅니다.

차단기 교체 후 전등과 콘센트 이상 유무를 확인했는데 정상이었고 문제의 콘센트는 작업하지 않아 이상 없을 것이라고 생각했는데 작업 며칠 후 위와 같은 현상이 일어났습니다. 관련 없는 차단기까지 단락됩니다. 유독 그 콘센트에 꽂으면 그렇고 콘센트를 교체해 봐도 동일합니다. 콘센트 전단 어딘가에 무엇이 문제인지 알고 싶습니다.

 차단기 교체 시 바르게 회로를 분기했는지 궁금합니다. 서로 섞어서 배선한 것은 아닌지 모르겠습니다. 2개의 차단기를 교체했다고 하니 총 4가닥일텐데 올바르게 2선씩 2선을 조립했는 지 확인해보십시오.

회로 분리가 이상 없다면 분해를 해봐야 알겠지만 접지와 N선이 바꼈을 확률이 높습니다. 평소 사용을 하지 않을 경우에는 잘 모르지만 사용하기 위해 플러그를 꽂으면 그런 현상이 발생하기도 합니다.

Q27 해당 라인의 차단기를 찾는 방법에 대해 알고 싶습니다.

전등에 불이 들어오지 않아 새 램프로 교체했는데도 그대로입니다. 안정기에 이상이 있는 것 같아 등기구 자체를 빼서 안정기를 교체하기 위해 해당 누전 차단기를 내리려고 하는데 차단기가 여러 개고 어느 것이 전등이고 전열인지 아무것도 적혀 있지 않습니다.

차단기 확인 방법으로 문제의 전등 기구를 빼서 전등에 연결되어 있는 2가닥 선을 자른 뒤, 이 2개를 맞물릴려고 하는데 이러면 저항이 작아 누설 전류가 커져서 누전 차단기가 내려갈지 궁금합니다. 혹시 메인 차단기도 같이 내려가는지도 알고 싶습니다. 쇼트되어 '펑'하고 터지는 경우도 있던데 이럴 수도 있는지 알려주시기 바랍니다.

 만약 2가닥을 쇼트시키면 '펑'하고 터집니다. 여러 개의 차단기가 있을 경우 전등 스위치는 ON 상태에서 전등쪽 두 선에 테스터기를 대고 차단기를 하나씩 내려보면 전압이 나타나는지 안 나타나는지 확인될 것입니다. 전압이 안 나타난다면 그 차단기가 형광등을 제어하는 차단기인 것입니다. 혹시 테스터기가 없다면 콘센트에서 테스트할 수 있는 가전(선풍기, 드라이기 등)을 꽂아놓고 차단기를 OFF해보십시오. 전등쪽도 플러그 2가

Section 03 전열에 관한 실전 Q&A

닥에 하나씩 연결한 후 차단기를 OFF하면 확인할 수 있을 것입니다.

만약 다른 차단기들이 내려가면 안 되는 상황이라면 검전기를 이용할 수도 있습니다. 일단 2가닥을 각각 따로따로 자른 뒤 검전기를 이용해 하트상을 찾아서 테이핑해 놓습니다(단락 사고 방지). 그럼 다른 선은 중성선이 되고, 중성선을 금속성 부위에 접촉시키면 해당 누전 차단기가 트립됩니다. 중성선도 일종의 접지이기 때문에 하트상이 단락되었을 때보다 훨씬 작은 충격이 가기 때문입니다.

 **콘센트 구멍을 막아 놓는 제품이 있는지 궁금합니다.**

아이 방에 있는 콘센트가 위험할 것 같아 없애버리려 하는데 어떻게 해야 할지 모르겠습니다. 우선 테이프로 붙여 놓았는데 하루도 못 가서 아이가 떼어버렸습니다. 콘센트를 벽에서 떼면 속에 들어 있는 전기선 때문에 더 위험할 것 같은데 어떤 방법이 있는지 알려주세요.

 흔히 맹커버라고 부르는 부품이 있는데 스위치나 콘센트 박스 구멍을 막아주는 것입니다. 일반 전기 자재상에서 구할 수 있으며 사이즈는 스위치 박스용과 사각 박스용이 있습니다. 맹커버를 취부하는 요령을 설명하겠습니다.

① 콘센트를 분리했을 때 전원선이 다른 콘센트로 연결되지 않고 해당 콘센트에서 끝났을 때 떼어낸 선이 서로 합선되지 않도록 각각 테이핑해서 박스에 넣고 커버를 취부하면 됩니다(사진 가운데).

② 만약 전원선이 다른 콘센트로 갔다면 같은 단자에 연결되어 있던 선끼리 연결한 다음 테이핑을 해야 합니다(사진 오른쪽). 즉, 오른쪽 사진에서 같은 접지선인 녹색 선 2가닥을 연결하고, 하트상인 흑색 선 2가닥을 연결하며, 중성선인 백색 선 2가닥을 연결해주어야 합니다. 그래야 맹커버를 취부해도 다른 콘센트에 전원이 흐릅니다.

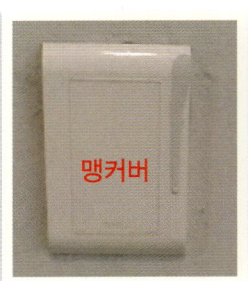  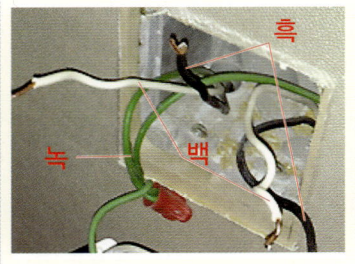

Chapter 4 가정 생활 전기 실전 Q & A

Q29 사무실 정수기 접지선이 그냥 말려 있는데 감전의 위험은 없나요?

사무실에 있는 정수기에 접지가 안 되어 있고 접지선이 정수기 옆에 돌돌 말려 있습니다(사진의 1번). 정수기의 코드선이 벽에 있는 콘센트까지 미치지 못해 사용한 멀티탭은 무접지형입니다(사진의 2번). 정수기는 물기가 많은데 감전의 위험은 없는지 궁금합니다.

A29
① 말려 있는 접지선 : 정수기 내부의 전기적 회로에 대한 접지는 플러그에 의해 되어 있을 것입니다. 사진의 접지선은 정수기 외부 케이스와 연결된 것 같습니다. 냉장고, 세탁기처럼 물과 관련이 깊은 제품들은 별도로 외부 케이스를 접지해주도록 되어 있는데 실제로 접지 계통이 되어 있는 금속성 물체와 연결하기는 쉽지 않습니다. 정수기를 오래 사용하여 전기인 회로가 누전되어 외부 케이스와 연결된 상태에서 인체가 닿으면 감전의 우려가 있습니다. 때문에 지금 당장 문제가 없다고 그냥 놔두면 안 되고, 접지를 해주는 것이 좋습니다.

② 무접지형 멀티탭 : 말려 있는 접지선보다 무접지형 멀티탭에 더 문제가 있습니다. 만약 정수기가 누전될 경우 벽에 있는 접지형 콘센트를 통해 누전 차단기가 트립되어야 합니다. 그런데 현재 상태에서 누설 전류는 멀티탭에 꽂힌 플러그까지만 전달되며, 멀티탭에서부터 벽에 있는 콘센트까지는 접지선이 연결되어 있지 않기 때문에 전달이 안 됩니다. 정수기를 이동시켜 플러그를 콘센트에 직접 꽂든지, 반드시 접지형 멀티탭으로 교체해주어야 합니다.

Q30 전선을 안 보이게 하는 방법에 대해 알고 싶습니다.

사무실 집기들의 위치를 이동하면서 콘센트와 통신선들을 숨기기 위해 올드를 붙였습니다. 뚜껑을 덮을 때 좀 더 튼튼하게 할 수 있는 방법이 무엇인지 궁금합니다.

Section 03 전열에 관한 실전 Q&A

 몰드는 일정한 길이가 있는데 요령은 몰드와 뚜껑의 길이를 다르게 하면 됩니다.
① 1번 : 아래 사진처럼 뚜껑을 덮을 때 끝을 몸체의 끝과 맞추면 안 됩니다. 물론 이처럼 해도 상관 없지만, 이렇게 하면 몸체가 뜰 때 힘이 덜 가게 됩니다.
② 2번 : 몸체의 양쪽 끝이 뚜껑의 중간쯤 오게 했습니다. 혹시 왼쪽의 몰드가 벽에서 조금 뜰 경우 고정된 오른쪽과 뚜껑에 의해 지지됩니다.
③ 3번 : 뚜껑과 뚜껑이 만나는 부분입니다. 2번 사진처럼 덮은 뒤 뚜껑끼리 만나는 부분으로 몸체의 끝과 만나지 않았으므로 조금이라도 힘을 더 받습니다.

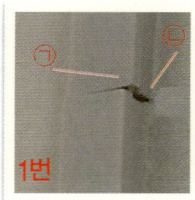 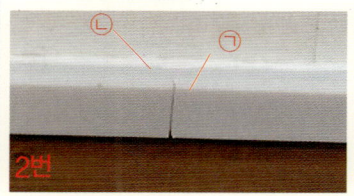 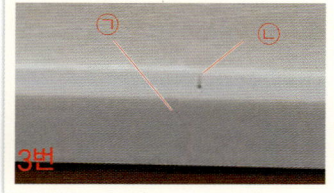

 **가스 감지기에도 전기가 소모되는지 궁금합니다.**

주방 천장에 가스를 감지하는 장치가 있고 또 경보 장치도 붙어 있는데 이것들도 계속 켜져 있으면 전기가 소모되는 건가요? 전기세와 관련이 있는지 궁금합니다.

 가스 감지기와 컨트롤러인 것 같습니다. 가스 감지 계통에 대해 간략하게 설명하겠습니다.

세대 내부 주방을 보면 가스레인지 상부 천장에 가스 감지기가 달려 있습니다(사진 1번). 세대 내에서 가스 누설 시 가스 감지기가 작동하여 감지기 컨트롤러(사진 2번)에서 주방 안으로 들어오는 가스 자동 절체 밸브(사진 3번)를 잠그라는 신호를 보내면 밸브가 잠깁니다. 동시에 가스 누설 사실을 거실의 월패드(사진 4번)쪽으로 신호를 보내어 가스 누설 사실을 알립니다. 일정 시간 동안 경과 후에 관리 사무실(사진 5번) 인터폰으로 자동으로 통보합니다.

가스 감지기는 한 번 작동하여 울리면 경보를 세대 내에서, 즉 거실 월패드에서 정지 복귀를 눌러도 일정 시간 후 다시 울리게 됩니다. 모든 소방 설비는 예비 전원이 있습니다. 비상 유도등의 경우 상전이 꺼지면 일정 시간 동안 켜지게 되어 있고, 이것이 법으로 규정되어 있습니다.

그러나 근본적인 대책은 가스 감지기를 교체하는 것입니다. 가스 감지기의 수명은 환경이 좋은 곳에서는 5년 사용할 수 있으나 환경이 좋지 않고 습기가 많으며(가스레인지 위) 주변 환경이 좋지 않으면 대개 3년으로 보며 고장이 나지 않아도 3년마다 교체해주는 것이 좋습니다.

237

Chapter 4 가정 생활 전기 실전 Q & A

 **가정용 정수기는 전기세가 많이 나오는지 궁금합니다.**

회사에서 사용하는 정수기의 전기 사용량이 많은가요? 차단기를 단독으로 사용하지 않는 것으로 보아 용량이 약한 것 같긴 하지만 전기세가 많이 나온다고 하는데 맞는지 궁금합니다.

가정용 냉온 정수기의 소비 전력을 측정한 결과 1일 평균 소비 전력은 약 2.620kWh로, 1개월이면 78.57kWh인 셈입니다. 일반 냉장고, 김치 냉장고, 세탁기 등의 소비 전력에 비교한다면 가정 내의 소비 전력 1순위이며 누진제의 주택용 전기 요금에 미치는 비중이 상당히 크다고 할 수 있습니다.

Section 03 전열에 관한 실전 Q&A

 **형광등 전용 누전 차단기(30A)가 왜 트립되었는지 궁금합니다.**

사무실 형광등이 모두 24개인데 3구 스위치로 제어하고 있고 누전 차단기의 용량은 30A입니다. 갑자기 차단기가 떨어져서 점검해보니 3번 스위치를 켜면 떨어집니다. 그래서 3번 스위치에 해당되는 형광등 8개를 모두 분리하니까 떨어지지 않았습니다. 분리한 8개를 하나씩 차례로 연결해서 차단기가 떨어지는 한 곳을 발견했습니다. 형광등을 끼면 떨어지기에 임시로 안정기를 떼어냈습니다. 안정기가 불량이면 형광등이 점등되지 않아야 되는데, 왜 차단기가 떨어지는지 궁금합니다.

 안정기 내부에서 단락(합선)이나 지락(누전)이 되면 누전이 되는 길(전기의 흐름)을 잘 생각해보십시오. 형광등기구는 금속성입니다. 안정기 역시 기판을 감싸고 있는 커버도 금속성입니다. 이런 상태에서 누전되면 누설 전류는 안정기 커버 → 형광등기구 몸체 → 형광등 고정 비스 → 천장의 경량 철골 → 접지 → 대지의 순서대로 흐르게 됩니다. 때문에 안정기 자체가 불량이라기 보다는 전원선과 기판이 연결되는 부위를 납땜하여 비닐막으로 보호하는 연결 지점이 불량일 수도 있으니 확인해보십시오.

위 상황이 아니면 안정기 불량입니다. 램프를 꽂고 스위치를 켤 때 떨어지는 것은 안정기에서 고압이 발생할 때 누전이 되는 것입니다. 고압이라고 해서 높은 전압은 아니고 형광등을 점등시키기 위해선 순간적으로 많은 전류가 흘러야 하는데, 그때 코일이 열을 받아 누전을 일으키는 것입니다.

 **전압 측정하다 테스터기가 폭발하였는데 그 이유가 궁금합니다.**

휴대용 포켓 테스터기로 220V 전압을 측정하던 중 갑자기 '펑'하는 소리와 함께 측정캡(리드봉)이 조금 녹았습니다. 왜 이런 현상이 발생하는 것인지 궁금합니다. 단자대에 찍어서 확인한 것이 아니라 잘라져 있는 전선을 측정했습니다.

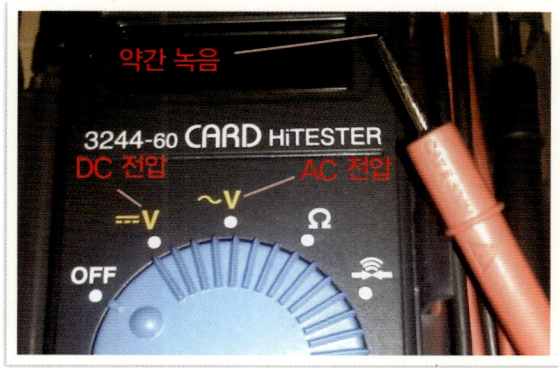

Chapter 4 가정 생활 전기 실전 Q & A

 조절 레버를 AC에 잘 사용하면 아무 문제가 없는데 실수로 DC에 잘못 놓은 것으로 생각됩니다. 테스터기 자체가 불량일 확률은 거의 없습니다. 테스터기는 무엇보다도 레버 조절이 중요합니다. 그것이 아니라면 단자대가 아닌 절단된 2가닥을 측정하는 과정에서 리드선이 쇼트를 일으킨 것 같습니다.

 **콘센트 단자에서 전선이 빠지는 현상이 나타났는데 어떻게 해야 하나요?**

아파트 주방쪽 모두 전기가 안 들어와서 콘센트를 분리했습니다. 그런데 콘센트에 꽉 꽂혀 있어야 할 전선이 저절로 빠져서 피복이 눌러 붙어 있습니다. 그 부분을 자르고 다시 콘센트에 연결했는데 콘센트를 교체하는 것이 좋을지 알고 싶습니다. 다른 세대에서도 이런 현상이 있었습니다.

헐렁해진 부위

 전선을 붙잡아 주는 동편이 헐거워서 그런 것 같습니다. 특별한 방법은 없고 단락 사고의 위험이 있기 때문에 무조건 교체하는 것이 좋습니다. 비용은 세대 부담입니다.

 **신축빌라 콘센트 소음에 관해 궁금합니다.**

신축한 지 6개월 된 빌라입니다. 입주 후부터 지금까지 심각한 소음을 겪고 있습니다. 메인 차단기를 내리면 소음이 안 나고, 냉장고쪽 콘센트가 있는 차단기를 내려도 소음이 안 납니다.
아침 또는 저녁에 소음이 심하며 중간 중간 소음이 났다가 끊기고 있습니다. 전문가 말로는 전

Section 03 전열에 관한 실전 Q&A

기에 문제가 있으면 차단기가 완전히 내려가거나 소음이 지속적으로 나야 한다고 합니다.

　냉장고쪽에서 소음이 난다면 냉장고 문제인데 점검했을 때 문제는 없었습니다. 전기에 문제가 없는데도 소음이 날 수 있으며 전기에 문제가 있을 경우 차단기가 내려가고 지속적으로 소음이 나는지 궁금합니다. 가전제품 선을 모두 뺐고 소음은 나고 있으며 가전제품 모두 테스트했습니다. 소음은 콘센트가 있는 벽에서만 심하게 납니다.

　　소음도 여러 가지라 직접 듣지 않고는 쉽게 판단할 수 없지만 아무래도 선로 문제인 것 같습니다. 전열쪽 전선 용량(굵기)과 콘센트 수구, 즉 차단기에서 나간 전열 콘센트가 몇 개인지, 그 라인에 연결되어 있는 전열 기기는 어떤 것인지 알아야 합니다. 더군다나 빌라일 경우 적은 공사 비용으로 공사해서 전선 용량이 작은 것을 사용한 것 같습니다. 작은 용량에 과부하가 걸리면 전선이 웁니다('웅' 소리가 남). 차단기 용량은 큰 것을 써서 떨어지지는 않고 중간 중간 소음이 난다는 것을 볼 때 의심이 갑니다. 왜냐하면 냉장고 같은 경우 처음 소비 전력이 높았다가 일정 온도가 되면 전류가 적어집니다. 모터가 안 돌아가고 멈추지만 열고 닫고를 자주하면 냉장고 모터도 자주 돌고 그때 전열 전류값하고 상당한 차이가 있습니다. 콘센트 있는 벽에서 소리가 심하게 난다고 하니 확실한 것 같습니다.

 **런닝머신기가 갑자기 작동을 안 하는데 그 이유가 무엇인가요?**

　잘 사용하던 런닝머신기가 갑자기 동작을 하지 않습니다. 차단기도 올려져 있고 테스트 버튼을 누르면 정상으로 내려갑니다. 이유가 무엇인지 궁금합니다.

　　차단기가 정상이라면 일단 전원은 런닝머신기까지 정상으로 투입된 것입니다. 기계 자체 스위치가 있을 것입니다. 간혹 스위치 부근에 여러 가지 짐을 두는 과정에서 스위치가 내려가거나 플러그가 빠지는 경우도 있습니다. 그 부분을 살펴보십시오.

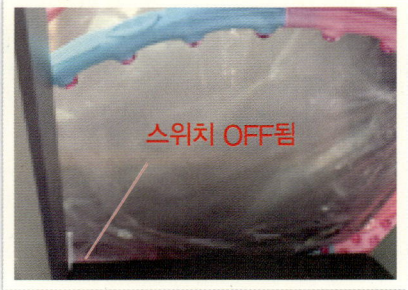

Chapter 4 가정 생활 전기 실전 Q & A

Q38 전기 히터 코드선의 연결 상태가 맞는지 알고 싶습니다.

물을 데우는 전기 히터가 있습니다. 기존 플러그가 망가져 다른 사진처럼 플러그를 연결했는데 접지선을 연결하지 않았습니다. 상관 없을지 궁금합니다.

 1번 히터를 물에 넣고 플러그를 꽂으면 전기에 의해 히터가 가열됩니다. 물에 노출된 히터이기 때문에 특히 접지를 잘 해주어야 합니다. 그런데 연결된 2번 부분에서 접지선이 단선된 상태입니다. 이 경우 히터에서 누전되면 누설 전류는 접지선의 단선 때문에 4번까지 밖에 흐르지 못하고, 3번의 접지선과 플러그를 타고 콘센트에 있는 접지선까지는 연결되지 못합니다. 이 상태에서는 누전 차단기도 떨어지지 않고 누설 전류에 의해 감전되는 위험도 있습니다.

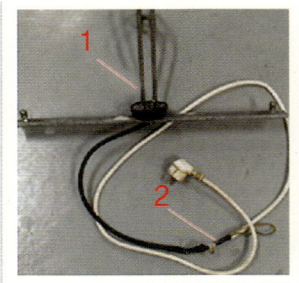 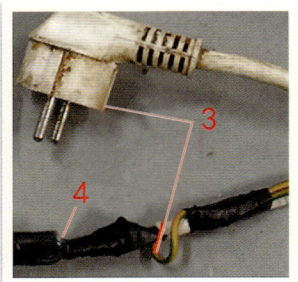

Q39 세탁기를 연결했는데 접지가 되는지 궁금합니다.

아래는 세탁기가 연결된 사진입니다. 세탁기 주변에 항상 물이 있고 사진에서 보듯이 접지선이 연결안 된 상태인데 플러그를 꽂으면 자체 접지가 되는지 궁금합니다.

Section 03 전열에 관한 실전 Q&A

 현재 상태에서는 플러그를 꽂아도 소용없습니다. 차단기의 1차측을 보면 접지선은 없고 전원만 연결되어 있습니다. 차단기 2차측에서 콘센트도 전원만 연결되었습니다. 이 상태에서는 플러그를 꽂아도 소용없습니다. 그리고 돌돌 말린 접지선은 세탁기의 외함을 접지하는 목적으로 근처 수도 배관이나 철골 구조에 연결해주면 됩니다.

 **에어컨 전원선 연결에 대해 궁금합니다.**

에어컨을 이전 설치했습니다. 그런데 코드선이 짧아 콘센트에 꽂을 수가 없어서 중간에서 선을 잘라 길게 연장했는데 제품에 원래 있던 선을 임의적으로 잘라도 상관없는지 궁금합니다.

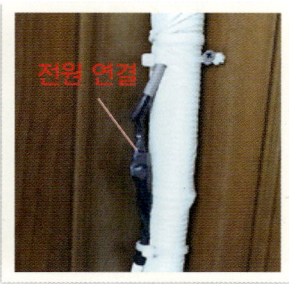

 작업한 사진을 보면 크게 잘못된 점은 없습니다.
주의할 점은 새로 연장한 선이 에어컨에 있는 기존 선보다 굵기가 가늘면 안 된다는 것입니다. 그리고 연결한 부위의 테이핑을 잘 해야 하고 될 수 있으면 사진처럼 테이핑 한 부분이 눈에 띄도록 하는 것이 좋습니다.

 **문어발 콘센트를 사용해도 이상이 없나요?**

사진을 보면 1번이 원래 콘센트입니다. 여기서 코드를 꽂아 2번처럼 새로 콘센트를 만들었습니다. 그리고 다시 3번의 콘센트를 만들었습니다. 이렇게 사용해도 별 문제는 없는지 알고 싶습니다.

Chapter 4 가정 생활 전기 실전 Q & A

 새로 만들어진 콘센트를 이용해 사용할 부하들의 용량이 중요합니다. 새로 만든 2번과 3번 콘센트는 기존 콘센트(1번)에 모두 이어지게 되는데 일반적으로 콘센트의 허용 용량은 2.5kW로 보고 있습니다. 따라서 상기의 모든 콘센트를 동시에 사용할 때 1~3번까지의 모든 용량의 합이 2.5kW를 넘으면 안 됩니다.

 **쇠붙이로 전선을 고정했는데 이상이 없을지 궁금합니다.**

집 바닥 문지방과 천장에 전선이 고정된 모습입니다. 그런데 가느다랗고 날카로운 철사 같은 것으로 고정했는데 괜찮은 건지 알고 싶습니다. 이렇게 눌러도 전기가 흐르는 데 상관없나요?

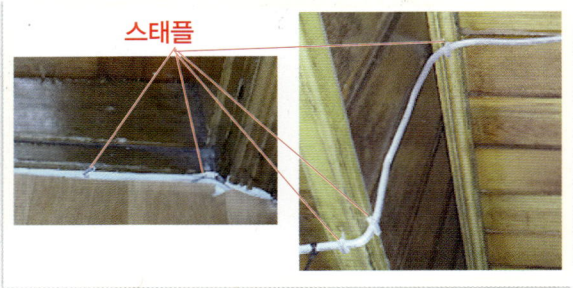

 철사는 아니고 시중에서 판매하는 스태플이라고 합니다. 전선을 고정시키는 것이 맞으며, 양쪽 끝이 날카롭게 되어 있습니다. 이 부분을 망치로 박으면 됩니다. 너무 세게 박으면 전선에 나쁜 영향을 미치므로 조심해야 합니다.

전기세상 (http://ew-world.com)의 동영상 Guide

현장실무의 새로운 분야를 개척해나가고 있는 전기세상에서는 동영상 전문 사이트인 **엠몰(M.mall)**과 **전기실무닷컴**을 통해 다음과 같이 철저한 현장 위주의 동영상 과목을 제공하고 있습니다.

구 분	강의 과목		과목 설명
기본 실무 동영상	현장실무	현장실무이론	일반전기현장실무에 필요한 실무이론 강의
		현장실무경험	일반전기현장의 실제공사 동영상
		인테리어공사	인테리어 공사현장 동영상
	소방기초	소방(시설)전기	시설관리분야 소방전기실무 동영상
		보충강의	소방전기기초 교재의 보충설명
	자동제어	실기이론	자동제어에 필요한 실기이론 동영상
		자동제어	릴레이 등 계전기를 이용한 실제결선 동영상
		보충강의	자동제어 교재의 보충설명
	시설전기	시설전기	시설분야에 속한 전기실무 동영상
		보충강의	보충강의가 필요한 부분의 필기설명
	시설영선	시설영선	전기가 아닌 영선분야에 속한 실무 동영상
		보충강의	시설영선 교재의 보충설명
	시설수배전	아파트시설	아파트 전기실의 수배전분야 동영상
		빌딩시설	빌딩 전기실의 수배전분야 동영상
		보충강의	보충설명이 필요한 부분의 필기설명
		실제시범촬영	3년마다 받는 정기검사의 실제시범 동영상
		자료실	수배전 관련 무료자료
	PLC 기초 (기능장)	실기이론	PLC를 이해하기 위한 실기이론 동영상
		마스터-K 실습	마스터10S-1를 이용한 결선연습 동영상
		프로그래밍	여러 가지 프로그램들을 직접 프로그래밍
		보충강의	PLC 기초 교재의 보충설명
		관련자료	PLC 관련 무료자료
	기능사실기	실기이론	기능사실기 이해하기 위한 실기이론 동영상
		실습과제	과년도 실기문제를 직접 결선 및 동작테스트
		특강수강	실기시험에 필요한 부분 특강설명

구 분	강의 과목		과목 설명
초보 탈출기	초보 탈출기	시설관리분야	시설관리 첫 시작부터 경험하는 시설분야 동영상
		일반전기현장	일반전기현장 초보의 실제공사 동영상
신축공사 동영상	전기공사	기초공사	동네 빌라신축공사의 전기기초공사 동영상
		바닥(슬래브)	동네 빌라신축공사의 바닥(슬래브) 동영상
		골조(벽체)	동네 빌라신축공사의 골조(벽체) 동영상
		내부공사	동네 빌라신축공사의 내부공사 동영상
		기타공사	동네 빌라신축공사의 기타 공사 동영상
	외장공사	착공	동네 빌라신축공사의 타공정의 착공 동영상
		철근	동네 빌라신축공사의 타공정의 철근 동영상
		목공	동네 빌라신축공사의 타공정의 목공 동영상
		돌(석재)	동네 빌라신축공사의 타공정의 석공 동영상
		기타	동네 빌라신축공사의 타공정의 기타 동영상
	내장공사	목공	동네 빌라신축공사의 타공정의 목공 동영상
		설비	동네 빌라신축공사의 타공정의 설비 동영상
		조적(미장)	동네 빌라신축공사의 타공정의 조적 동영상
		타일(바닥)	동네 빌라신축공사의 타공정의 타일 동영상
		도배(장판)	동네 빌라신축공사의 타공정의 도배 동영상
		기타	동네 빌라신축공사의 타공정의 기타 동영상
	도면보기		전기관련 평면도 보는 법의 필기설명
	보충강의		교재 처음 내용부터 필기 보충설명 동영상
무료 동영상		시널전기	타공정에 해당되는 동영상 무료 제공
		라이비트	
		페인트	
		도배(장판)	
		타일	
		목공	
		조적(벽돌)	
		새시	
		기타	

▶ 엠몰(M.mall) 및 전기실무닷컴 방문방법

전기세상(네이버 카페)-카테고리〈현장실무교육〉-소제목(엠몰 바로가기) 혹은 (전기실무닷컴 바로가기) 클릭

가정생활전기
가정에 꼭 필요한 전기 매뉴얼북

2013. 3. 22. 초 판 1쇄 발행
2022. 1. 5. 초 판 5쇄 발행

지은이 | 김대성
펴낸이 | 이종춘
펴낸곳 | BM ㈜도서출판 성안당

주소 | 04032 서울시 마포구 양화로 127 첨단빌딩 3층(출판기획 R&D 센터)
     | 10881 경기도 파주시 문발로 112 파주 출판 문화도시(제작 및 물류)
전화 | 02) 3142-0036
     | 031) 950-6300
팩스 | 031) 955-0510
등록 | 1973. 2. 1. 제406-2005-000046호
출판사 홈페이지 | www.cyber.co.kr
ISBN | 978-89-315-2425-3 (13560)
정가 | 25,000원

이 책을 만든 사람들
기획 | 최옥현
진행 | 박경희
교정·교열 | 이은화
전산편집 | 정희선
표지 디자인 | 박현정
홍보 | 김계향, 유미나, 서세원
국제부 | 이선민, 조혜란, 권수경
마케팅 | 구본철, 차정욱, 나진호, 이동후, 강호묵
마케팅 지원 | 장상범, 박지연
제작 | 김유석

이 책의 어느 부분도 저작권자나 BM ㈜도서출판 성안당 발행인의 승인 문서 없이 일부 또는 전부를 사진 복사나 디스크 복사 및 기타 정보 재생 시스템을 비롯하여 현재 알려지거나 향후 발명될 어떤 전기적, 기계적 또는 다른 수단을 통해 복사하거나 재생하거나 이용할 수 없음.

※ 잘못된 책은 바꾸어 드립니다.

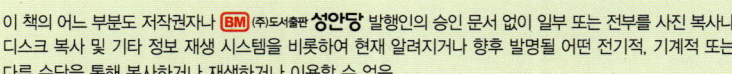